高等学校电子信息类专业"十三五"规划教材

现代通信系统

主　编　韩　冷　鲜继清

副主编　鲜　娟　王　宁　孙　霞

　　　　曹李华　刘文晶

西安电子科技大学出版社

内容简介

　　现代通信系统是现代通信技术的集成，是信息技术的重要组成部分。本书主要讲述现代通信的基本特征、特点及现代通信系统的基本概念和几类应用较广的系统。着重介绍各种现代数字通信技术，较好地反映当代通信技术最新进展，是本书的最大特点。本书的主要内容有：现代通信基本概念、信源数字编码技术、现代数字交换技术、数字通信系统概述、数字光纤通信系统、数字微波与卫星通信系统、数字移动通信系统和通信系统与通信网发展等。

　　本书采用分散式结构编写，既做到前后呼应，自成统一体，又可分拆，自成章节，读者可根据需要选学。本书可作为高等学校非通信类专业的学生学习信息技术的教材和参考书，也可作为信息产业有关技术及管理人员的培训和参考用书。

图书在版编目（CIP）数据

现代通信系统/韩冷，鲜继清主编. —西安：西安电子科技大学出版社，2017.8
（高等学校电子信息类专业"十三五"规划教材）
ISBN 978 - 7 - 5606 - 4564 - 3

Ⅰ. ① 现…　Ⅱ. ① 韩…　② 鲜…　Ⅲ. ① 通信系统　Ⅳ. ① TN914

中国版本图书馆 CIP 数据核字（2017）第 150649 号

策　　划　戚文艳
责任编辑　武翠琴
出版发行　西安电子科技大学出版社（西安市太白南路 2 号）
电　　话　(029)88242885　88201467　邮　　编　710071
网　　址　www. xduph. com　　　　电子邮箱　xdupfxb001@163.com
经　　销　新华书店
印　　刷　陕西大江印务有限公司
版　　次　2017 年 8 月第 1 版　　2017 年 8 月第 1 次印刷
开　　本　787 毫米×1092 毫米　1/16　印张 16.5
字　　数　389 千字
印　　数　1~3000 册
定　　价　32.00 元
ISBN 978 - 7 - 5606 - 4564 - 3/TN

XDUP 4856001 - 1

＊＊＊如有印装问题可调换＊＊＊

本社图书封面为激光防伪覆膜，谨防盗版。

前　言

　　随着科学技术的发展，人类已经进入信息时代，有人称之为"比特"时代。美国著名未来科学家尼葛洛庞帝在《数字化生存》一书中强调指出："要实现信息化，数字技术是关键。"

　　自1962年美国首先把24路PCM数字通信系统投入使用及法国E10数字程控交换机问世以来，世界的通信面貌得到了极大改观，通信技术的发展日新月异，迅猛异常。1974年，邮电部第九研究所研制出的国内第一套PCM数字通信系统投入试运行，标志着我国已进入数字通信设备研制阶段。

　　改革开放以来，我国通信事业的发展采取了引进、消化与创新相结合的方针，加快了发展步伐。在20世纪90年代，我国对通信新技术的采用尤其积极，出现了我国通信史上的空前繁荣及超常规发展。现在，我国的通信网装备水平已进入了世界先进行列。进入21世纪，我国的通信事业更以崭新的面貌出现在世界面前。什么是现代通信？现代通信主要有哪些内容？它有什么特点？今后进展如何？都是人们想要知道的问题，编者编写此书就是力求能回答以上问题。

　　本书以点—线—网这一自然发展规律及逻辑思维，围绕数字系统信号传输本质——数字帧结构（数据分组、数据包）为主线进行编写；从信息源点的数字加工处理、节点交换到数字信息的传播，最后以通信网方式，使之成为现代通信的统一体。本书重点阐述现代通信系统的基本原理和基本技术，尽量避免繁琐的公式推导，并根据现代通信系统的发展趋势，精选相关内容，重点反映当前通信领域的新技术和新发展。本书的组成形式为分散式结构，读者可根据需要将内容分拆，自成章节。

　　本书第1、2、4、6章由韩冷、鲜继清编写，第3、7章由孙霞、鲜娟编写，第5章由曹李华、刘文晶编写，第8章由王宁编写。在编写过程中，作者力求既联系实际又有先进性，既寻求规律又有所创新，使读者对现代通信及信息技术有一个比较全面的认识，从中受到启迪。

　　本书是为自动化技术、电子技术、计算机科学与技术、信息管理等非通信专业的学生编写的教材及参考书，也可作为信息产业（电信、计算机、邮政、电子、电器等）有关管理干部及技术人员进行培训、提高、继续教育的教材及参考书，以及通信业余爱好者的参考书。

　　由于编者水平有限，时间仓促，书中可能还存在不妥之处，敬请读者批评指正，特表谢意！

编　者

2017年4月

目　录

第1章　现代通信基本概念

1.1　人类科技进步的产物——现代通信

1.1.1　模拟通信与数字通信

在远古时代，人类就用烽火台、击鼓、驿站等方式进行简单的信息传递，这是远古时代的通信。

自 1876 年贝尔发明电话以来，人们之间的信息传递变为电信号的实时传递——电话，人们称之为电信。1973 年，有关国际电信公约及规定将"电信"这一基本术语定义为：利用有线电、无线电、光学或其他电磁系统对符号、信号、文字、影像、声音或任何信息的传输、发射或接收。

以上谈到的电信，就是本书讲的"通信"。简而言之，通信就是信息的传递与交流。电话就是使电信号随着人的声带振动而变化并进行传递和交流的通信设备。以前的步进制、纵横制、机电式、半电子式等电话交换传递的信号，以及早期的电视技术、用载波和微波来传输的电话、电视(现在广泛应用的 CATV)信号等都属于模拟通信的范畴。模拟通信传递的电信号在时间上的瞬时幅值是连续的。这些模拟通信技术成熟，设备简单，成本低。但该技术存在着干扰严重、信号处理难、不易集成和设备庞大等许多缺点。

在 20 世纪 60 年代，为解决交换局内的中继线干扰等问题，出现了 PCM(话音编码)技术，接着数字程控交换机投入使用，从此开始用数字信号(瞬时幅值离散的信号)来交换和传递信息，信息传递发生了根本变革——数字通信。

1.1.2　现代通信技术的基础——微电子技术

电子学，特别是微电子学，是信息技术的关键，是现代通信产业的重要基础，它在很大程度上决定着硬件设备的运行能力。衡量微电子技术发展程度的一个重要指标，是在指甲大小的硅芯片上能集成的元件数目。由于其设计和生产工艺水平的不断改进，如采用了电子射线蚀刻技术等先进工艺，大大提高了集成电路的集成度，使芯片集成度按摩尔定律发展，即以每 9~18 个月翻一番的速度上升，发展到纳米级(0.1~100 nm)，可在一片芯片上集成几十亿至上百亿个元件，并正在向极限挑战。将来会把整个通信设备集成在一块芯片上，这为通信设备和计算机微型化奠定了基础。

1.1.3　现代通信技术的核心——计算机技术

电话交换技术与计算机技术紧密结合，使交换技术数字程控化。通信与计算机融为一体，这使通信技术得到了飞跃发展，我们把数字通信与计算机的融合称为现代通信。随着计算机计算速度的加快和微电子计算机的发展，其软件处理能力几乎每 10 年翻一番。随着智能计算机、光子计算机、生物计算机、神经元计算机及超导计算机在通信装备中的应用，加之智能媒介计算机识别、神经网络等信息技术的采用及 IP 技术的应用与发展，包交换已是大势所趋，光交换已出现曙光。这对传统的数字程控电话交换技术提出了严峻的挑战，同时也将使通信领域变得更加活跃，通信技术得到更大的发展。

1.1.4　光通信的基础——光子技术

1964 年，英籍华人高锟博士首先提出利用玻璃纤维实现远距离通信。20 世纪 70 年代，美国首先制成了实用的玻璃光导纤维——光纤，使光纤通信成为现实。随着光子技术的发展，出现了电子-光子芯片。在这种芯片上，电子与光子产生了复杂的相互作用，提供了速率为几十到上百千兆比特的光波通信能力，使光波通信系统从 PDH 向 SDH 光传输系统发展。光器件及光通信设备的需求过去主要来自传统的电信运营商，但近年来随着云计算及数据中心的蓬勃发展，数据中心对于光器件的需求开始加速，统计表明 2016 年其需求超过电信市场的一半，为光器件市场带来新的增量。

1.1.5　卫星通信技术的基础——空间技术

航天技术的发展，促进了现代空间通信的发展。从 1957 年苏联发射第一颗人造地球卫星以来，火箭、航天飞机等空间技术发展非常迅速。把通信卫星送到各种轨道的技术已经成熟，三颗同步卫星的通信范围即可覆盖全球。现在人们已经利用各种卫星获取了大量信息，并将这些信息广泛应用于航天、航海、气象、定位、救灾等方面。卫星通信、卫星电视已经遍及全世界。通信卫星正向大容量、长寿命方向发展。低轨道卫星通信系统的利用，将使地面、空间的通信系统连成一体。这意味着真正的全球个人通信，即人们在地球上任何地方(包括陆地、森林、沙漠、湖泊、高山、海洋、空间)都可随时与任何人或机器进行信息交流。

1.2　现代通信的基本特征——数字化

1.2.1　现代通信系统与数字化

当今我们经常谈到的信息，是指数字化的信息，可以说人类的进步是一代比一代数字化。美国著名未来科学家尼葛洛庞帝在《数字化生存》一书中提出了要实现信息化，数字技术是关键。我们经常谈到的通信，是指由各种通信系统所构成的收、发两端之间的信息传递。数字光纤通信系统、数字微波通信系统、数字卫星通信系统、数字移动通信系统，以及综合业务数字网等，无不在各种通信前面冠以"数字"二字，即表明现代通信系统首先要实现数字化，由各种数字化的通信系统构成现在的各种通信网。在各种通信前面冠以"数字"二字，也可以说，现代通信姓"数"。由此可见，现代通信的基本技术特征即为数字化。数字化指的就是数字技术。简单地讲，就是各种信息经数字化处理，编成"1"和"0"，即"有""无"这样简单的二进制信号，如电脉冲信号，有脉冲称为"1"信号，无脉冲称为"0"信号，波形图如图 1.1 所示。

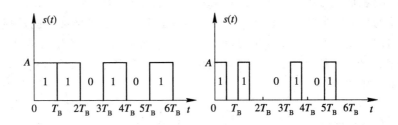

图 1.1　数字信号脉冲波形

以上这些脉冲信号，我们称之为数字信号，又称为"比特"信号。在现代计算机中，运行的就是数字信号；在现代通信系统中，流动的也是数字信号。这些数字信号变幻无穷、高深莫测。通信技术革命的关键在于数字化。数字化浪潮已经波及各类消费电子产品，如数字音响设备、数字电视、家用电器数字化、家庭通信终端数字化等。因此，有人把当今时代称为比特时代。"比特"，作为"信息 DNA（脱氧核糖核酸）"，正在迅速取代原子而成为人类社会的基本要素。"计算不再只和计算机有关，它决定我们的生存。"

1.2.2　数字信号及数字通信的特点

数字信号为何那么神通广大？数字技术为什么发展如此迅速呢？这主要是因为数字信号及数字通信有许多独特的优点：

（1）数字信号便于存储、处理（加密等）。正是因为数字信号便于存储、处理，才使计算机技术迅速发展，特别是微型计算机。通信与计算机结合，发展了现代通信技术和现代信息技术，如 VCD、DVD 视盘等。

（2）数字信号便于交换和传输。计算机与电话交换技术结合，出现了数字程控交换，由于光电器件的采用，"比特"数字信号很容易转变为光脉冲信号，便于传输。

（3）数字信号便于组成数字多路通信（系统）。由于数字信号是用时间上的"有"和"无"信号来传递信息的，因而从时间可分性来衡量，它可以在单位时间里传输多个"有""无"信号，即"占""空"信号，在空的时隙中可间插其他脉冲信号，以形成多路通信（数字复接技术）。从电话的多路来看，原来每对线可传一路电话，而现在用电光脉冲来传电话，一根光纤可传上万、几十万路电话，传输带宽可达几百千兆以上。

（4）便于组成数字网。由于通信交换和传输的都是数字信号，因此把各个数字程控交换局和数字传输连接起来就成了综合数字网 IDN，再把各用户终端、各种业务数字化处理后，都可以统一到一个网中，即组成综合业务数字网，如 Internet 等。这样的数字网，智能化程度、可靠性等都很高。

（5）数字化技术便于通信设备小型化、微型化。电子器件采用了数字化技术后，芯片集成度更高，达到亚微米级和纳米级，每个芯片包含几十亿至上百亿个元件，这使现代通信设备产品更小型化、微型化。

（6）数字通信抗干扰性强，噪声不积累。信号在通信中传输一段距离后，信号能量会受到损失，噪声的干扰会使波形变坏，为了提高其信噪比，要及时将变形的信号进行处理、放大。在模拟通信中，由于传输的信号是模拟信号（幅值是连续的），因此难以把噪声干扰分开而去掉，随着距离的增加，信号的传输质量会越来越恶化，如图 1.2(a)所示。在数字通信中，传输的是数字脉冲信号，这些信号在传输过程中，也同样会有能量损失，受到噪声干扰，但当信噪比还未恶化到一定程度时，可在适当距离或信号终端经过再生的方法，使之恢复为原来的脉冲信号波形，如图 1.2(b)所示。消除了干扰和噪声积累，就可实现长距离、高质量的通信。

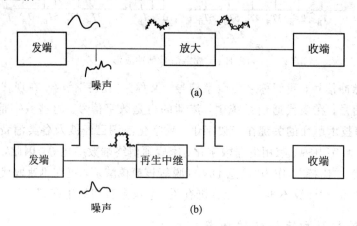

图 1.2　两类通信方式抗干扰性能比较

（a）模拟信号；（b）数字信号

除以上的优点外，数字通信也有缺点——占频带较宽。模拟信号经数字化后，一般占用频带较宽，经 PCM 数字编码后其速率达 64 kb/s。特别是复杂的电视信号，由原来的 6 MHz 带宽，经 PCM 数字化后变为几百兆比特每秒数字信号，这是它的不足之处。

因此，在数字通信中，一般都采用数字压缩技术来降低其速率，如电视信号经压缩编码，其速率可降低为 2 Mb/s，甚至几百千比特每秒。随着数字信号处理技术的发展以及宽带传输技术的采用，数字信号占频带较宽的弱点，在现代通信中已逐渐被克服。

1.3　现代通信的特点及主要内容

1.3.1　综合化

综合化具有双重含义。其一是技术的综合化，即无论是传输、交换还是通信处理功能都采用数字技术，实现数字传输与数字交换的综合，使网络技术，如电话网、数据网、电视网一体化。其二是业务的综合，即把来自各种信息源的通信业务（如电话、电报、传真、数据、文字、图像电视等）综合在同一网内传输和处理，并可在不同的业务终端之间实现互通。各种通信业务的综合，是以技术综合为基础的。

1.3.2　宽带化

宽带化主要指现代数字通信宽带化。人们日益增长的物质文化需求，如高速数据、高速文件、可视电话、会议电视、宽带可视图文、高清晰度电视以及多媒介、多功能终端等促进了新的宽带业务的发展，从而研究开发了宽带数字信号交换和传输。

1.3.3　智能化

　　智能化主要指在现代通信中，由于大量采用了计算机及其软件技术，使网络与终端、业务与管理都充满智能。在信号处理、传输与交换、监控管理及维护中通过引进更多的智能（软件技术），可以形成所谓的智能网（IN），即通信网智能化，从而提高网络业务的应变能力，随时提供满足各类用户对各种业务需求的服务。它的基本思想是改变传统的网络结构，在网络元件之间重新分配网络功能，把大部分功能集中分配在少数节点上，而不是分配在各个交换局内。智能网采用分布式结构，以公共信令系统的数字交换机和智能数据库为基础，不仅能传递信息，而且还能存储处理信息，对网络资源进行动态分配。这样可大大节省信息传播的时间和费用，也可减少网络经营者对交换机的依赖性。随着 IP 网的发展，目前已形成高智能的新一代网络。

1.3.4　个人化

　　人们在日常生活中总会到处奔波、移动，现代通信已经能使移动中的用户方便快捷地实现信息的交流——移动通信。对于移动通信，大家已经不陌生了，如 2G、3G、4G 以及正在发展的 5G 移动通信和卫星移动通信等。移动通信的发展，使通信个人化成为现实。

　　目前，数字移动通信发展很快，如果说第三代数字移动通信技术（3G）是"迈向个人通信的第一步"，第四代数字移动通信技术（4G）则使个人通信普及化，给人们带来了更加美好的未来。4G 集 3G 与 WLAN 于一体，能够快速传输数据、高质量的音频、视频和图像等。4G 系统可以自动管理、动态改变自己的结构以满足系统变化和发展的要求。用户可以使用各种各样的移动设备接入 4G 系统中，各种不同的接入系统结合成一个公共的平台，它们互相补充、互相协作以满足不同业务的要求，移动网络服务趋于多样化，最终会演变为社会上多行业、多部门、多系统与人们沟通的桥梁。

1.3.5　网络全球化

　　多网融合是未来通信的发展方向，基于 IP 化的通信使各种网络互联，利用集群网关使各系统互通。在未来，为了完成多媒体的功能，IP 网络、公网、窄带集群、宽带集群、卫星通信将完全融合在一起。通信技术的发展已经脱离纯技术驱动的模式，正在走向技术与业务相结合、互动的新模式，这种转变将深刻影响通信技术的走向。

　　目前，5G 移动通信技术已经成为移动通信领域的全球性研究热点。随着科学技术的深入发展，未来几年，该技术会进入实质性的发展阶段，在移动通信技术领域掀起新一轮的竞争热潮。加快 5G 技术的研发应用，力求在 5G 通信领域的商业竞争中脱颖而出，已成为各国信息领域发展的重要任务。5G 通信技术带来的不仅仅是高速、安全的网络，更多的是带来全球化网络的无缝连接，5G 的未来对军事、医疗、建筑、教育等各个方面都会带来前所未有的信息便利，整个世界将建成更加智能、完善的移动网络。5G 数字移动通信技术，必将得到空前的发展，并给社会的进步带来前所未有的推动力。

习　题

1. 什么是现代通信？它的基本特征是什么？它的核心是什么？

2. 数字通信与模拟通信的主要区别是什么？举例说明日常生活中的信息服务，哪些属于模拟通信，哪些属于数字通信。

3. 数字通信的特点有哪些？

4. 为什么说数字通信抗干扰性强且噪声不积累？

5. 现代通信的特点有哪些？

6. 如何理解网络全球化？它会给人类生活带来什么样的影响？

第2章　信源数字编码技术

2.1　概　　述

一个完整的数字通信系统可由图2.1所示的框图表示。在该系统中，有两个编码功能块：信源编码和信道编码。信源编码的基本目的是对信源的信号进行变换，将其变换成适合数字传输系统的形式，进而提高传输的有效性。信道编码是围绕数字调制方式和信道选择设置的，其目的是通过信道编码将数字信号变换成与调制方式和传输信道匹配的形式，从而降低传输误码率，提高传输的可靠性。

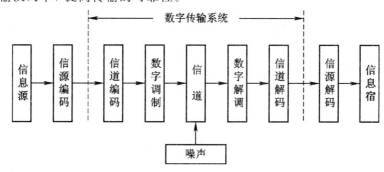

图 2.1　数字通信系统

在数字通信中，信源编码一般包含模拟信号的数字化和压缩编码两个范畴。由于多数信源产生的信号是模拟信号，因此，必须经过数字化将其变换成数字码流，方能在数字传输系统中传输。数字化变换通过扩大信号传输频带来提高通信质量。压缩编码是对数字信号进行处理，去除或减少信号的冗余度，或者说把信号能量集中起来缩窄占据的频带，从而提高通信的有效性。

信源编码根据不同信号及不同形式可采用不同的方法，在本章中主要讨论语音信号和图像信号的常用编码方法及相应标准。

2.2　模拟信号时域离散化与抽样定理

信号数字化的第一步是对模拟信号实施时域离散化。通常，信号时域离散化是用一个周期为 T 的脉冲信号控制抽样电路对模拟信号实施抽样的过程，如图2.2所示。模拟信号 $f(t)$ 通过一个由周期为 T 的抽样脉冲信号 $s(t)$ 控制的抽样器得到抽样后的信号 $f_s(t)$。

在连续的信号中取出的信号"样品"，称为"样值"，经验告诉我们，如果取出的"样值"

的个数足够多，这个样值序列就能逼近原始的连续信号。问题是样值要取多少才够？也就是图 2.2 中的抽样周期 T 取多大才能满足用样值序列 $f_s(t)$ 代表模拟信号 $f(t)$ 的要求？这个问题由抽样定理解决。低通抽样定理告诉我们：如果一个带限的模拟信号 $f(t)$ 的最高频率分量为 f_m，当满足抽样频率 $f_s\left(f_s=\dfrac{1}{T}\right)\geqslant 2f_m$ 时，所获得的样值序列 $f_s(t)$ 就可以完全代表原模拟信号 $f(t)$。也就是说，利用 $f_s(t)$ 可以无失真地恢复原始模拟信号 $f(t)$。

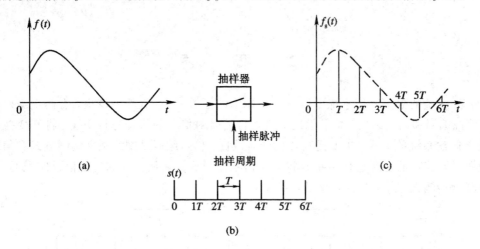

图 2.2　模拟信号时域离散化过程
(a) 被抽样的模拟信号；(b) 抽样信号；(c) 抽样后的信号

2.3　语音数字编码技术

在数字通信中，语音信源编码主要可分成三类：波形信源编码、参数信源编码和混合信源编码。波形编码是直接对语音信号离散样值进行编码处理和传输；参数编码是先从离散语音信号中提取出反映语音的特征值，再对特征值进行编码处理和传输；混合编码是前两种方法的混合应用。

2.3.1　波形编码技术

波形编码是对离散化后的语音信号样值进行编码，其编码可以在时域或变换域进行。时域编码主要有脉冲编码、差值脉冲编码和子带编码等方式。变换域编码是将语音信号的时域样值通过某种变换在另一域进行编码，以期获得更好的处理效果或去除更大的信号冗余度。

1. 脉冲编码

脉冲编码是在时域按照某种方法将离散的语音信号样值变换成一个一定位数的二进制码组的过程，由量化和编码两部分构成，如图 2.3 所示。量化是将样值幅度离散化的过程，也就是按某种规律将一个无穷集合的值

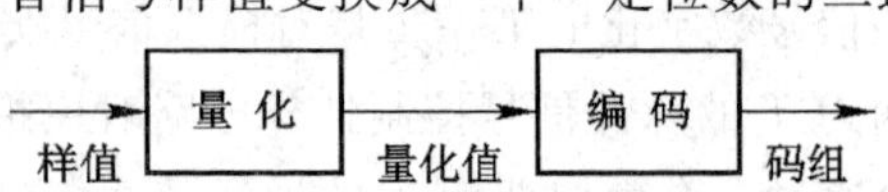

图 2.3　脉冲编码过程

压缩到一个有限集合中去。量化有两类：标量量化和矢量量化。在脉冲编码中主要采用标量量化。标量量化又有均匀量化和非均匀量化之分。与其对应，脉冲编码也可分成两类：线性编码和非线性编码。采用脉冲编码对信号数字化并传输的方式称为脉冲编码调制（Pulse Code Modulation，PCM）。

1）线性编码

如上所述，线性编码是先对样值进行均匀量化，再对量化值进行简单的二进制编码，即可获得相应码组。

所谓均匀量化，是以等间隔对任意信号值来量化，亦即将信号样值幅度的动态（变化）范围（$-U \sim U$）等分成 N 个量化级（间隔），记作 Δ，即

$$\Delta = \frac{2U}{N} \qquad (2.3.1)$$

式中，U 称做信号过载点电压。

根据量化的原则，样值幅度落在某一量化级内，则由该级的中心值一个值来量化。如图 2.4(a) 所示，量化器输入 u 与输出 v 之间的关系是一个均匀阶梯波关系。由于 u 在一个量化级内变化时，v 值不变，因此量化器输入与输出间的差值称为量化误差，记作

$$e = v - u \qquad (2.3.2)$$

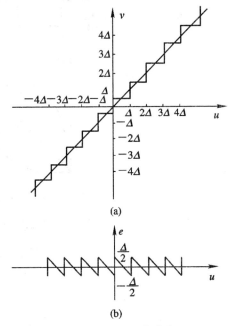

(a)

(b)

图 2.4　均匀量化曲线

其图形如图 2.4(b) 所示。由图可见，当样值落在量化级中心时，误差为零；当样值落在量化级两个边界上时，误差最大，为 $\pm \frac{\Delta}{2}$。均匀量化的量化误差在 $0 \sim \pm \frac{\Delta}{2}$ 之间变化。

获得量化值后，再用 n 位二进制码对其进行编码即可。码组长度 n 与量化级数 N 之间的关系为

$$N = 2^n \qquad (2.3.3)$$

通过推导，线性编码在输入信号未过载时的量化信噪比为

$$\left(\frac{S}{N_q} \right)_{dB} = 10 \lg \left(3N^2 \frac{u_e^2}{U^2} \right) = 4.77 + 6n + 20 \lg u_e - 20 \lg U \quad (dB) \qquad (2.3.4)$$

式中，$N_q = \frac{U^2}{3N^2}$ 为量化噪声（误差）功率，$S = u_e^2$ 为信号功率，u_e 为输入信号电压有效值。

2）非线性编码

线性编码简单，实现容易，但是线性编码采用均匀量化，它在量化时对大、小信号采用相同的量化级量化。这样对小信号而言，量化的相对误差将比大信号大，即均匀量化的小信号量化信噪比小，大信号量化信噪比大，这对小信号是很不利的。从统计角度来看，语音信号中小信号是大概率事件，因此，如何改善小信号的量化信噪比是语音信号量化编码所需要研究的问题。解决的方法是采用非均匀量化，使得量化器对小信号的量化误差小，对大信号的量化误差大，进而使量化器对大、小信号的量化信噪比基本相同。

（1）非均匀量化。目前在语音信号中常用的非均匀量化方法是压扩量化。实现压扩量化编码的原理框图如图 2.5(a)所示，压扩原理可用图 2.5(b)解释。从框图中看到，信号经过一个具有压扩特性的放大系统后，再进行均匀量化。压扩系统对小信号的放大增益大，对大信号的放大增益小，这样可使小信号的量化信噪比大为提高，使信号在编码动态范围内，大、小信号的量化信噪比大体一致。与发端对应，在收端解码后，要进行对应的反变换，还原成原始的样值信号。

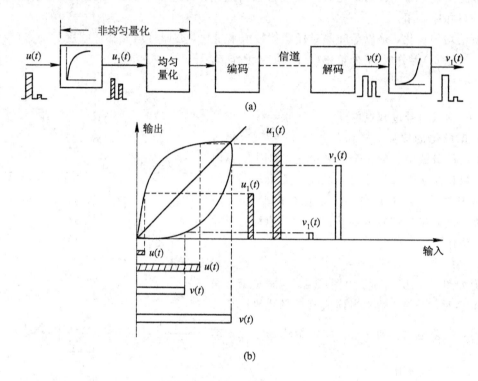

图 2.5　非均匀量化原理示意图

下面进一步讨论压扩特性。从压扩特性要求对大、小信号量化信噪比一致的条件出发，可以导出压扩特性应满足以下对数方程：

$$y = 1 + \frac{1}{k}\ln x \tag{2.3.5}$$

式中，$x=\frac{u}{U}$ 和 $y=\frac{v}{U}$ 分别是量化器的归一化输入和输出，k 为常数。压扩特性曲线如图 2.6(a)所示，x 的定义域为 $(0,\infty)$，曲线不过原点。我们知道，语音信号是双极性的，即应允许 $x\leqslant0$，而且它还是关于原点对称的，所以，理想压扩特性曲线应通过原点，并关于原点对称，即应如图 2.6(b)所示。由此可见，式(2.3.5)给出的曲线不能使用，需要修正。修正的目标主要有两点：一是曲线通过原点；二是曲线关于原点对称。修正的方法不同，导出的特性曲线方程也不同。目前 ITU－T 推荐两种方法：A 压扩律和 μ 压扩律。下面分别对它们进行简介。

对图 2.6(a)中曲线作通过原点的切线，再考虑曲线的对称性，可以得到 A 压扩律方程为

$$y = \begin{cases} \dfrac{A \mid x \mid}{1 + \ln A} \, \mathrm{sgn}(x), & 0 \leqslant \mid x \mid \leqslant \dfrac{1}{A} \\ \dfrac{1 + \ln A \mid x \mid}{1 + \ln A} \, \mathrm{sgn}(x), & \dfrac{1}{A} < \mid x \mid \leqslant 1 \end{cases} \qquad (2.3.6)$$

式中

$$\mathrm{sgn}(x) = \begin{cases} 1, & x > 0 \\ 0, & 0 = 0 \\ -1, & x < 0 \end{cases} \qquad (2.3.7)$$

为符号函数。压扩程度和曲线形状由参数 A 的大小确定：当 $A=1$ 时，$y=x$，为线性关系，是量化级无穷小时的均匀量化特性；当 $A>1$ 时，随着 A 的增大，压扩特性越显著，对小信号量化信噪比的改善程度越大。

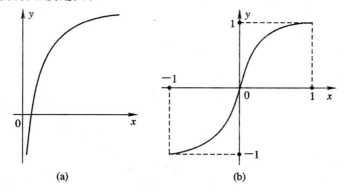

图 2.6 理想对数压扩特性

令式(2.3.5)中常数 $k=\ln\mu$，并将该式分子由 $\ln\mu x$ 修改为 $\ln(1+\mu|x|)$，分母由 $\ln\mu$ 修改为 $\ln(1+\mu)$，得 μ 压扩律方程为

$$y = \frac{\ln(1 + \mu \mid x \mid)}{\ln(1 + \mu)} \, \mathrm{sgn}(x), \quad -1 \leqslant x \leqslant 1 \qquad (2.3.8)$$

式中，$\mu>0$。通过分析易知，特性压扩程度取决于 μ，μ 越大，压扩效益越高；$\mu=0$ 时，$y=x$，为量化级无穷小时的均匀量化特性。

(2) μ 律、A 律的折线实现。μ、A 压扩律从理论上讲可以实现，但 μ 律是连续曲线，A 律为分段连续曲线，要用电路实现是相当困难的。为了实现容易，通常用折线去逼近实现压扩律特性，即要求：

① 用折线逼近非均匀量化压扩特性曲线；

② 各段折线的斜率应随 x 增大而减小；

③ 相邻两折线段斜率之比保持为常数；

④ 相邻的判定值或量化间隔成简单的整数比关系。

按照上述要求，设用 N_μ 条折线去逼近 μ 律压扩曲线，并设相邻两折线斜率之比为 m，可以求出各折线端点坐标为

$$\begin{cases} x_k = \dfrac{m^k - 1}{m^{\frac{N_\mu}{2}} - 1}, & k = 0, 1, \cdots, \dfrac{N_\mu}{2} \\ y_k = k \, \dfrac{2}{N_\mu} \end{cases} \qquad (2.3.9)$$

为了使折线各端点在 μ 律曲线上，要求满足：

$$\mu = m^{\frac{N_\mu}{2}} - 1 \qquad (2.3.10)$$

采用二进制编码时，通常取 $m=2$，若取 $N_\mu=16$，则有

$$\mu = 2^8 - 1 = 255$$

即在 x 为 $(-1, 0)$ 和 $(0, 1)$ 的域内各用 8 段斜率之比为 2 的折线段构成的折线可逼近 $\mu=255$ 的 μ 压扩律。由于折线是关于原点对称的，因此靠近原点的两条折线斜率是相同的，实为一条折线，所以，实际上共有 15 条折线，故称之为 μ 255/15 折线压扩律。

图 2.7 画出了 μ 255/15 折线正半轴的折线图，表 2.1 给出了 μ 255/15 折线各折线段的参数。

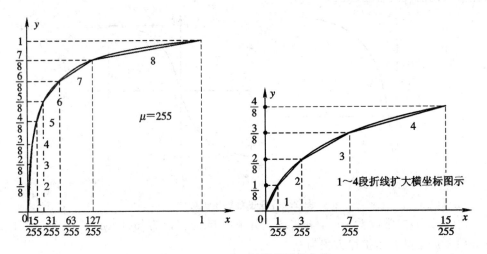

图 2.7 μ 255/15 折线压扩律曲线

表 2.1 μ 255/15 折线段端点坐标值和斜率

分类＼折线段		1	2	3	4	5	6	7	8
μ 255/15 折线	x	0	$\frac{1}{255}$	$\frac{3}{255}$	$\frac{7}{255}$	$\frac{15}{255}$	$\frac{31}{255}$	$\frac{63}{255}$	$\frac{127}{255}$	1
	y	0	$\frac{1}{8}$	$\frac{2}{8}$	$\frac{3}{8}$	$\frac{4}{8}$	$\frac{5}{8}$	$\frac{6}{8}$	$\frac{7}{8}$	1
折线斜率		32	16	8	4	2	1	1/2	1/4	

μ 压扩律各相邻折线段横坐标长度间比值为 m，而折线段端点间的关系不是 m 的倍数关系。为了实现更容易，A 压扩律将折线段端点间也设计为 $m=2$ 的倍数，即

$$\frac{x_{k+1}}{x_k} = \frac{m^{k+1}-1}{m^k-1} = \frac{2^{k+1}-1}{2^k-1}, \qquad k = 1, 2, \cdots, \frac{N_A}{2} - 1$$

式中，$N_A = 16$。容易证明，各折线段长度之比为

$$\frac{\Delta_{k+1}}{\Delta_k} = \begin{cases} 1, & k = 1 \\ 2, & k = 2,3,\cdots,\dfrac{N_A}{2} - 1 \end{cases} \tag{2.3.11}$$

即

$$\begin{cases} \Delta_1 = \Delta_2 \\ \Delta_{k+1} = m\Delta_k, & k = 2,3,\cdots,\dfrac{N_A}{2} - 1, m = 2 \end{cases}$$

这样，A 压扩律折线靠近原点的四条折线具有同一斜率，实为一条折线，因此，16 折线实际合成为 13 折线。

与求解 μ 律折线端点类似，可以求出 A 律各折线段端点坐标为

$$x_1 = \frac{m-1}{m^{\frac{N_A}{2}-1} + m - 2}$$

$$x_2 = \frac{2m-2}{m^{\frac{N_A}{2}-1} + m - 2}$$

$$x_k = \frac{m^k}{m^{\frac{N_A}{2}}}, \qquad k = 3,4,\cdots,\frac{N_A}{2} \tag{2.3.12}$$

由于 A 律曲线是分段连续曲线，若要求所有折线端点仍在曲线上，则应有：在 $0 \leqslant x \leqslant \dfrac{1}{A}$ 区域内，$A = 87.6$；在 $\dfrac{1}{A} \leqslant x \leqslant 1$ 区域内，$A = 94.2$，即在两段曲线上，A 应取不同的常数值。

为了实现简单，通常牺牲一点大信号的精度，在两段曲线区域内均取同一常数 $A = 87.6$，所以常称之为 A 律 87.6/13 折线。其折线示意图形如图 2.8 所示，主要参数由表 2.2 给出。

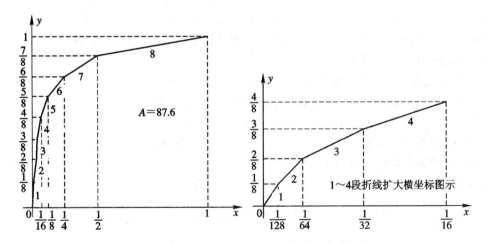

图 2.8 13 折线 A 压扩律曲线

表 2.2　A(87.6)律曲线和 13 折线段端点坐标和斜率

折线段 分类	1	2	3	4	5	6	7	8
x	0	$\frac{1}{128}$	$\frac{1}{64}$	$\frac{1}{32}$	$\frac{1}{16}$	$\frac{1}{8}$	$\frac{1}{4}$	$\frac{1}{2}$　1
y(13 折线)	0	$\frac{1}{8}$	$\frac{2}{8}$	$\frac{3}{8}$	$\frac{4}{8}$	$\frac{5}{8}$	$\frac{6}{8}$	$\frac{7}{8}$　1
y(A 律曲线)	0	$\frac{1}{8}$	$\frac{1.91}{8}$	$\frac{2.92}{8}$	$\frac{3.94}{8}$	$\frac{4.94}{8}$	$\frac{5.97}{8}$	$\frac{6.97}{8}$　1
折线斜率	16	16	8	4	2	1	1/2	1/4

上面讨论了 A 律 13 折线和 μ 律 15 折线这两种国际上主要采用的压扩律,前者是欧洲各国的 PCM－30/32 路系统中采用的,后者是美国、加拿大和日本等国的 PCM－24 路系统所采用的。我国采用欧洲标准,即 A 律 13 折线。

下面比较 A 律、μ 律特性各自的特点:

① μ 律折线的所有端点均落在压扩曲线上,而 A 律折线只有在 $0 \leqslant x \leqslant \frac{1}{A}$ 内的端点落在压扩曲线上。从这个意义上说,μ 律折线逼近得好些。

② A 律折线端点坐标间也呈 2 的倍数关系,电路实现更容易。

③ 输入信号在 $-20 \sim -40$ dB 范围内,A 律的量化信噪比比 μ 律稍高;在低于 -40 dB 后,μ 律的量化信噪比比 A 律高。

一般说来,语音信号的电平通常在 $0 \sim -40$ dB 动态范围内,故无论采用 A 律还是 μ 律都可获得良好的压扩效果,满足 ITU－T 标准规定的质量要求。

(3) 非线性 PCM 编码技术。如前所述,根据语音信号的特点,为了提高语音信号源编码的编码效率,通常采用非线性 PCM 编码方式。实现非线性 PCM 编码的方法有多种。本段首先讨论非线性 PCM 码字的基本特性,再重点介绍两种编码方法:代码变换法和直接编码法。考虑到我国采用欧洲制式,故在下面的讨论中均以 A 律 13 折线特性为例。μ 律 15 折线编码的实现方法也相类似。

・码字安排。基于增强传输抗干扰能力和电路易实现的考虑,非线性 PCM 码字采用二进制折叠码。从语音质量、频带利用率和实现难度等方面综合考虑,用 8 位码表示一个语音样值。码位的具体安排是:用 1 位码表示信号的极性(正信号为"1",反之为"0"),称为极性码;用 3 位码表示 13 折线的 8 段,同时表示 8 种相应的段落起点电平,称为段落码;用 4 位码表示折线段内的 16 个小段,称为段内码。由于各折线段长度不一,故各段内的小段所表示的量化值大小也不一样,如第 1、2 段的长度为 1/128,等分后每小段为 $\frac{1/128}{16} = \frac{1}{2048}$,它是所有段中的最小量化单位,称为最小量化级($\Delta = 1/2048$),并将其作为量度单位。这样,各段的长度和段内量化级大小如表 2.3 所示。

综上所述,8 位码的安排如下:

极性码	段落码	段内码
A_1	$A_2 A_3 A_4$	$A_5 A_6 A_7 A_8$

表 2.3　各段段落长度和段内量化级

折线段序号	1	2	3	4	5	6	7	8
段落长度/Δ	16	16	32	64	128	256	512	1024
各段量化级/Δ	1	1	2	4	8	16	32	64

段落码、各段段落起点电平和各段段内码所对应的电平值如表 2.4 所示。很显然，非线性编码的整个 8 位码可描述的信号动态范围为 $-2048\Delta \sim 2048\Delta$，它与 12 位线性编码的动态范围相同。

表 2.4　段落与电平关系

段落序号	段落码			段落起点电平/Δ	段内码对应电平/Δ				段落长度/Δ
	A_2	A_3	A_4		A_5	A_6	A_7	A_8	
1	0	0	0	0	8	4	2	1	16
2	0	0	1	16	8	4	2	1	16
3	0	1	0	32	16	8	4	2	32
4	0	1	1	64	32	16	8	4	64
5	1	0	0	128	64	32	16	8	128
6	1	0	1	256	128	64	32	16	256
7	1	1	0	512	256	128	64	32	512
8	1	1	1	1024	512	256	128	64	1024

· 编码方法。常用的非线性 PCM 编码方法有两种。一种称做代码变换法，它先进行 12 位线性编码，然后再利用数字逻辑电路或只读存储器按折线的规律实现数字压扩，将 12 位线性代码变换成 8 位非线性代码，其编码步骤为：

① 将样值编成 12 位线性代码；

② 将 11 位线性幅度码按照线性与非线性代码转换关系转换成 7 位非线性代码，线性与非线性代码电平转换关系见表 2.5。

表 2.5　线性与非线性代码电平关系表

段落		非线性代码							线性代码										
序号	起点电平/Δ	A_2 M_2	A_3 M_3	A_4 M_4	A_5 M_5	A_6 M_6	A_7 M_7	A_8 M_8	B_1 1024	B_2 512	B_3 256	B_4 128	B_5 64	B_6 32	B_7 16	B_8 8	B_9 4	B_{10} 2	B_{11} 1
1	0	0	0	0	8	4	2	1	0	0	0	0	0	0	M_5	M_6	M_7	M_8	
2	16	0	0	1	8	4	2	1	0	0	0	0	0	1	M_5	M_6	M_7	M_8	
3	32	0	1	0	16	8	4	2	0	0	0	0	1	M_5	M_6	M_7	M_8	0	
4	64	0	1	1	32	16	8	4	0	0	0	1	M_5	M_6	M_7	M_8	0	0	
5	128	1	0	0	64	32	16	8	0	0	1	M_5	M_6	M_7	M_8	0	0	0	
6	256	1	0	1	128	64	32	16	0	1	M_5	M_6	M_7	M_8	0	0	0	0	
7	512	1	1	0	256	128	64	32	1	M_5	M_6	M_7	M_8	0	0	0	0	0	
8	1024	1	1	1	512	256	128	64	1	M_5	M_6	M_7	M_8	0	0	0	0	0	

例1 设一语音样值为 276Δ，用代码变换法将其编成 PCM 码。

解 a）因样值极性为正，故极性码 $B_0 = 1$。

b）将 276 转换成二进制，易得

$$(276)_{10} = (100010100)_2$$

即求得的该样值的 12 位线性代码为 100100010100。

c）由表 2.5 知线性代码除第 1 段外，其幅度代码的首位均为"1"。为了求得样值所在的折线段 D，先求得二进制幅度码有效位长 W，再由

$$k = \begin{cases} 11-W, & W \geqslant 4 \\ 7, & W < 4 \end{cases} \tag{2.3.13}$$

$$D = 7-k \quad \text{和} \quad (D)_{10} = (D)_2 \tag{2.3.14}$$

求得样值的段落码。

在本题中，容易求得：$W = 9$，$k = 11-9 = 2$，$D = 7-2 = 5$，$(5)_{10} = (101)_2$，样值在第 6 段，段落码为 $A_2 A_3 A_4 = 101$。

d）由表 2.5 知，线性代码的幅度码的第一个"1"后紧接着的 4 位代码就是非线性代码中的段内码。

在本题中，容易求得 $A_5 A_6 A_7 A_8 = 0001$。

由此可得，该样值的 PCM 码字为 11010001。所代表量化电平为 $256\Delta + 16\Delta = 272\Delta$，编码误差为 $276\Delta - 272\Delta = 4\Delta < \Delta' = \dfrac{256\Delta}{16} = 16\Delta$，式中，$\Delta'$ 为第 6 段的段内量化级。

另一种方法是直接对信号样值进行非线性编码。编码器本身能产生一些特定数值作为判决值，利用比较器来确定信号样值所在的段落和段内位置，从而实现 8 位非线性编码。目前，直接编码法最常用的实现方法是逐次反馈比较法，图 2.9 给出了逐次反馈编码器的

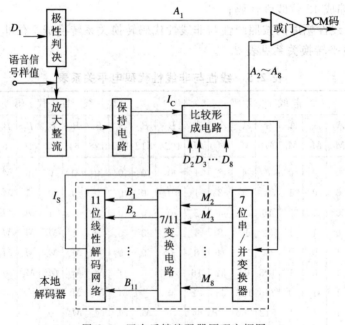

图 2.9 逐次反馈编码器原理方框图

实现方框图。图中，输入语音信号样值同时加到极性判决和逐次反馈编码电路中。信号加到极性判决电路，在 D_1 时序脉冲时刻进行判决，并产生极性码 A_1，样值为正，$A_1=1$；样值为负，$A_1=0$。另一路信号经放大、整流进入保持电路，使样值幅度在一个编码周期内保持恒定以与本地解码器输出进行比较。保持电路输出的信号 I_C 在比较形成电路中与本地解码器输出的信号 I_S 进行比较，其比较是按时序脉冲时刻 $D_2 \sim D_8$ 逐位进行的。根据比较结果形成 $A_2 \sim A_8$ 各码位的编码。本地解码器将 $A_2 \sim A_8$ 各码位逐位反馈，经串/并编码变换记忆在 $M_2 \sim M_8$ 中，再经 7/11 变换电路得出相应的 11 位二进制线性码组，最后经 11 位线性解码网络输出 I_S。

由此可以总结出逐次反馈比较编码法的编码步骤如下：

a）由极性判决电路确定信号电平的极性，给出极性码 A_1。$I_C>0$ 时，$A_1=1$；反之，$A_1=0$。

b）对整流后的信号样值幅值，用三次中值比较编出段落码 $A_2 A_3 A_4$ 和求出对应的段落起点电平。

c）再用四次中值比较，确定样值在所处段落中的位置，从而获得段内码 $A_5 A_6 A_7 A_8$ 及相应的电平。

d）在各次比较编码的同时输出编出的码组。

下面通过一个例子来说明其编码过程。

例 2　仍考虑例 1 中给出的信号样值 276Δ，用逐次反馈比较法编出相应的 PCM 码组。

解　D_1 时刻，因为 $I_C>0$，极性码 $A_1=1$。

D_2 时刻，本地解码器输出 $I_S=128\Delta$（第一次比较，固定输出 128Δ），即第 4、5 段的分界电平，因 $I_C>I_S$，比较器输出"1"，即 $A_2=1$，说明信号处在第 5～8 段。

D_3 时刻，因为 $A_2=1$，本地解码器输出 $I_S=512\Delta$，即第 6、7 段的分界电平，因 $I_C<I_S$，比较器输出"0"，即 $A_3=0$，说明信号处在第 5～6 段。

D_4 时刻，因为 $A_3=0$，本地解码器输出 $I_S=256\Delta$，即第 5、6 段的分界电平，因 $I_C>I_S$，比较器输出"1"，即 $A_4=1$，说明信号处在第 6 段。

由此编得段落码为"101"，信号在第 6 段，段落起点电平为 256Δ。下面再通过四次比较编码以确定信号在段内的位置及相应的段内码。

D_5 时刻，本地解码器输出 $I_S=256\Delta+128\Delta=384\Delta$，即由段落起点电平和 A_5 位电平构成，因 $I_C<I_S$，比较器输出"0"，即 $A_5=0$。

D_6 时刻，因为 $A_5=0$，A_5 位电平不保留，本地解码器输出 $I_S=256\Delta+64\Delta=320\Delta$，即由段落起点电平和 A_6 位电平构成，因 $I_C<I_S$，比较器输出"0"，即 $A_6=0$。

D_7 时刻，因为 $A_6=0$，A_6 位电平不保留，本地解码器输出 $I_S=256\Delta+32\Delta=288\Delta$，即由段落起点电平和 A_7 位电平构成，因 $I_C<I_S$，比较器输出"0"，即 $A_7=0$。

D_8 时刻，因为 $A_7=0$，A_7 位电平不保留，本地解码器输出 $I_S=256\Delta+16\Delta=272\Delta$，即由段落起点电平和 A_8 位电平构成，因 $I_C>I_S$，比较器输出"1"，即 $A_8=1$。

由此编得段内码为"0001"，进而得到 PCM 码组为"11010001"，它所代表的电平为 $256\Delta+16\Delta=272\Delta$，编码误差为 $276\Delta-272\Delta=4\Delta<\Delta'=\dfrac{256\Delta}{16}=16\Delta$，式中，$\Delta'$ 为第 6 段的段内量化级。与例 1 所得结果相同。

2. 差值脉冲编码

差值脉冲编码是对抽样信号当前样值的真值与估值的幅度差值进行量化编码调制。在实际差值编码系统中，对当前时刻的信号样值 $f(nT_s)$ 与以过去样值为基础得到的估值信号样值 $\hat{f}(nT_s)$ 之间的差值进行量化编码。由分析知，语音、图像等信号在时域有较大的相关性，因此，抽样后的相邻样值之间有明显的相关性，即前后样值的幅度值间有较大的关联性。对这样的样值进行脉冲编码就会产生一些对信息传输并非绝对必要的编码，它们是由于信号的相关性使取样信号中包含有一定的冗余信息所产生的。如能在编码前消除或减小这种冗余性，就可得到较高效率的编码。差值编码就是考虑利用信号的相关性找出一个可以反映信号变化特征的差值量进行编码。根据相关性原理，这一差值的幅度范围一定小于原信号的幅度范围，因此，对差值进行编码可以压缩编码速率，即提高编码效率。

差值脉冲编码的原理框图如图 2.10 所示。在发送端，输入样值与由以前时刻样值通过预测器估计出的当前时刻信号估值相减，求得差值，再把差值信号量化编码后传输。接收端解码后所得的信号仅是差值信号，因此在接收端还需加上发送端减去的估值信号才能恢复发送端原来的输入样值信号。如图 2.10 所示，在接收端同样需要一个预测估值的预测器求出当前时刻样值的估值，最后将解码所得的差值信号与估值信号相加获得原来的输入样值信号。

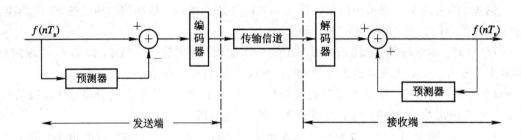

图 2.10　差值脉冲编码的原理框图

常用的差值脉冲编码主要有增量调制（Delta Modulation，DM 或 ΔM）、差值脉冲编码调制（Differential Pulse Code Modulation，DPCM）和自适应差值脉冲编码调制（Adaptive Differential Pulse Code Modulation，ADPCM）等，下面分别介绍它们的原理。

1）增量调制

输入语音信号的当前样值与按前一时刻信号样值的编码经本地解码器得出的预测值之差，即对前一输入信号样值的增量（增加量或减少量）用一位二进码进行编码传输的方法称做增量调制，简称为 DM 或 ΔM。它是差值编码调制的一种特例。

通常在话音 PCM 传输中采用 8 kHz 的取样频率，每个样值用 8 位二进码来表示。若使用远大于 8 kHz 的取样频率对话音取样，则相邻样值之差（即增量）将随着取样率的提高而变小，以致可用一位二进码来表示增量。例如，当增量大于 0 时，用"1"码表示；当增量小于 0 时，用"0"码表示，从而实现增量信号的数字表示。将这种增量编码进行传输，接收端解码后利用这个增量可以很好地逼近前一时刻样值，并获得当前时刻样值，进而恢复发送端原始模拟信号。

图 2.11(a)给出了 DM 的构成原理框图，它主要由减法电路，判决、码形成和本地解码电路组成。图中，$f_s(t)$ 为输入信号，本地解码器由先前编出的 DM 码预测输出信号估值 $f'_d(t)$，本地解码器可用积分器(如简单的 RC 电路)实现，其原理如图 2.11(a)所示。当积分器输入端加上"1"码(+E)时，在一个码位终了时刻其输出电压上升 Δ；当积分器输入端加上"0"码(−E)时，在一个码位终了时刻其输出电压下降 Δ。收端解码器与本地解码器相同，其输出就是收端解码结果。相减电路输出为 $e(t) = f_s(t) - f'_d(t)$。$s(t)$ 为时钟脉冲序列，其频率为 f_p，与取样频率相同，$T = \dfrac{1}{f_p}$ 为取样间隔。判决、码形成电路在时钟到来时刻 $iT(i=0,1,2,\cdots)$ 对 $e(t)$ 的正负进行判决并编码。当 $e(t) > 0$ 时，判决为"1"码，码形成电路输出 +E 电平；当 $e(t) < 0$ 时，判决为"0"码，码形成电路输出 −E 电平。

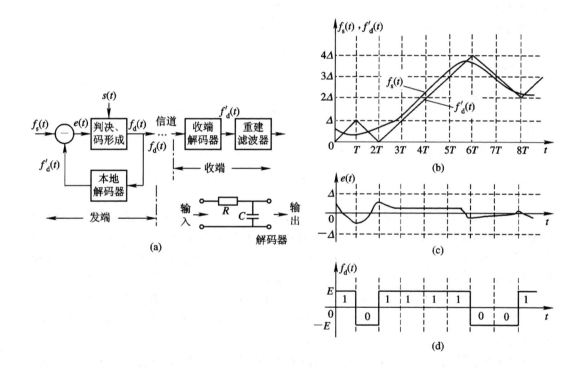

图 2.11　简单 DM 原理与编码过程

DM 的工作过程可结合图 2.11(b)~(d)说明。设输入信号波形如图 2.11(b)所示，积分器初始状态为零，即 $f'_d(0)=0$，则有：

当 $t=0$ 时，预测值 $f'_d(0)=0$，故

$$e(0) = f_s(0) - f'_d(0) > 0, \quad f_d(0) = +E$$

编码为"1"；

当 $t=T$ 时，预测值 $f'_d(T)=\Delta$，故

$$e(T) = f_s(T) - f'_d(T) < 0, \quad f_d(T) = -E$$

编码为"0"；

当 $t=2T$ 时，预测值 $f'_d(2T)=0$，故

$$e(2T) = f_s(2T) - f_d'(2T) > 0, \quad f_d(2T) = +E$$

编码为"1";

当 $t = 3T$ 时，预测值 $f_d'(3T) = \Delta$，故

$$e(3T) = f_s(3T) - f_d'(3T) > 0, \quad f_d(3T) = +E$$

编码为"1";

当 $t = 4T$ 时，预测值 $f_d'(4T) = 2\Delta$，故

$$e(4T) = f_s(4T) - f_d'(4T) > 0, \quad f_d(4T) = +E$$

编码为"1";

当 $t = 5T$ 时，预测值 $f_d'(5T) = 3\Delta$，故

$$e(5T) = f_s(5T) - f_d'(5T) > 0, \quad f_d(5T) = +E$$

编码为"1";

当 $t = 6T$ 时，预测值 $f_d'(6T) = 4\Delta$，故

$$e(6T) = f_s(6T) - f_d'(6T) < 0, \quad f_d(6T) = -E$$

编码为"0";

当 $t = 7T$ 时，预测值 $f_d'(7T) = 3\Delta$，故

$$e(7T) = f_s(7T) - f_d'(7T) < 0, \quad f_d(7T) = -E$$

编码为"0";

当 $t = 8T$ 时，预测值 $f_d'(8T) = 2\Delta$，故

$$e(8T) = f_s(8T) - f_d'(8T) > 0, \quad f_d(8T) = +E$$

编码为"1"。

由此可得到 DM 发端的编码序列为"101111001"，预测信号 $f_d'(t)$、误差信号 $e(t)$ 和编码器输出信号波形见图 2.11(b)～(d)。收端解码器与发端本地解码器一样，也是一个 RC 积分器，只要在传输中无误码，收端解码输出亦为 $f_d'(t)$，再经过重建滤波器滤除高频分量，对波形进行平滑，即可得到与发端输入信号 $f_s(t)$ 近似的波形。

与 PCM 相比，DM 在语音质量、频率响应、抗干扰性能等方面有其自身的特点。

(1) 当码率低于 40 kb/s 时，DM 的信噪比高于 PCM；当码率高于 40 kb/s 时，PCM 的信噪比高于 DM。

(2) DM 编码动态范围随码位增加的速率比 PCM 慢，PCM 每增加一位码，动态范围扩大 6 dB，而 DM 当码速率增加一倍时，动态范围才扩大 6 dB。

(3) DM 系统频带与输入信号电平有关，电平升高，通带变窄，而 PCM 系统频带较为平坦。

(4) DM 的抗信道误码性能好于 PCM，PCM 要求信道误码为 10^{-6}，而 DM 在信道误码为 10^{-3} 时尚能保持满意的通话质量。

(5) DM 设备简单，容易实现；PCM 设备比较复杂。

2) 差值脉冲编码调制

DM 调制用一位二进码表示信号样值差，若将该差值量化、编码成 n 位二进码，则这种方式称为差值脉冲编码调制(DPCM)。DM 可看做 DPCM 的一个特例。

基本的 DPCM 系统原理框图如图 2.12 所示。图中，$Q[\cdot]$ 为多电平均匀量化器，预测器产生预测信号 $f_d'(t)$。差值信号 $e(t)$ 为

$$e(t) = f_s(t) - f'_d(t) \tag{2.3.15}$$

经过量化器后被量化成 2^n 个电平的信号 $e'(t)$。$e'(t)$ 一路送至线性 PCM 编码器编成 n 位 DPCM 码；另一路与 $f'_d(t)$ 相加后反馈到预测器，产生下一时刻编码所需的预测信号。收端解码器中的预测器与发端预测器完全相同，因此，在传输无误码情况下，收端重建信号 $f'_s(t)$ 与发端 $f'_s(t)$ 信号相同。

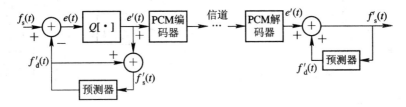

图 2.12　DPCM 系统原理框图

DPCM 的基本特性有：

(1) DPCM 码速率为 nf_s，f_s 为取样率。

(2) DPCM 信噪比有以下特点：

① 信噪比是 n、f_s、信号频率 f、信号频带最高频率分量 f_m 的函数；

② 信噪比优于 DM 系统，而且 n 越大，信噪比越大；

③ $n=1$ 时信噪比与 DM 相同，即 DM 可看做 DPCM 的特例；

④ 当 n 和 $\dfrac{f_s}{f}$ 较大时，信噪比优于 PCM 系统。

(3) DPCM 系统的抗误码能力不如 DM，但却优于 PCM 系统。

DPCM 编码方式在数字图像通信中有广泛的应用。

3) 自适应差值脉冲编码调制

如前所述，DPCM 利用差值编码可以降低信号传输速率，但其重建语音的质量却不如 PCM，究其原因，主要有：量化是均匀的，即量化阶是固定不变的；预测信号波形是阶梯波或近似阶梯波，与输入信号的逼近较差。

因此，在 DPCM 系统的基础上，若能够做到：根据差值的大小，随时调整量化阶的大小，使量化的效率最大（实现方法为自适应量化）；提高预测信号的精确度，使输入信号 $f_s(t)$ 与预测信号 $f'_d(t)$ 之间的差值最小，使编码精度更高（实现方法是自适应预测），则可提高语音传输质量。

上述改进的 DPCM 系统称做自适应差值脉冲编码调制（ADPCM）系统。ADPCM 系统的原理框图如图 2.13 所示。下面主要通过介绍自适应量化和自适应预测原理来讨论 ADPCM 系统的基本原理。

(1) 自适应量化。自适应量化的基本思想是让量化阶距 $\Delta(t)$ 随输入信号的能量（方差）变化而变化。常用的自适应量化实现方案有两类：一类是直接用输入信号的方差来控制 $\Delta(t)$ 的变化，称为前馈自适应量化（其实现原理由图 2.13 中双虚线描述）；另一类是通过编码器的输出码流来估算出输入信号的方差，控制阶距自适应调整，称为反馈自适应量化（其实现原理由图 2.13 中单虚线描述）。

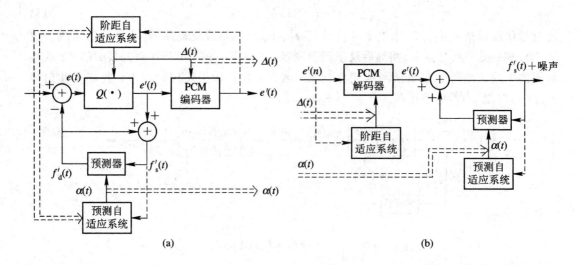

图 2.13　ADPCM 系统原理框图
(a) 编码器；(b) 解码器

按 ITU – T G.721 协议规定，自适应量化器应根据输入信号的时变性质调整量化阶距的变化速度，以使量化阶变化与输入信号变化相匹配。对于语音信号这类波动较大的差值信号，采用快速自适应调整方式；对于话带数据、信令等产生较小波动的差值信号则采用慢速自适应调整方式。量化自适应算法的调整速度由标度因子控制，标度因子通过测试信号差值变化率来确定，即取差值信号的短时平均和长时平均两个值，从这两个值的差异来确定信号的性质，进而确定标度因子。

自适应量化的两类实现方案的阶距调整算法是类似的。反馈型控制的主要优点是量化阶距信息由码字提供，所以无需额外存储和传输阶距信息，由于控制信息在传输的 ADPCM 码流中，因而该方案中系统的传输误码对接收端信号重建的质量影响较大。前馈型控制除了传输信号码流外，还要传输阶距信息，增加了传输带宽和复杂度，但是这种方案可以通过选用优良的附加信道或采用差错控制使得阶距信息的传输误码尽可能少，从而可以大大改善 ADPCM 码流高误码率传输时接收端重建信号的质量。

无论采用反馈型还是前馈型，自适应量化都可以改善系统的动态范围和信噪比。理论和实践表明，在量化电平数相同的条件下采用自适应量化，相对于固定量化系统的性能可以改善 10~12 dB。

(2) 自适应预测。从前面的讨论可知，自适应量化使量化阶距适应信号的变化，可以大大提高系统性能，由此可直观地联想，若输入信号的预测值 $f'_d(t)$ 也能匹配于信号的变化，使差值动态范围更小，则在一定的量化电平数条件下，可以更精确地描述差值，肯定能进一步改善系统的传输质量和性能。实现这种想法的方法就是自适应预测。图 2.13 给出了自适应预测在 ADPCM 系统中的位置。与自适应量化类似，自适应预测也存在前馈型和反馈型两类实现方案(双虚线表示前馈型，单虚线表示反馈型)，它们的优缺点不难仿照讨论自适应量化的思路得到。

由预测器和预测自适应系统构成的自适应预测器实质上就是一个加权系数随信号变化而变化的自适应滤波器，大多用横截型 FIR 滤波器实现。它的加权系数以某个短时间间隔周期性地调整,通常间隔取 $10\sim30$ ms,并以某种最佳准则(例如估计误差能量最小准则)来获取更新系数。

ADPCM 是语音波形压缩编码传输广泛采用的一种方式,一般来说,32 kb/s ADPCM 可以做到与 64 kb/s PCM 相媲美的质量。ITU-T G.721 协议提出了与现有 PCM 数字电话网兼容的 32 kb/s ADPCM 的算法。其主要技术指标满足 ITU-T 对 PCM 64 kb/s 的语音质量要求(G.712),电路组成和原理如图 2.14 所示。编码器的输入信号为 64 kb/s 的 PCM 码流,为了便于进行数字运算,首先将 8 位非线性 PCM 码转换成 12 位线性码 $x(n)$,自适应预测器输出的预测信号为 $\tilde{x}(n)$,$x(n)$ 与 $\tilde{x}(n)$ 相减得到差值信号 $d(n)$,$d(n)$ 经量化、编码后成为 4 位码的 ADPCM 码流 $c(n)$。如前所述,标度因子自适应和自适应速度控制电路控制系统根据不同信号(如语音、话带内数据和信令等)的不同统计特性设置不同的自适应调整速度,使自适应量化器能适应各类传输信号。解码器电路与编码器中的本地解码电路相同,只是多了一个同步编码调整,它的作用是使多级同步级联(即 PCM/ADPCM→ADPCM/PCM→PCM/ADPCM→…ADPCM/PCM 链路)工作时不产生误码积累。

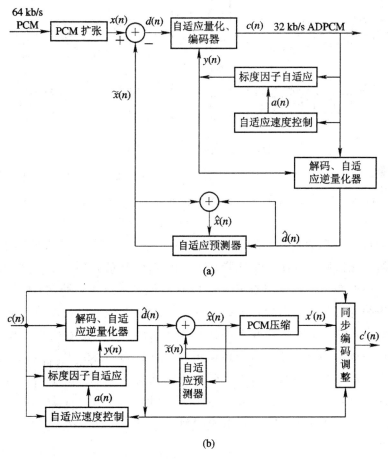

(a)

(b)

图 2.14 G.721 ADPCM 编/解码器

(a) 编码器;(b) 解码器

目前 G.721 算法的 32 kb/s ADPCM 编/解码系统已有用数字信号处理器(DSP)和专用超大规模集成电路实现的芯片,它主要用于把 60 路 PCM 码流(2×2048 kb/s)变换成 2048 kb/s 的 ADPCM 码流,从而将信道利用率提高了一倍。

3. 子带编码

将语音信号频带分割成若干个带宽较窄的子带,分别对这些子带信号进行独立编码的方式,称为子带编码(Sub-Band Coding,SBC)。

1) SBC 基本原理

子带编码首先通过一组带通滤波器把输入信号频带分拆成若干个子带信号,每个子带信号经过调制后,被变换成低通信号,然后进行单独的编码(通常采用自适应 PCM 编码,以提高编码精度),为了传输,需再将各路子带码流用合路器复接起来。在接收端,采用完全类似的逆过程得到恢复的语音信号,其原理方框图如图 2.15 所示。

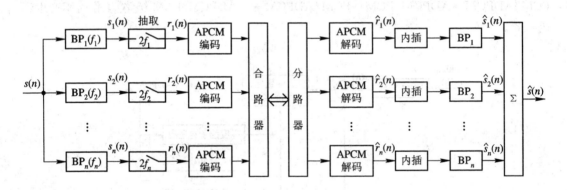

图 2.15 子带编码原理框图

子带编码的主要特点是:首先,利用量化噪声在不同语音频带上具有不同的可检测性的特点,将量化噪声限制在各子带内,从而阻止了一个子带的量化噪声引入到整个语音频带,控制了量化噪声失真;其次,在每个子带中可以使用独立的量化阶距,使低能量的子带用较小的量化阶距,产生较小的量化噪声,对具有较高能量的子带,可以用较大的量化阶距,从而使量化噪声的频谱与信号的短时频谱相匹配,这样,就能避免能量较小的频带内的信号被其他频段的量化噪声遮盖;另外,根据感性判断来分配各子带的编码比特数,例如,在必须精确保持音调和元音音带的共振峰结构的较低频率的子带中,将每个样值用较多的比特数来编码,而在语音中出现摩擦音和类似摩擦噪声的较高频率的子带中,每个样值用较少的比特数来编码。由此,在相同的信号质量下,子带编码可以用明显低于整带编码的比特速率来编码传输。亦即,在保证语音质量的前提下,子带编码的传输速率可以降低。实验证明,16 kb/s 的 SBC 系统的语音质量与 26.5 kb/s 的 ADPCM 系统相当。

2) 子带的划分

语音信号通常分成 4~6 个子带,各子带的带宽应考虑到各频段对主观听觉贡献相等的原则做合理的分配,子带间允许有小的间隙,如图 2.16 所示。

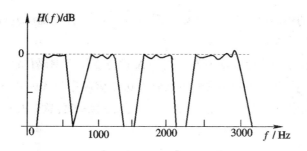

图 2.16　子带划分频域示意

实用的 SBC 系统通常采用正交镜像滤波器（Quadrature Mirror Filter，QMF）实现带通滤波，并用树形分配法划分子带。表 2.6 给出了一个 16 kb/s 子带编码器的典型参数，其输入信号取样率为 6400 Hz，由于 100 Hz 以下已无多少话音信息，因此该系统仅分成了 5 个子带。

表 2.6　16 kb/s SBC 系统典型参数

子带序号	1	2	3	4	5
频率范围/Hz	3200～1600	1600～800	800～400	400～200	200～100
构成 QMF 的滤波器阶数	32	16	16	16	8
编码比特/样值	2	2	4	5	5

4. 变换域编码

变换域编码先将信号进行某种函数变换，把信号从一种描述空间变换到另一种可用较少元素表述的空间，再对变换后的信号进行编码传输，以达到降低编码传输码率的目的。

1）变换域编码数学模型

将一帧语音信号 $s(n)$，$0 \leqslant n \leqslant N-1$，描述为一个矢量：

$$\boldsymbol{X} = [s(0), s(1), \cdots, s(N-1)]^{\mathrm{T}} \qquad (2.3.16)$$

式中，"T"表示转置。设经变换后输出序列矢量为 $\boldsymbol{Y}$，变换矩阵为 $\boldsymbol{A}$，则线性变换为

$$\boldsymbol{Y} = \boldsymbol{AX} \qquad (2.3.17)$$

若变换为正交变换，变换矩阵为正交变换矩阵，即 $\boldsymbol{A}$ 满足

$$\boldsymbol{A}^{\mathrm{T}} = \boldsymbol{A}^{-1} \qquad (2.3.18)$$

式中，"−1"表示矩阵的逆。从而有

$$\boldsymbol{X} = \boldsymbol{A}^{-1}\boldsymbol{Y} = \boldsymbol{A}^{\mathrm{T}}\boldsymbol{Y} \qquad (2.3.19)$$

由式(2.3.19)可知，若传输过程无误码，则接收端可以容易地恢复发送端的原始信号序列 $\boldsymbol{X}$。

例 3　设 $\boldsymbol{X} = [1, 1, 1, 1]^{\mathrm{T}}$，变换矩阵为

$$\boldsymbol{A} = \frac{1}{2}\begin{bmatrix} 1 & 1 & 1 & 1 \\ -1 & -1 & 1 & 1 \\ -1 & 1 & 1 & -1 \\ 1 & -1 & 1 & -1 \end{bmatrix} \qquad \boldsymbol{A}^{\mathrm{T}} = \frac{1}{2}\begin{bmatrix} 1 & -1 & -1 & 1 \\ 1 & -1 & 1 & -1 \\ 1 & 1 & 1 & 1 \\ 1 & 1 & -1 & -1 \end{bmatrix}$$

则发送端经变换后的传输序列为 $Y=AX=[2,0,0,0]^T$，接收端反变换后的恢复信号序列为 $X=A^TY=[1,1,1,1]^T$。

这个例子可以说明，选用正交变换对信号 X 进行变换后编码传输，在接收端用变换矩阵的转置矩阵 A^T 与接收序列 Y 相乘便可恢复发送端信源序列 X。另外，将 Y 与 X 比较可知，Y 矢量中非零元素比 X 更少，由于只需对非零元素编码传输，因此变换后再编码传输，将使传输码率压缩。

2）几种常用变换

变换域编码的关键是寻找一种变换，它能使 X 变换成 Y 后的协方差矩阵 $\boldsymbol{\Phi}_Y$ 是（或接近是）一个对角线矩阵。下面介绍几种常用变换。

（1）离散傅氏变换（DFT）。离散傅氏变换（Discrete Fourier Transform，DFT）是数字信号处理中最常用的一种变换，其定义为：对于长度为 N 点的离散序列 $x(n)$，$n=0,1,\cdots,$ $N-1$，其在 z 平面单位圆上（即 $z=e^{j\omega}$）的 z 变换 $X(e^{j\omega})$ 的一个周期内的 N 点等间隔取样（即 $\omega=\dfrac{2\pi}{N}k$，$k=0,1,\cdots,N-1$）序列 $X(k)$，定义为该序列 $x(n)$ 的离散傅氏变换。其变换对表述为

正变换：

$$X(k) = \mathrm{DFT}[x(n)] = \sum_{n=0}^{N-1} x(n)e^{-j\frac{2\pi}{N}kn} = \sum_{n=0}^{N-1} x(n)W_N^{kn} \tag{2.3.20}$$

反变换：

$$x(n) = \mathrm{IDFT}[X(k)] = \frac{1}{N}\sum_{k=0}^{N-1} X(k)e^{j\frac{2\pi}{N}kn} = \frac{1}{N}\sum_{k=0}^{N-1} X(k)W_N^{-kn} \tag{2.3.21}$$

式中，$W_N = e^{-j\frac{2\pi}{N}}$，称为旋转因子。

离散傅氏变换法就是利用 DFT，将信号从时域变换到变换域去的过程中，通过降低信号相关性（变换后信号的协方差矩阵为一对角线矩阵），来实现压缩编码。为简单起见，下面以 4×4 变换矩阵为例，说明变换过程。

例 4 由 DFT 定义，4×4 DFT 变换矩阵为

$$\boldsymbol{A}_{\mathrm{DF}} = \frac{1}{2}\begin{bmatrix} W_4^0 & W_4^0 & W_4^0 & W_4^0 \\ W_4^0 & W_4^1 & W_4^2 & W_4^3 \\ W_4^0 & W_4^2 & W_4^4 & W_4^6 \\ W_4^0 & W_4^3 & W_4^6 & W_4^9 \end{bmatrix} = \frac{1}{2}\begin{bmatrix} 1 & 1 & 1 & 1 \\ 1 & j & -1 & -j \\ 1 & -1 & 1 & -1 \\ 1 & -j & -1 & j \end{bmatrix}$$

设信源信号的协方差矩阵为

$$\boldsymbol{\Phi}_X = \frac{1}{2}\begin{bmatrix} a & b & b & b \\ b & a & b & b \\ b & b & a & b \\ b & b & b & a \end{bmatrix}$$

于是，变换后信号的协方差矩阵为

$$\boldsymbol{\Phi}_Y = \boldsymbol{A}_{\mathrm{DF}} \boldsymbol{\Phi}_X \boldsymbol{A}_{\mathrm{DF}}^{*\mathrm{T}}$$

$$= \frac{1}{4} \begin{bmatrix} 1 & 1 & 1 & 1 \\ 1 & j & -1 & -j \\ 1 & -1 & 1 & -1 \\ 1 & -j & -1 & j \end{bmatrix} \begin{bmatrix} a & b & b & b \\ b & a & b & b \\ b & b & a & b \\ b & b & b & a \end{bmatrix} \begin{bmatrix} 1 & 1 & 1 & 1 \\ 1 & -j & -1 & j \\ 1 & -1 & 1 & -1 \\ 1 & j & -1 & -j \end{bmatrix}$$

$$= \begin{bmatrix} a+3b & 0 & 0 & 0 \\ 0 & a-b & 0 & 0 \\ 0 & 0 & a-b & 0 \\ 0 & 0 & 0 & a-b \end{bmatrix}$$

式中，"*"表示复共轭，"T"表示转置。

可以看出，这是一个相当好的变换，在变换中，各分量的相关性已被去掉。但是，计算 DFT 需要复数运算，运算量较大，在实际中仍不常用。

（2）沃尔什—哈德曼变换（WHT）。沃尔什（Walsh）变换是正交变换系中的重要变换之一。由于它仅有±1 两种状态，因此在数字信号处理领域中有着广泛的应用。哈德曼（Hadamnd）排列的变换矩阵在构成方式上更有一种特殊的规律，它对计算沃尔什变换很有用。

WHT 的变换矩阵为

$$\boldsymbol{A}_{\mathrm{WH}}(N) = \begin{bmatrix} A_{\mathrm{WH}}(N/2) & A_{\mathrm{WH}}(N/2) \\ A_{\mathrm{WH}}(N/2) & -A_{\mathrm{WH}}(N/2) \end{bmatrix} \tag{2.3.22}$$

式中，$\boldsymbol{A}_{\mathrm{WH}}(1)=1$。WHT 变换公式为

$$\boldsymbol{Y} = \boldsymbol{A}_{\mathrm{WH}}(N) \cdot \boldsymbol{X} \tag{2.3.23}$$

例 5　设 $N=4$，由于

$$\boldsymbol{A}_{\mathrm{WH}}(2) = \begin{bmatrix} 1 & 1 \\ 1 & -1 \end{bmatrix}$$

因而

$$\boldsymbol{A}_{\mathrm{WH}}(4) = \begin{bmatrix} 1 & 1 & 1 & 1 \\ 1 & -1 & 1 & -1 \\ 1 & 1 & -1 & -1 \\ 1 & -1 & -1 & 1 \end{bmatrix}$$

若信源信号协方差矩阵仍如例 4 中给出的那样，那么变换后信号的协方差矩阵为

$$\boldsymbol{\Phi}_Y = \frac{1}{N} \boldsymbol{A}_{\mathrm{WH}}(N) \boldsymbol{\Phi}_X \boldsymbol{A}_{\mathrm{WH}}^{\mathrm{T}}(N)$$

$$= \frac{1}{4} \begin{bmatrix} 1 & 1 & 1 & 1 \\ 1 & -1 & 1 & -1 \\ 1 & 1 & -1 & -1 \\ 1 & -1 & -1 & 1 \end{bmatrix} \begin{bmatrix} a & b & b & b \\ b & a & b & b \\ b & b & a & b \\ b & b & b & a \end{bmatrix} \begin{bmatrix} 1 & 1 & 1 & 1 \\ 1 & -1 & 1 & -1 \\ 1 & 1 & -1 & -1 \\ 1 & -1 & -1 & 1 \end{bmatrix}$$

$$= \begin{bmatrix} a+3b & 0 & 0 & 0 \\ 0 & a-b & 0 & 0 \\ 0 & 0 & a-b & 0 \\ 0 & 0 & 0 & a-b \end{bmatrix}$$

将结果与例 4 比较，可见，WHT 与 DFT 有相同的效果，但比 DFT 运算简单。

(3) 离散余弦变换(DCT)。离散余弦变换(Discrete Cosin Transform, DCT)实际上是一种特殊的离散傅氏变换。我们知道，一个周期性偶函数的傅氏级数只有余弦项而没有正弦项。对任意一个有限实数序列进行适当延拓，可以将其扩展成周期性的偶对称序列，则它的离散傅氏变换也只有余弦项而没有正弦项，这就是离散余弦变换。

对于长度为 N 点的离散序列 $x(n)$，$n=0,1,\cdots,N-1$，其 DCT 定义为

正变换：

$$\begin{cases} Y(0) = \displaystyle\sum_{n=0}^{N-1} x(n) \\ Y(k) = 2\displaystyle\sum_{n=0}^{N-1} x(n)\cos\left[\dfrac{(2n+1)k\pi}{2N}\right], \quad 1\leqslant k\leqslant N-1 \end{cases} \tag{2.3.24}$$

逆变换(IDCT)：

$$x(n) = \frac{1}{N}\sum_{k=0}^{N-1} Y(k)\cos\left[\frac{(2n+1)k\pi}{2N}\right], \quad 1\leqslant n\leqslant N-1 \tag{2.3.25}$$

例 6 4 阶 DCT 变换矩阵为

$$\boldsymbol{A}_{\mathrm{DC}}(4) = \begin{bmatrix} \dfrac{1}{2} & \dfrac{1}{2} & \dfrac{1}{2} & \dfrac{1}{2} \\ c & d & -d & -c \\ \dfrac{1}{2} & -\dfrac{1}{2} & -\dfrac{1}{2} & \dfrac{1}{2} \\ d & -c & c & -d \end{bmatrix}$$

式中，c、d 为实数，对例 4 给出的信号，变换后信号的协方差矩阵仍为

$$\boldsymbol{\Phi}_{\mathrm{Y}} = \begin{bmatrix} a+3b & 0 & 0 & 0 \\ 0 & a-b & 0 & 0 \\ 0 & 0 & a-b & 0 \\ 0 & 0 & 0 & a-b \end{bmatrix}$$

DCT 效果与 DFT 类似，但它也没有复数运算，故应用比较方便。另外，由于 DCT 频域概念比较直观，容易根据人们感觉的频率分析机理控制量化噪声；DCT 可以用 FFT 方法实现运算，其运算量和数据量都较小；从统计角度看，DCT 的变换效率较高；DCT 的加窗影响比 DFT 小，从而频域畸变也较小，因此，一般语音和图像变换域编码都常用 DCT。

3) 自适应变换编码(ATC)实现原理

实现自适应变换域编码的系统称为自适应变换编码(Adaptive Transform Coding, ATC)系统。ATC 系统的实现原理是：利用正交变换把时域信号变换到另一域，通过变换将变换域信号的能量相对集中在一个较小的范围内；对变换域信号进行最佳量化后，可以实现编码传输码率的压缩；在接收端，用逆变换便可获得重构的发送端信源信号。

ATC 系统的实现原理框图如图 2.17 所示。时域信号经变换后，将表征信号谱的边带信息提取出来，边带信息一方面用来估计信号谱，从而控制量化间隔和编码比特分配；另

一方面被编码传送到接收端用于重构发送端信源信号。

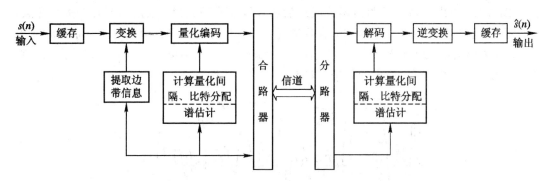

图 2.17　ATC 系统原理框图

2.3.2　参数编码技术

对人发音生理机理的研究表明，语音信号可用一些描述语音特征的参数表征。分析提取语音的这些参数，对它们量化编码传输，收端解码后用这些参数去激励一定的发声模型即可重构发端语音，这种通过对语音参数编码来传输语音的方式称为语音参数编码。一般而言，参数编码可以用比波形编码小得多的码速率传输语音。用参数编码技术实现的语音传输系统称为声码器（Vocoder）。本节在介绍了语音产生模型和主要语音特征参数后，将对声码器，特别是应用较多的线性预测编码（Linear Prediction Code，LPC）声码器进行简介。

1. 语音产生模型及特征参数

1）语音信号模型

经过几十年的理论和实验研究，现已建立起一个近似的语音信号模型，并被广泛地应用于语音信号处理中。

从声学的观点来说，不同的语音是由于发音器官中的声音激励源和口腔声道形状的不同引起的。根据激励源与声道模型的不同，语音可以被粗略地分成浊音和清音。

（1）浊音。浊音又称有声音。发浊音时声带在气流的作用下准周期地开启和闭合，从而在声道中激励起准周期的声波，如图 2.18 所示。

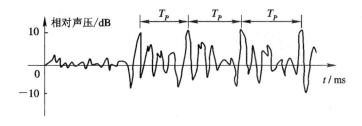

图 2.18　浊音声波波形图

由图可见，声波有明显的准周期性，周期称为基音周期 T_P，若 f_P 为基音频率，则 $f_P = 1/T_P$。通常，基音频率在 60～400 Hz 范围内，相当于基音周期为 2.5～16 ms。一般女声较小，男声较大。

由于语音信号具有非平稳性和随机性，因此只能用短时傅氏变换求它的频谱（功率谱）。图 2.19 给出了采用汉明窗函数截短的浊音段及典型频谱。频谱图上有许多小峰点，它们对应基音的谐波频率。"尖峰"形状频谱说明浊音信号的能量集中在各基音谐波频率附近，而且主要集中在低于 3000 Hz 的范围内。由随机信号功率谱与信号时域相关性的关系和频谱的不均匀性，可以看出浊音信号具有较强的相关性。

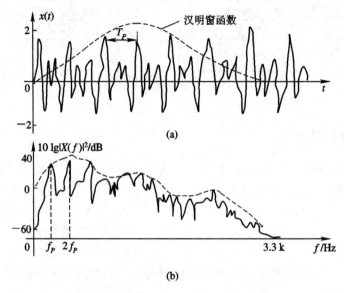

图 2.19　浊音段窗取波形及典型频谱

（a）汉明窗取浊音波形；（b）浊音典型频谱

（2）清音。清音又称无声音。由声学和流体力学知，当气流速度达到某一临界速度时，就会引起湍流，此时声带不振动，声道相当于被噪声状随机波激励，产生较小幅度的声波，其波形与噪声很像，这就是清音，如图 2.20 所示。显然，清音信号没有准周期性。

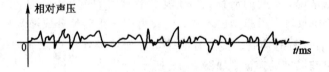

图 2.20　清音波形图

清音信号典型频谱如图 2.21 所示，其频谱没有明显的小尖峰存在，即无准周期的基音和其谐波，而且能量主要集中在比浊音更高的频段范围内。

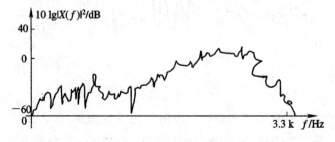

图 2.21　清音典型频谱

（3）共振峰及声道参数。由流体力学分析知，声道频率特性（唇口声速 $u_{出}$ 与声门声速 $u_{入}$ 之比）与谐振曲线类似，如图 2.22 所示。频率特性对应的谐振点叫做共振峰频率。共振峰出现在浊音频谱中，如图 2.19(b) 所示，频谱包络（虚线表示）中峰值所对应的频率就是共振峰频率。清音频谱中没有共振峰存在。声道频率特性曲线反映了该段语音发声时，声道振动的规律，将该段语音信号用适当的分析方法可以获得一组描述发声时声道特性的声道参数 $\{\alpha_i\}$，由这组参数即可控制一个时变线性系统仿真声道发声。

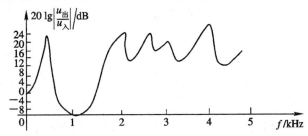

图 2.22　声道频率特性

（4）语音信号产生模型。根据上面对实际的发音器官和发音过程的分析，可将语音信号发生过程抽象为图 2.23 所示的物理模型。图中，周期信号源表示浊音激励源，随机噪声信号源表示清音激励源。根据语音信号的种类，由清/浊音判决开关决定接入哪一种激励源。声道特性可以用一个由声道参数 $\{\alpha_i\}$ 控制的时变线性系统来实现。增益控制用来控制语音的强度。

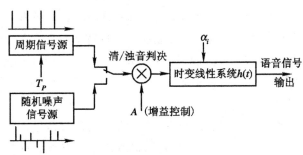

图 2.23　语音信号产生模型

2）语音特征参数及提取方法

由前面的讨论知，要用参数编码技术传输语音信号，首先需要对语音信号样值进行分析，以获得诸如基音周期、共振峰频率、清/浊音判决和语音强度等语音信号的特征参数，才有可能对这些参数进行编码和传输。在接收端再根据所恢复的这些参数通过语音信号产生模型合成（恢复）语音。所以，在参数编码中，语音参数的提取是重要和基本的。

语音信号是非平稳随机信号，但由于受发音器官的惯性限制，其统计特性不可能随时间变化很快，所以，在大约 10～30 ms 的时间内可以近似认为是不变的，因而可以将语音信号分成约 10～30 ms 一帧，用短时傅氏分析方法分析处理。

基音周期和清/浊音判决可以同时获得，其方法主要有三大类：

（1）时域法，指直接用语音信号波形来估计的方法。主要有自相关法（AUTO）、平均幅度差值函数法（AMDF）、并行处理法（PPROC）、数据减少法（DARD）等。

（2）频域法，指将语音信号变换到频域来估计的方法。如倒谱法（CEP）等。其主要特点是较充分地利用了浊音信号频谱所具有的尖峰状特性，尽管算法较复杂，但效果较好。

（3）混合法，指综合利用语音信号的频域和时域特性来估计的方法。如简化逆滤波法（SIFT）、线性预测法（LPC）等。其主要做法是：先用语音信号提取声道参数，然后再利用它做逆滤波，得到音源序列，最后再用自相关法或 AMDF 法求得基音周期。

声道参数和语音强度等特征参数可通过语音分析器或合成器中的线性预测分析系统获取。线性预测分析是根据信号参数模型的概念，利用适当的算法来分析求得描述该信号的模型参数$\{\alpha_i\}$。

2. LPC 声码器

以前述的语音信号模型为基础，在发端分析提取表征音源和声道的相关特征参数，通过适当的量化编码方式将这些参数传输到收端，在收端再利用这些参数重新合成发端语音信号的过程，称为语音信号的分析合成。实现这一过程的系统称为声码器（Vocoder）。

自从 1939 年美国贝尔（Bell）实验室的 H. Dudley 发明了第一个声码器以来，现在已发展出许多不同类的声码器系统，如通道声码器、相位声码器、共振峰声码器、线性预测（LPC）声码器等等。在这些声码器中，研究、应用最多、发展最快的要数 LPC 声码器。在这里，主要对 LPC 声码器及其改进作比较详细地介绍。

LPC 声码器是建立在前述的二元语音信号模型（图 2.23）基础上的。如前所述，若将语音信号简单地分成清音、浊音两大类，根据语音线性预测模型，清音可以模型化为由白色随机噪声激励产生；而浊音的激励信号为准周期脉冲序列，其周期为基音周期 T_P。用语音的短时分析及基音周期提取方法，可将语音逐帧用少量特征参数：清/浊音判决（uv/v）、基音周期（T_P）、声道参数$[\{\alpha_i\}, i=1,2,\cdots,M]$和语音强度 G 来表示。因此，假若一帧语音有 N 个原始语音样值，则可以用上述 $M+3$ 个语音的特征参数来代表，一般而言，$N \gg M$，亦即只需用少量的数码来表示。

图 2.24 是 LPC 声码器的基本原理框图。在发端，对语音信号样值 $s(n)$ 逐帧进行线性预测分析，并做相应的清/浊音判决和基音周期提取。分析前预加重是为了加强语音频谱

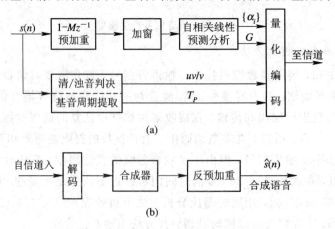

(a)

(b)

图 2.24　LPC 声码器原理框图

（a）发端；（b）收端

中的高频共振峰，使语音短时谱及线性预测分析中的余数谱变得更为平坦，从而提高信号预测参数$\{\alpha_i\}$估值的精确度。线性预测大多采用自相关法，为了减少信号截断（分帧）对参数估计的影响，一般要对信号加适当的窗函数，例如汉明（Hamming）窗。

在收端，按假定的语音生成模型组成语音合成器，由从发端传输来的特征参数来控制合成语音。合成器如图 2.25 所示。其中，$\{\hat{\alpha}_i\}$参数控制一个时变线性系统（由 IIR 滤波器实现）实现声道频率特性，仿真声道发声。声道激励信号 $\hat{e}(n)$ 由发端传送来的 $\widehat{uv}/v$、$\hat{T}_P$ 和 $\hat{G}$ 等参数控制和产生。由短时傅氏分析知，在发端只需每隔 1/2 窗宽（$N/2$ 个语音样值）分析一次，从而特征参数的取样率为语音取样率 f_s 的 $2/N$。所以，在合成器中必须将 $\hat{G}$、$\{\hat{\alpha}_i\}$ 用内插的方法由发端预测分析时的低取样率恢复到原始取样率 f_s。

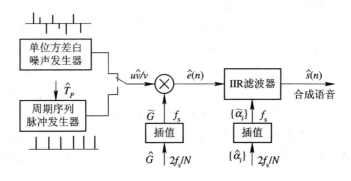

图 2.25 LPC 声码器中的合成器

2.3.3 混合编码技术

如前所述，在语音编码技术中，波形编码语音质量高，但一般所需编码速率较高，参数编码可以实现较低编码速率的传输，但其音质较差。由此，人们提出综合两者的优点，在满足一定语音质量的前提下，实现较低码率的传输。混合编码技术就是在这一思想基础上产生的另一类编码技术。混合编码技术在参数编码的基础上引入了一些波形编码的特性，在编码率增加不多的情况下，较大幅度地提高了语音传输质量。

1. LPC 声码器的主要缺陷及改进方法

LPC 声码器利用了语音信号模型，能够在保证可懂度的情况下，大幅度地降低传输码率，然而也带来了一些缺点：

（1）损失了语音自然度。由于 LPC 声码器采用的二元语音模型过于简单，它仅将激励信号分成白噪声和周期脉冲两种，而实际上，相当一部分语音的激励既非周期脉冲序列，又非随机噪声，所以，有时合成语音听起来不自然。

（2）降低了方案的可靠性。二元清/浊音判决和共振峰在语音中的重要作用，使得语音分类和基音提取变得可能不准确，而且易受噪声影响，降低了方案的抗干扰能力。

（3）易引起共振峰位置失真。当基音周期 T_P 很小时（例如女声或童声），基音频率 $f_P = 1/T_P$ 增大并与谱包络中的第一共振峰频率 f_1 接近，可能错估成一个能量更大的共振峰，造成合成语音失真。

（4）带宽估值误差大。由于 LPC 对谱的谷点估计精度不高，因此，LPC 估计出的带宽误差较大，从而影响了参数的精度。

尽管 LPC 方法有一些缺点，但由于 LPC 具有合成简单，可自动进行参数分析等优点，使其仍具有较大的吸引力。人们在实践中针对它的缺点提出了一些改善方案，使它更趋于实用化。

波形自适应预测编码（APC）在压缩数码率（约 32 kb/s）的同时，又获得了较高质量的重构语音。而从线性预测的角度来看，APC 与 LPC 声码器同属一族，它们的主要区别在于：前者是波形编码，后者是参数编码。将 APC 作为质量准绳与 LPC 声码器相比较，不难看出 LPC 声码器大幅度降低数码率和导致合成语音质量下降的原因，从中可以找到改善 LPC 声码器语音质量的方向。图 2.26 给出了 APC 与 LPC 方案的比较。（a）图是 APC 原理框图，它用由线性预测分析估计出的 M 个 LPC 参数 $\{a_{ai}\}$ 组成的 M 阶 FIR 滤波器对语音样值进行自适应预测，得到预测误差信号（余数信号）$e_a(n)$，然后将 $\{a_{ai}\}$ 和 $e_a(n)$ 量化编码送入信道传输；在收端，根据解码后的 LPC 参数 $\{\hat{a}_{ai}\}$ 和余数信号 $\hat{e}_a(n)$，利用 IIR 滤波器恢复出语音信号。（b）图为我们已经熟悉的 LPC 方案。将（a）图与（b）图比较，容易发现二者的主要差别在于传送到收端并加到 IIR 滤波器上的激励信号不同。APC 将包含完整原始语音的信息分成两部分：谱包络 $\{a_{ai}\}$ 和余数信号 $e_a(n)$。它们被量化编码后传送到收端并用来构成和激励 IIR 滤波器，从而恢复高质量的语音。与 APC 不同，LPC 并不传送余数信号，而是只传送根据所假定的语音模型从信号中分析出的短时参数：谱包络 $\{a_{Li}\}$、基音周期 T_P、清/浊音判决 uv/v 及语音强度 G；在收端，根据 $\hat{T}_P$、$u\hat{v}/v$ 和 $\hat{G}$ 合成出 IIR 滤波器的激励信号，由 $\{\hat{a}_{Li}\}$ 构成 IIR 滤波器，进而重构语音。

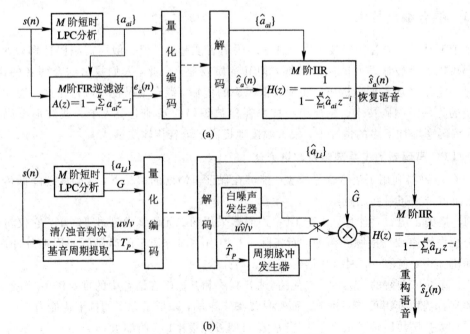

图 2.26 APC 与 LPC 方案比较

（a）APC 方案；（b）LPC 方案

　　LPC 声码器扔掉了内容丰富的余数信号，尽管其数码率大大降低，但同时也损失了语音的自然度，降低了系统的可靠性。显而易见，LPC 声码器重构语音的低质量和系统的低可靠性要归罪于语音重构模型的激励信号的简单机理。

　　由上面的分析可知，要改善 LPC 声码器的质量，就必须从改善收端 IIR 的激励信号入手。具体地说，就是要抛弃简单的二元清/浊音语音信号激励模型的假定。通常改善的途径有两条：一是采用较为复杂的语音信号激励模型，如浊音声门波激励模型或多脉冲激励模型等；二是利用一部分余数信号，例如将余数信号和语音谱中的一小部分传送到收端，并由它们与其他 LPC 参数一同产生出 IIR 滤波器的激励信号。改善收端激励信号的结果是既提高了语音的自然度，又增大了系统的可靠性，但也付出了增大传输速率的代价。通常为了获得较为自然的语音质量约需十几 kb/s 的传输数码率。

2. 余数激励线性预测编码声码器（RELPC）

　　余数激励声码器用语音余数信号低频谱中的一部分（基带余数信号）替代清/浊音判决和基音周期，传送到收端作为激励信号，其基本方案如图 2.27 所示。发端用低通滤波器滤出基带余数信号，一般而言，它的带宽只是全带余数信号频谱的一小部分（例如 $1/L$），所以，基带余数信号的抽样率可以从原始抽样率 f_s 降至 f_s/L。这个工作由抽取完成，最后将预测参数 $\{a_{Ri}\}$ 和基带余数信号 $e_a(n)$ 量化编码传送到收端。在收端，首先用插值将抽取后的基带余数信号 $\hat{e}_a(n)$ 的取样率恢复成 f_s，然后通过高频再生处理再生出余数信号的高频成分，再将其与基带余数信号合成出激励 IIR 滤波器的全带余数信号。高频再生可采用整流、切割、频域再生等方法实现。从原理上讲，任何对信号的非线性变换或切割都会产生高频分量，使信号谱扩展延伸。

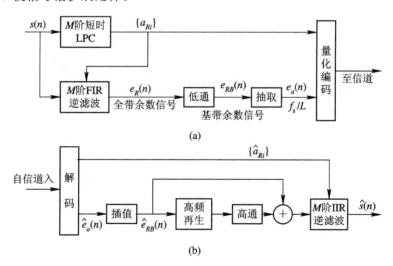

图 2.27　RELPC 系统原理框图

(a) 发端；(b) 收端

　　对余数激励声码器而言，基带余数信号的获取以及收端再生出全带余数信号是关键，它们的性能决定了重构语音的质量。

3. 多脉冲激励线性预测编码声码器（MPC）

　　通过研究语音模型的激励形式可以发现：

（1）将语音信号简单地分成单一的清、浊音两大类是不全面的。在一些语音场合中，帧内语音激励既非白随机噪声型又非周期脉冲型，而是介于二者之间的混合型，或是交替型。

（2）当语音为浊音时，在声门开、闭间隔内以及当声门闭合后，有时会出现若干种激励脉冲。也就是说，即使对于典型的浊音语音，其激励也常常不是单个脉冲的周期序列。

考虑到以上事实，B. S. Atal 和 J. R. Ramde 于 1982 年最先提出多脉冲激励 LPC 声码器的原理和算法。在这个方案中，无论是合成清音还是浊音，都采用一个数目有限、幅度和位置可以调整的脉冲序列作为激励源，因而称为多脉冲激励 LPC（Muti-Pulse LPC，MPC）声码器。

MPC 避免了普通 LPC 声码器中硬性的二元清浊音判决，从而改善了合成语音的自然度和系统可靠性。然而，由于一般多脉冲激励每 10 ms 需要 8 个脉冲代表，因此，需要增加传输数码率 2×800 b/s。

图 2.28 为 Atal 和 Ramde 在 ASSP 会议上发表的 MPC 算法框图。方案采用合成分析法进行激励参数估值。合成分析法的原理是把合成器（图 2.28(a) 中虚线框部分）引入发端，根据合成语音 $\hat{s}(n)$ 与原始语音 $s(n)$ 间的均方误差最小准则，用递推的方法分析出一组多脉冲参数（位置及幅度），然后与 LPC 参数 $\{a_{Mi}\}$ 一起量化编码，送入信道。分析、迭代、递推求出最佳多脉冲信息的过程是一个优化过程，实现这一优化过程的算法很多，这里不作具体介绍，大家可以参考相关文献。

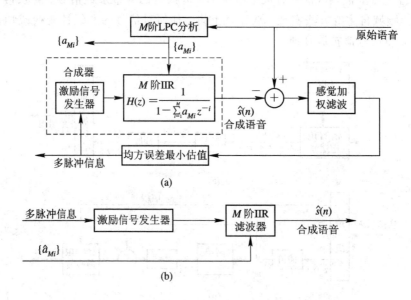

图 2.28　MPC 算法原理框图
（a）发端；（b）收端

MPC 声码器能保证较好的自然度和可靠性，它的工作速率一般在 9.6 kb/s 左右。它的最大缺点是分析多脉冲信息时的运算量很庞大，使它较难实时实现并因此妨碍了它的推广应用。尽管如此，由于灵活的多脉冲激励使 MPC 声码器能比较自然地适应各种语音过渡情况，这一优越性促使人们研究更有效的简化算法。近年来，随着相当多高速有效算法的出现和数字信号处理实现水平的不断提高,MPC 声码器已能有效地实现,并得到了较广泛的应用。

4. 规则激励长时预测(RPE - LTP)编码方案

规则激励长时预测语音编码方案是欧洲数字移动通信特别工作组(GSM)提出的供数字移动通信用的语音编码方案。它是余数激励 LPC 和多脉冲激励 LPC 两种算法的综合,RPE - LTP 编码方案编码净比特率为 13 kb/s,加上 22.8 kb/s 的信道抗干扰编码,再加上其他管理信息等冗余码,其信道传送速率为 24.7 kb/s。

通过前面的讨论,我们知道余数激励 LPC 将余数信号样点量化编码,可以获得较高的合成语音质量,但通常编码速率较高,一般在 16 kb/s 以上;多脉冲激励 LPC 能保证较高质量的语音,其编码速率也可在 9.6 kb/s 左右,但缺点是运算量非常大,实现困难。RPE - LTP 方案综合了两者的优点,改善了各自的缺点,从而使得这种算法获得了 GSM 的推荐。

RPE - LTP 方案用一组由余数信号获得的间距相等、相位与幅度优化的规则脉冲代替余数信号,从而使合成语音波形尽量逼近原始语音信号,而运算量却比多脉冲激励方式小得多。在 GSM 推荐的 RPE - LTP 方案中,直接用余数信号的 3:1 抽取序列作为规则激励信号,并且认为可能的几种 3:1 抽取序列中能量最大的一个对原语音波形的产生贡献最大,其他序列样点的作用较小,可以忽略。因此就采用能量最大的余数抽取序列作为规则码激励信号,这样,就使所要传送的余数信号样点相对余数激励 LPC 压缩了 2/3,大大降低了编码速率。同时,由于这种算法相对简单,与多脉冲激励 LPC 相比计算量大大减少,容易实现。

下面通过 GSM 给出的 13 kb/s RPE - LTP 编码器原理框图来简要说明 RPE - LTP 方案的基本原理。如图 2.29 所示,RPE - LTP 方案主要由预处理、LPC 分析、短时分析滤波、长时预测和规则激励码编码五大部分构成。

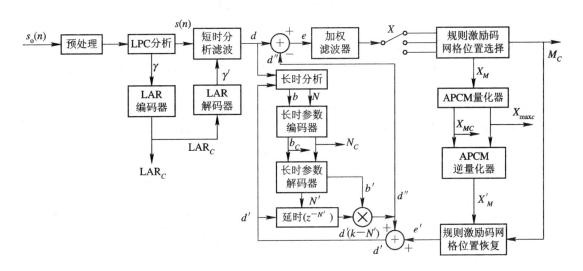

图 2.29 GSM RPE - LTP 编码原理框图

(1) 预处理：对进入编码器前的语音信号 $s_o(n)$ 先进行预处理。预处理主要完成两个功能：一是去除 $s_o(n)$ 中的直流分量；二是进行高频分量预加重，目的是为了更好地进行 LPC 分析。

(2) LPC 分析：对经预处理后的语音信号进行 LPC 分析，以提取 LPC 参数。LPC 分析按帧进行处理，每 20 ms(160 个样点)为一帧，计算、提取一次 LPC 反射系数 γ。通常的计算方法为：先求出信号的自相关系数，其数目由短时分析滤波器阶数决定。例如，短时分析滤波器为 8 阶，则自相关系数求 9 个，自相关系数为

$$R(i) = \sum_{j=1}^{159} s(j)s(j-i), \quad i = 0,1,\cdots,8 \tag{2.3.26}$$

然后再按适当的算法(例如 Schur 迭代算法)求出前 8 阶反射系数 γ。反射系数一方面作为边带信息传送到收端；另一方面提供给发端短时分析滤波使用。为了减小量化误差的影响，对反射系数先取对数面积比参数后再量化编码传输。对数面积比参数变换公式为

$$LAR(i) = \lg \frac{1+\gamma(i)}{1-\gamma(i)}, \quad i = 1,2,\cdots,8 \tag{2.3.27}$$

式中，$\gamma(i)$ 为反射系数，$LAR(i)$ 为对应的对数面积比参数。最后对 $LAR(i)$ 量化编码即得 LAR 参数码 LAR_C，LAR 参数量化编码比特分配见表 2.7。

表 2.7 LAR 参数量化编码比特分配

LAR 参数序号	1、2	3、4	5、6	7、8
量化编码比特数	6	5	4	3

(3) 短时分析滤波：这部分对信号 $s(n)$ 做 LPC 短时预测分析，产生短时余数信号 d。通常短时分析滤波器采用 8 阶格形滤波器，其反射系数 γ' 通过 LAR_C 解码而得。LAR_C 解码器主要完成三个功能：首先对 LAR_C 码进行解码得到相应的 LAR' 参数；其次，为了使经处理后的各帧语音信号之间较好地衔接，需对预测参数进行插值平滑；最后，对所得 LAR 参数按式(2.3.27)做反变换，得到用于格形短时预测滤波的反射系数 γ'。

(4) 长时预测：语音信号经短时预测分析后，其余数信号 d 进入长时预测，进一步去除信号的多余度，以便压缩编码比特。长时预测按子帧进行处理，即每一帧分成 4 个子帧，每子帧 5 ms，含有 40 个样点。长时预测也分成两部分：一部分为长时分析，估计出预测系数 b 和预测最佳延时样点数 N，然后将它们作为边带信息经编码后(得 b_C 和 N_C)传送到收端，同时在本端用于对 d 信号进行预测；第二部分是利用恢复出的本子帧的长时预测系数 N'、b' 和短时余数信号 d' 对当前子帧的余数信号 d 进行预测，其预测方程为

$$d''(k) = b' \cdot d'(k-N') \tag{2.3.28}$$

式中，k 为余数信号样点的动态时标。

(5) 规则激励编码：长时预测之后的余数信号 e 进入这部分后进行两项工作：首先进行规则码序列提取；然后对所确定的序列进行量化编码。规则激励编码也按子帧处理，每子帧 40 个余数信号 e 的样点经过加权滤波后产生 40 个加权余数信号 X。然后进行四次 3∶1 抽取，每次比上次延时一个样点，交错排列成 4 个序列，如图 2.30 所示，每个序列只含有 13 个原序列样值。选取它们中能量最大的那个序列作为规则码激励脉冲序列，将选中的序列号 M_C 以及它所包含的 13 个原序列样值 X_M 量化编码，传送到对端及本端的解码

器。规则激励码脉冲序列的样点采用 APCM 方式量化编码，具体方法是先找到序列的最大非零样点，并用 6 比特量化编码得到 X_{maxc}，然后将它解码，解码后的样值作为归一化因子，对该序列的所有的 13 个样点做归一化处理，每个处理后的样值用 3 比特量化编码产生 X_{MC}。X_{MC} 和 X_{maxc} 一方面传送到对端去，另一方面送入本端解码器解码，以产生经逆量化后恢复的规则激励码脉冲序列 e'，e' 再与长时预测值 d'' 相加得到 d'，供下一帧长时预测使用。

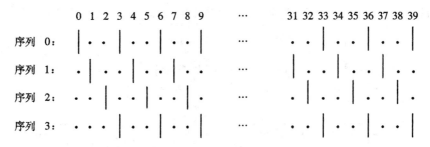

图 2.30　3∶1 抽取获得的 4 个序列

GSM RPE - LTP 方案的一帧中各参数编码比特分配如表 2.8 所示。每帧 20 ms，共用 260 比特量化编码，所以该方案净编码速率为 13 kb/s。

表 2.8　GSM RPE - LTP 方案参数编码分配表

参　　　数	量化编码比特数
8 个 LPC 参数 LAR(i)	36
4 个 LTP 系数 b	8
4 个 LTP 最佳时延 N	28
4 个码激励序列编号 M_C	8
4 个子帧最大样值 X_{maxc}	24
4×13 个 RPE 码激励序列样值 X_M	156
总　　　计	260

收端解码器工作过程与发端编码器工作过程相反，先得到 e'，再得到 d'，然后让 d' 通过合成格形滤波器合成恢复语音信号，最后去加重，得到最后的合成语音。由于解码器的许多功能方框已包含在编码器内，且其实现原理基本相同，这里就不详细介绍了。

5. 矢量和激励线性预测（VSELP）编码方案

在混合编码技术的基础上引入矢量量化技术，既可保证语音的合成质量，又可进一步压缩编码速率。矢量和激励线性预测编码就是矢量量化技术应用于余数 LPC 的结果，它是码本激励线性预测编码（CELP）方式中的一种。VSELP 是美国电子工业协会（EIA）下属的电信工业协会（TIA）提出的用于北美数字移动通信的、编码速率为 8 kb/s 的语音编码方案。

VSELP 算法对余数信号进行矢量量化，从事先确定了的一组脉冲序列（称为激励矢量码本）中挑选出一个最佳序列（激励矢量）代替余数信号，使由其合成的语音波形与原始语音波形的加权均方误差最小。VSELP 只需将选中的激励矢量在码本中的序号和其他边带信息传输到收端，收端解码器就能恢复合成出高质量的语音信号。因此，它的编码效率很高，是 8 kb/s 以下高质量语音压缩编码的优选方法之一。VSELP 与传统的 CELP 相比还在搜寻最佳激励矢量等方面大大降低了运算量，使算法实现变得更容易。

图 2.31 给出了实现 VSELP 方案的原理框图。VSELP 方案的关键是获取最佳激励矢量码本，这里我们着重讨论矢量和激励的产生。为了简便起见，图中与获取矢量码本无直接关系的部分，如语音信号的 LPC 分析、短时预测、长时预测等没有画出，它们的实现原理与前面介绍的 RELPC、MPC 和 RPE – LTP 方案类似，这里就不赘述了。

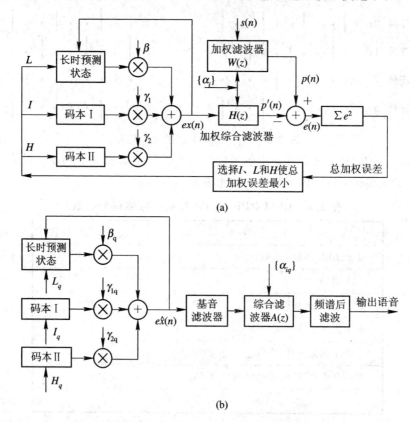

图 2.31　EIA/TIA VSELP 方案的原理框图
（a）编码器；（b）解码器

VSELP 方案仍采用分帧处理，20 ms 一帧，共 160 个样点，一帧进行一次 LPC 参数提取，用迭代法求出 10 阶反射系数，并按表 2.9 的比特分配方案量化编码传送到收端，供本端相关滤波器使用。

表 2.9　LPC 反射参数量化比特分配表

反射系数阶号	1	2	3	4	5	6	7	8	9	10
量化比特数	6	5	5	4	4	3	3	3	4	2

在编码器中除了提取 LPC 参数外，主要工作是确定长时预测状态和短时激励矢量。这些工作是按子帧进行的，每一帧分为 4 个子帧，一子帧 5 ms，含有 40 个样点。如图 2.31(a)所示，经过短时、长时预测之后的语音余数信号 $s(n)$ 通过加权滤波器后得到信号

$p(n)$，$p(n)$ 与由矢量和激励信号通过加权综合滤波器恢复的余数信号 $p'(n)$ 相减得到误差信号 $e(n)$，再利用加权误差和最小的准则来确定长时预测状态和短时预测激励矢量。

由图 2.31(a) 易见，综合滤波器的激励信号 $ex(n)$ 由三部分合成：一个是长时状态(最佳延时 L 和增益 β)，另两个为短时激励矢量。在 VSELP 方案中是根据加权误差最小的原则，分别选取激励信号和相应的增益因子的。

VSELP 方案在一帧中的量化比特分配由表 2.10 给出。每 20 ms(一帧)用 159 bit，相当于编码速率为 7.95 kb/s，加上每帧保留的 1 bit，其总编码速率为 8 kb/s。

解码器的主要工作是根据发端传送过来的长时状态(L_q)、码本 I、码本 II 的序号(I_q 和 H_q)在三个码本中确定激励矢量，然后各自乘以解码恢复后的增益因子 β_q、γ_{1q}、γ_{2q} 之后，再相加，构成激励序列 $\hat{ex}(n)$，经过基音滤波以增强基音周期性，再送入综合滤波器恢复出语

表 2.10　VSELP 方案量化比特分配

参　　　数	b/每子帧	b/每帧
10 个 LPC 参数		38
帧能量 $R(0)$		5
I、II 与 L	7+7+7	84
G_s、P_0 和 P_1	8	32
保留		1
总　　计	29	160

音。最后的合成语音还要经过频谱后滤波，以提高语音的主观质量。

EIA/TIA 提出的 VSELP 方案是一种比较理想的 CELP 实现方案，它不仅保留了 CELP 高效编码的优点，而且使它的运算量比通常的 CELP 方案降低了许多。另外，由于 VSELP 采用了长时预测和对增益因子用矢量量化等措施，使该方案能在 8 kb/s 编码速率上获得相当满意的语音质量。表 2.11 列出了一些语音编码方案的平均评价分(Mean Opinion Score，MOS)。MOS 评分是一种常用的评价语音质量的主观评价方法，共分 5 个等级，最高 5 分，最低 1 分。表中，IMBE 为增强型多带激励编码方案，它是多带激励(MBE)编码方案的改进型(MBE 原理将在后面介绍)。由表可见，VSELP 的 MOS 评分为 3.45 分，基本上与 GSM 采用的 RPE-LTP 的质量相仿。该方案采用了加权误差最小准则，具有波形编码的特点，因此对有噪声干扰及多人讲话环境不敏感。由于方案对余数信号采用了矢量量化，从理论上讲，该方案的高频能力及对带内非语音信号的编码能力要比对余数信号采用抽取量化的方案强。

表 2.11　一些语音编码方案的 MOS 评分

编码方案	标　　准	编码速率	MOS 评分
PCM	G.711	64 kb/s	4.3
ADPCM	G.721	32 kb/s	4.1
RPE-LTP	GSM	13 kb/s	3.47
VSELP	IS-54	8 kb/s	3.45
LD-CELP	G.728	16 kb/s	4.0
IMBE	INMARSAT-M	4.15 kb/s	3.4
CELP	FS-1016	4.8 kb/s	3.2
LPC-10e	FS-1015	2.4 kb/s	2.3

采用矢量和激励的方法及将码本矢量分解成基矢量叠加的方法不仅使方案的运算量下降很多,还使方案的抗误码性能得到了提高。因为当误码引起某个基矢量发生错误时,对总的激励信号影响不太大。EIA/TIA VSELP 方案在 10^{-2} 误码率条件下,仍能给出较好的语音质量,加上信道差错控制编码后,该方案的传输速率为 13 kb/s,在 10^{-1} 误码率环境中,其语音质量并无大的下降。

6. 低时延码激励线性预测(LD - CELP)编码方案

该方案是 ITU - T 关于进入长话网的 16 kb/s 声码器的标准算法,已作为 ITU - T G.728 协议推荐。该方案的语音质量与 G.721 32 kb/s ADPCM 相当而编码速率只有 16 kb/s,编码时延仅 2 ms,同时做到了高质量、低码率和低时延是该方案的突出特点。

图 2.32 为 LD - CELP 原理框图,其中,(a)图是编码器部分,(b)图是解码器部分。在发端,为了提高计算精度,需要将非线性 PCM 码恢复成压扩前的线性码,即将输入的 64 kb/s 的 PCM 码流经过非线性/线性转换,变换成均匀量化的 PCM 信号。当输入是 A 律信号时,经转换后得到 13 比特/样值的均匀量化 PCM 信号;而当输入是 μ 律信号时,则转换成 15 比特/样值的信号。然后以 5 个样值组成一个信源矢量,存入缓冲器中,由于每次只存一个矢量,编码引入的时延就较小,一般不大于 2 ms。图 2.32(a)虚线框内的部分实际上就是一个解码器,它产生一个与输入语音样值相比误差最小的合成语音样值。其中,5 维激励码本是一个有 1024 个 5 维码矢量的码书,该码书按两级编排,一级是矢量长度,共 8 种,4 负 4 正,需用 3 比特编码;另一级是 5 维单位矢量,共 128 种,需用 7 比特编码。在码书中取一码字作为激励信号,经增益控制和综合滤波器后合成语音样值,与在缓冲器中的输入语音矢量比较,所得的误差信号再经感觉加权滤波,计算该误差的均方值,通过搜索码本中各码字,以使此误差均方值最小,就可将与最小均方误差对应的码字编号用 10 位二进码编码输出,形成 16 kb/s 的参数码流,传送到收端。

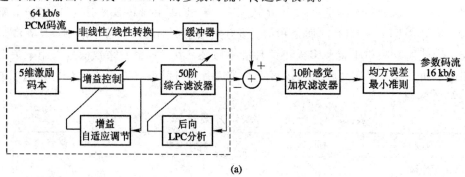

(a)

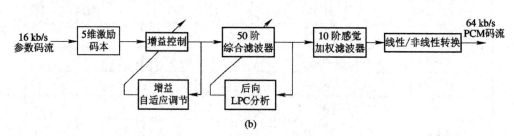

(b)

图 2.32 LD - CELP 原理框图

(a) 编码器;(b) 解码器

在收端，用发端传送来的码字编号在与发端相同的码本中取出用来激励矢量。增益控制用来调整码本输出矢量脉冲的幅度。增益自适应调节用来计算、调整增益预测值，每个矢量调整一次。根据增益控制以前的值计算当前所需值，并采用混合窗技术以充分利用以前的数据。综合滤波器是合成语音信号所需的滤波器，其预测系数由后向 LPC 分析提供。感觉加权滤波器根据人耳的频率特性设计，其目的是使失真引起的主观感觉最好。解码器最后一个方框用 A 律或 μ 律对合成的语音样值进行再变换，它为发端非线性/线性转换的反变换，以便可用一般芯片恢复声音信号。

通常的声码器编码方案都是按帧处理的，编码时延为 40~100 ms。LD－CELP 方案采用了低维码本(5 维)及后向预测(从输出码流中提取预测参数)等方法解决了这一问题，时延仅 2 ms。LD－CELP 方案的语音质量与 32 kb/s ADPCM 的语音质量相当。LD－CELP 方案没有采用常规的基音预测，而是将 LPC 参数的预测阶数由通常的 10 阶提高到 50 阶，增强了抗信道误码能力。

7. 多带激励线性预测(MBE)编码方案

MBE 编码算法首先由美国 MIT 大学林肯实验室的 P. W. Griffin 和 J. S. Lim 于 1984 年提出。这种算法的关键是提出了一种基于频域的、新的语音信号产生模型——多带激励模型，进而提高了合成语音的自然度。图 2.33 给出了 MBE 语音信号产生模型，这是一个频域模型，也就是说，它致力于对原始语音谱结构的分析和拟合。在这个模型中，并不是简单地将一帧语音判定为浊音或是清音，而是按基音各谐波频率，将一帧语音的频谱分成若干个谐波带，再将几个谐波带为一组进行分带，分别对各带进行清/浊音判决。对于浊音带，用以基音周期为周期的脉冲序列谱作为激励信号谱；对于清音带，则使用白噪声谱作为激励信号谱，本帧总的激励信号由各带激励信号相加构成。激励信号谱与原始语音中提取的谱包络相乘以确定激励谱在各谐波带的相对幅度和相位(在该模型中，认为每一谐波带内谱包络为常数)，起到了将这种混合激励信号谱映射成语音谱的作用。这种模型使得合成语音谱同原语音谱在细致结构上能够拟合得很好，更符合实际语音的特性，所以其收端合成的语音质量必然就高。

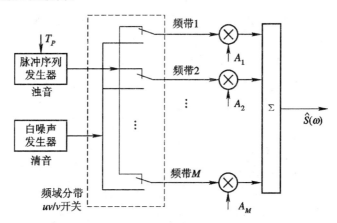

图 2.33　MBE 语音信号产生模型

MBE 算法发端语音分析原理框图可如图 2.34 所示。此算法采用了合成分析法和感觉加权两项行之有效的提高参数分析精确度的技术来提取基音周期 T_P 和谱包络参数。利用平滑技术对初估出的基音周期进行基音跟踪,提高基音周期的精度。根据合成谱与原始谱间的拟合误差来确定某个谐波带的清/浊音判决信息。在确定了 uv/v 后,就可确定各谐波的幅度 x_m。对于浊音带,谱幅度就等于最佳包络模值;对于清音带,谱幅度就等于原始语音谱中该谐波带的平均谱幅度值。

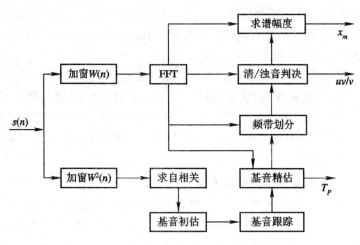

图 2.34　MBE 模型参数分析提取过程

　　MBE 算法对收端语音合成采用时-频域混合合成法,分别在时域和频域进行浊音和清音的合成,再将它们相加得到最后的合成语音,如图 2.35 所示。清/浊音谱包络分离按清/浊音判决信息进行谱包络分离。在浊音谱包络中,对所有被判为清音的谐波频带,令其包络值为零;同样,在清音谱包络中,对所有被判为浊音的谐波频带,令其包络值为零。清音合成采用频域方法,首先由白噪声序列发生器生成一个白噪声序列,然后通过一个合成窗,取出一定长度的样本,再将其进行 FFT,得到激励谱,并归一化到单位幅值。激励谱乘以经线性内插后的清音谱包络就得到了合成清音谱。对它进行 FFT 反变换即得本帧的清音合成语音。为了保持合成语音帧间的连续性,一般采用的窗长大于一帧语音长度,因此需用加权重叠相加来平滑相邻帧的边界,最后得到实际的合成清音。浊音采用时域合成方法来合成,由于浊音在频谱上的分布是离散的,可用一组正弦振荡器实现合成。计算出每个谐波的谐波函数和相位函数后,即可通过正弦振荡器形成浊音语音。将分别合成的清音和浊音相加起来,就得到了最后的合成语音。

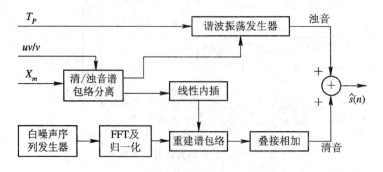

图 2.35　MBE 方案语音合成过程

2.4　数字音频编码标准

ITU - T(原 CCITT)等国际相关组织对入网设备的语音编码方案进行了规范，提出了一系列标准，在本节中将对相关的主要协议进行概要地介绍。

2.4.1　话音音频编码标准

1. G.711 标准

CCITT 于 1972 年对话音频谱的模拟信号用脉冲编码调制(PCM)编码时的特性进行了规范，其主要内容有：

(1) 模拟信号的取样率标称值为每秒 8000 个样值，容差为 $\pm 50 \times 10^{-6}$。

(2) 推荐 A 律和 μ 律两种编码率，量化值的数目由编码律决定，每个样值编码为 8 位二进制数码。采用不同编码率的国家之间的数字通道应传送按 A 律编码的信号。若两国采用相同的编码律，则两国之间的数字通道就应采用该编码律。任何必要的变换由采用 μ 律的国家来承担。

(3) A 律(或 μ 律)的每一个"判决值"和"量化值"应当与一个"均匀的 PCM 值"相关联。亦即要求采用 13 比特(或 14 比特)的均匀 PCM 码。

(4) 串行传输时在一个样值编码码字中首先传送极性比特，最后传送最低有效位比特。

(5) 标准对 A 律或 μ 律各规定了一个字符信号周期序列，当该周期序列加到 PCM 复用设备解码器输入端时，在设备的任一音频输出端应当出现一个标称电平为 0 dBm0 的 1 kHz 正弦信号。

(6) 理论负载容量：A 律为 +3.14 dBm0，μ 律为 +3.17 dBm0。

2. G.721 标准

G.721 标准是 CCITT 1988 年为实现 64 kb/s A 律或 μ 律 PCM 与 32 kb/s 数字信道之间的相互转换而制定的。在该协议中提出了一种 PCM↔ADPCM 转换编码的算法(该算法原理已在 2.3.1 节中简要介绍)，分别叙述了发端编码和收端解码算法的原理和功能，并对各种计算方法进行了详细规定，对该转换设备进网概貌和数字测试序列作出了说明。

G.721 协议规定 32 kb/s ADPCM 算法的目的是传输，而对于 32 kb/s 数字码流在交换中的应用，CCITT 将进一步研究。请求在国际网中使用 32 kb/s ADPCM 时，将需要双边和(或)多边协议。G.721 未对信令转换和复用作出规定。

3. G.722 标准

G.722 标准是 CCITT 1988 年制订的，该标准规范了一种音频(50～7000 Hz)编码系统的特性，该系统可用于各种质量比较高的语声应用，例如视听多媒体、会议电视等具有调幅广播质量的音频。该编码系统使用比特率在 64 kb/s 以内的子带自适应差分脉冲编码调制(SC - ADPCM)，在此技术中将音频频带分裂成高低两个子带，在每个子带中信号用 ADPCM 编码。按照 7 kHz 音频编码所用的比特率，系统有三种基本的工作模式：64 kb/s、56 kb/s 和 48 kb/s。后两种模式借助于利用低子带的比特，在 64 kb/s 内分别可以提供 8 kb/s 和 16 kb/s 的辅助数据信道。

图 2.36 给出了 64 kb/s 音频编/解码器的原理框图。发端主要由发送语音处理、子带编码器和数据插入三部分组成。发送语音处理完成语音的数字化处理，主要由输入滤波、取样和量化编码等功能模块组成。它对音频信号以 16 kHz 取样，并采用 14 比特量化编码成 224 kb/s 的均匀数字码流。子带编码器由发送正交镜像滤波器、子带 ADPCM 编码器和复接器构成。发送正交镜像滤波器（QMF）由两个 FIR 数字滤波器构成，它将 0～8000 Hz 的频带分裂成两个子带：低子带（0～4000 Hz）和高子带（4000～8000 Hz）。发送 QMF 的输入 x_{in} 是将发送语音处理的输出以 16 kHz 取样的信号。输出 x_L 和 x_H 分别对应低子带和高子带，它们是以 8 kHz 取样的信号。低子带 ADPCM 编码器采用 6 比特 ADPCM 编码，产生 48 kb/s ADPCM 信号码流 I_L；高子带 ADPCM 编码器采用 2 比特 ADPCM 编码，产生 16 kb/s ADPCM 信号码流 I_H。复接器将分别来自低子带和高子带 ADPCM 编码器的信号 I_L 和 I_H 组成一个合成的 64 kb/s 信号流，该信号流具有适于传输的 8 比特组结构。合成信号流复接格式为：I_{H1} I_{H2} I_{L1} I_{L2} I_{L3} I_{L4} I_{L5} I_{L6}，其中 I_{H1} 是传输的第一比特，I_{H1} 和 I_{L1} 分别是 I_H 和 I_L 的最高有效位，I_{H2} 和 I_{L6} 分别是 I_H 和 I_L 的最低有效位。数据插入模块按一定的工作模式工作，首先用辅助数据信道的数据比特顶替低子带的一个或两个最低有效比特，然后将其插入到 64 kb/s 的输出数码流中并输出。G.722 规定了可用的三种基本工作模式，如表 2.12 所示。

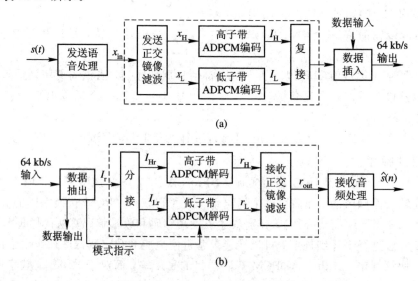

图 2.36　G.722 编/解码器原理框图

（a）发端编码器；（b）收端解码器

表 2.12　G.722 基本工作模式

模式	7 kHz 音频编码比特率	辅助数据信道比特率	备　　注
1	64 kb/s	0 kb/s	
2	56 kb/s	8 kb/s	顶替低子带最低位
3	48 kb/s	16 kb/s	顶替低子带最低两位

收端解码器完成发端编码器的逆变换工作。解码器输入比特率总是 64 kb/s，但它可容纳的却是随工作模式变化的 64 kb/s、56 kb/s 或 48 kb/s 音频编码。数据抽出模块按照模式控制策略决定工作模式，按照其工作模式抽出数据信号，同时将工作模式指示传递给低子带 ADPCM 解码器，供解码使用。分接器将接收到的信号 I_r 按复接格式分成两个信号 I_{Hr} 和 I_{Lr}，它们分别被送到高、低子带 ADPCM 解码器中解码，分别得到信号 r_H 和 r_L。收端 QMF 仍由两个 FIR 滤波器组成，它把 r_H 和 r_L 从 8 kHz 内插到 16 kHz，然后产生以 16 kHz 取样的输出 r_{out}，构成接收音频处理部分的输入。接收音频处理主要由 16 kHz 取样的 14 比特均匀数/模变换器、带有 $\dfrac{x}{\sin x}$ 校正的音频重建滤波器和输出电平调节器构成，用来恢复发端音频。

4．G.728 标准

为了进一步降低语音压缩的速率，1992 年 CCITT 制订了 G.728 标准，它使用低时延码激励线性预测(LD‐CELP)编码算法，其速率为 16 kb/s，质量与 32 kb/s 的 G.721 标准相当，编码时延仅 2 ms。高质量、低码率和低时延是该方案的突出特点。

LD‐CELP 算法原理已在 2.3.3 节中进行了介绍，G.728 标准对 LD‐CELP 算法进行了概述，并分别介绍了发端编码器和收端解码器的实现原理和功能，而且对各种计算方法和参数进行了详细规定。

5．G.729 标准

G.729 标准提出了一种采用共轭结构代数码激励线性预测(CS‐ACELP)方法，这是以 8 kb/s 速率对语音信号编码的算法。它是由 ITU‐T 于 1995 年制订的，该算法在多媒体通信和 IP 电话等领域有较广泛的应用。

图 2.37 为 G.729 给出的发端编码器的原理框图。编码器预处理将输入语音以 10 ms 为一帧按 8 kHz 的速率取样，取样信号作为后继模块的输入信号。LP 分析每帧计算一次

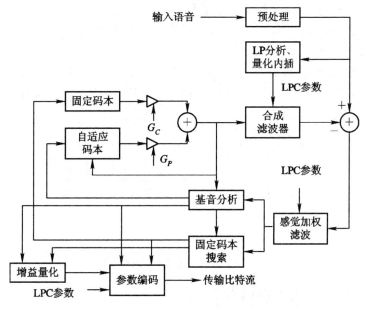

图 2.37 CS‐ACELP 编码器原理

LPC 参数，这些参数被变换成线谱对（LSP），并用 18 bit 通过两级预测矢量进行量化。合成滤波器激励信号的选择是通过分析—合成搜索过程实现的，在这个过程中，原始语音与合成滤波器合成的重构语音间的误差通过感觉加权滤波器滤波，以达到最小。感觉加权滤波器的系数由 LP 分析提供，其数量可自适应调节，以使滤波器对输入信号具有平滑的频率响应。产生合成滤波器激励信号的激励参数（固定码本和自适应码本参数）每 5 ms 子帧（40 个样值）选择、产生一次。在经过感觉加权的语音信号的基础上每 10 ms 帧估算一次开环基音延迟，并在固定码本中搜索最佳的激励信号。最后将相关参数编码形成传输码流。在一帧中各参数的编码比特分配如表 2.13 所示。

表 2.13　CS - ACELP 算法编码比特分配表（10 ms 帧）

参　　数	码　　字	子帧 1	子帧 2	每帧合计
线谱对	L_0，L_1，L_2，L_3			18
自适应码本延迟	P_1，P_2	8	5	13
基音延迟奇偶校验	P_0	1		1
固定码本标志	C_1，C_2	13	13	26
固定码本符号	S_1，S_2	4	4	8
码本增益（1 阶）	GA_1，GA_2	3	3	6
码本增益（2 阶）	GB_1，GB_2	4	4	8
总　　计				80

收端解码器原理示于图 2.38，首先从传输码流中将参数码分离出来，通过解码后获得相应 10 ms 帧的参数，这些参数分别是 LSP 系数、两个分数基音延迟（自适应码本延迟）、两个固定码本矢量和两组自适应固定码本增益。在每个子帧对 LSP 系数内插并转换成 LP 滤波器系数。接着对每 5 ms 子帧做以下工作：

（1）通过自适应码本和固定码本矢量相加构成合成滤波器的激励信号，这些矢量分别由它们各自的增益定标。

（2）激励信号通过 LP 综合滤波器（短时滤波器）重构语音信号。

（3）重构语音信号通过后处理模块增强和丰富音质，后处理包括基于长时和短时综合滤波器的自适应后滤波器以及一个高通滤波器和定标处理。

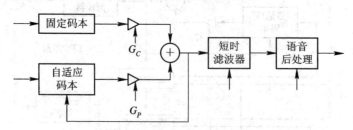

图 2.38　CS - ACELP 解码器原理

2.4.2　高保真立体声音频编码标准

目前的音频信号大致可以分成三类：电话质量的语音信号、调幅广播质量的音频信号和高保真立体声音频信号。对于前两种音频信号的编码技术,ITU‐T已经制订了一些国际标准,对于高保真立体声音频,ISO(International Standardization Organization,国际标准化组织)和IEC(International Electrotechnical Commission,国际电工技术委员会)为世界范围内的标准化工作组成了专门的机构,也制订了一些国际化标准。例如,ISO的运动图像专家组(Motion Picture Experts Group,MPEG)为运动图像及其音频制订的MPEG标准等。

1. MPEG‐1 音频编码标准

MPEG‐1音频编码标准(ISO/IEC 11172‐3)是国际上第一个高保真立体声音频编码标准。通过对14种音频编码方案的比较测试,最后选定了以MUSICAM(Masking Pattern Universal Subband Integrated Coding And Multiplexing)为基础的三层编码结构,根据不同的应用要求,使用不同的层来构成其音频编码器。

在MPEG‐1中,音频编码的Ⅰ、Ⅱ层称为MUSICAM,它采用了以下技术:将数字音频信号分为32个子带,使用听觉特性(例如心理声学模型的掩蔽效应、声音的方向特性等),采用比例因子技术、自适应比特分配技术等。图2.39给出了MUSICAM编码器的原理框图,滤波器组用多相滤波器组和MDCT(Modified Discrete Cosine Transform,修改的离散余弦变换)滤波器组构成。滤波器组对信号进行频率变换并将信号分成32个子带,在每个子带(750 Hz)中,确定一段信号(8 ms)中的最大电平,由此得到比例因子这一编码参数。由于比例因子的相对变化很小,因此采用差分熵编码方式实现。根据人耳的掩蔽效应确定掩蔽门限,据此,比特分配模块自适应地分配比特,以达到高效压缩音频数据的效果。最后,将音频压缩数据、比例因子和比特分配信息按帧结构组合在一起构成模块,形成音频编码比特流。

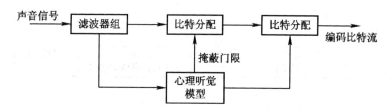

图 2.39　MUSICAM 编码器的原理框图

图2.40给出了MPEG‐1音频编码的比特流帧结构。其中,帧标志占用32 bit,由同步和状态信息组成,同步码由12 bit全1码组成;帧校验码占用16 bit,采用CRC校验,用于检测比特流中的传输差错;音频数据由比特分配信息、比例因子信息和子带音频样点组成,不同层的音频样点不同;辅助数据在声频比特流中提供一个长度可变的通道用于传输辅助数据。MPEG‐1可用32 kHz、44.1 kHz和48 kHz对音频取样,对立体声双声道支持224 kb/s、256 kb/s、320 kb/s和384 kb/s编码比特率。

帧标志	帧校验	音频数据	辅助数据

图 2.40　MPEG‐1 音频编码比特流帧结构

图 2.41 说明了音频解码器的基本结构,帧分解进行分解和解码,恢复出各种信息段。若在编码时采用了 CRC 校验,则在此模块中还将进行差错检测。重建模块用来重建一组变换样点的量化形式,逆变换将这些变换样点变换回均匀的 PCM 音频样点。

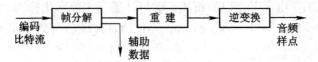

图 2.41　MPEG-1 音频解码器基本结构

2. MPEG-2 音频编码标准

在 MPEG-1 音频编码方案中,MUSICAM 只能传送左、右两个声道。MPEG-2 在其基础上扩展了低码率多声道编码,称为 MUSICAM 环绕声。该方案将声道数扩展至 5.1 个,即 3 个前声道(左 L、中 C 和右 R)、2 个环绕声道(左 LS、右 RS)和 1 个超低音声道 LFE(常称为 0.1 声道)。这样,就形成了 MPEG-2 音频编码标准 ISO/IEC 13818-3,它于 1994 年公布。

MPEG-2 音频编码方案中将多声道扩展信息加到 MPEG-1 音频数据帧结构的辅助数据段中,而且长度没有限制。MPEG-2 音频编码的数据帧结构如图 2.42 所示。在 MPEG-1 音频编码的第一层,多声道扩展数据被分成三个部分,在连续 3 帧 MPEG-1 音频数据帧的辅助数据段中传送;而在第二、三层,多声道扩展数据在一个 MPEG-1 音频数据帧的辅助数据段中传送。完整的 MPEG-2 数据帧包含四种不同信息:前 32 位由帧标志码构成;紧接着是可选的 16 位 CRC 循环冗余校验码;音频数据由位分配、规格因子选择信息、规格因子和音频子带样点组成;辅助数据根据不同的应用定义,其长度和使用未作规定。

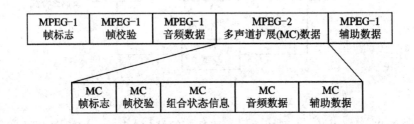

图 2.42　MPEG-2 音频数据帧结构

MPEG-2 音频编码能传送多路音频,并能确保比特流与 MPEG-1 前向和后向兼容。由于多通道音频系统可用于卫星或陆地的电视广播、数字化音频广播以及其他诸如 CATV、视频会议、HTT(家庭电视剧场)等多媒体系统,故 MPEG-2 音频编码系统有广泛的应用,对制造商和使用者都非常有吸引力。

3. MPEG-4 音频编码标准

MPEG-4 标准是 MPEG 为了给利用窄带 ISDN(Integrated Service Digital Network,综合业务数字网)实现交互式多媒体应用提供支持所制订的 MPEG 系列标准中的一个新标准,它于 1993 年开始启动研究,于 1998 年 11 月以 ISO/IEC 14496 号标准颁布。与 MPEG-1、

MPEG - 2 不同，MPEG - 4 不仅仅着眼于定义不同码流下具体的压缩编码标准，而是更多地强调多媒体通信的灵活性和交互性。一方面，MPEG - 4 要求有高效的压缩编码方法；另一方面，MPEG - 4 要求有独立于网络的基于视频、音频对象的交互性。下面简要地介绍 MPEG - 4 音频编码的要点，视频和相关的应用介绍放在 2.6.2 节中。

MPEG - 4 同时支持自然和合成音频信息（如 MIDI 等）的编码。MPEG - 4 对自然音频的编码速率从 2 kb/s 到 64 kb/s，并以一组工具的方式规范了码流语法和各种解码过程。为了在上述速率范围内获得最好的音频质量，同时提供各种额外的功能。MPEG - 4 定义了三种类型的编码器：

（1）低速率音频编码，对 8 kHz 取样的语音的 2～4 kb/s 速率的编码。

（2）中速率音频编码，对 8 kHz 或 16 kHz 取样的语音的 4～16 kb/s 速率的编码。

（3）高速率音频编码，对 16 kb/s 以上速率的编码。

2～16 kb/s 速率之间的编码常采用参数编码技术实现，16～24 kb/s 之间的语音编码常采用码激励线性预测（CELP）编码方案，16 kb/s 以上速率的编码则多采用时频（T/F）变换的编码技术。

另外，MPEG - 4 还对"文本至语音"（Text-To-Speech）、合成语音的编码及"音乐语言"进行了标准化。

4. AC - 3 系统

AC - 3 系统是 Dolby 公司开发的新一代高保真立体声音频编码系统，目的是为美国的全数字式高清晰度电视（HDTV）提供高质量的伴音。1993 年 11 月，美国高级电视系统委员会（ATSC）正式批准其大联盟高清晰度电视（GA - HDTV）系统采用 AC - 3 音频编码方案。由于 MUSICAM 方案由欧洲开发，并作为 ISO/IEC MPEG 的音频标准，出于政治和经济上的考虑，AC - 3 与 MUSICAM 在 HDTV 和数字声音广播（DAB）方面进行了十分激烈的竞争。在制订 MPEG - 2 音频编码标准时，以美国为首的一些国家对 MUSICAM 投了反对票，这就使得 ISO/MPEG - 2 不得不另外建立一种非后向兼容编码（NBC）标准，即 MPEG - 2 音频部分可以有多个标准，AC - 3 系统就是其中之一。

AC - 3 系统继承了 AC - 2 系统的许多优点，例如，变换编码、自适应量化和比特分配、人耳心理听觉特性等，并采用了一些新技术，如指数编码、混合前/后向自适应比特分配和耦合技术等。图 2.43 示出了 AC - 3 系统原理框图。分析滤波器组将音频信号从时域转换到频域，以便在频域实现基于心理声学模型的音频压缩。频域参数可粗糙量化，因为

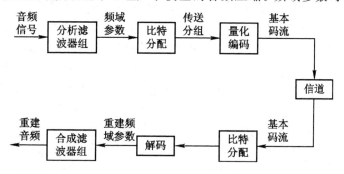

图 2.43　AC - 3 系统原理框图

产生的量化噪声将与音频信号在同一频率上，由于心理声学的掩蔽效应，相对低的信噪比也是可以接受的。基于人的听觉心理声学模型，对于每个单独的频域参数，比特分配模块来决定怎样的信噪比可以接受。最后，频域参数粗糙量化到所需精度，并编码形成音频基本码流。音频编码码流的基本单元是 AC-3 同步帧，其帧结构如图 2.44 所示。每个 AC-3 同步帧由一个 16 bit 同步信息（SI）字、码流信息（BSI）、32 ms 的音频编码流和一个 CRC 差错控制段（16 bit）组成。每个同步帧大小（比特数）相同，均包含 6 个音频编码块，它是一个完全独立的编码实体。基本码流中包括了使解码器实现与编码器相同的比特分配信息，这样，解码器可根据它将基本码流频域参数进行分组拆卸和逆量化解码，从而重建频域参数。合成滤波器组实现发端分析滤波器组的逆过程，它将重建的频域参数还原为时域音频信号。

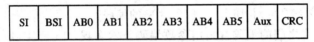

| SI | BSI | AB0 | AB1 | AB2 | AB3 | AB4 | AB5 | Aux | CRC |

图 2.44　AC-3 音频编码比特流帧结构

AC-3 系统主音频和辅助数据业务码率不超过 512 kb/s，主音频码率在 320～384 kb/s 范围内。从测试结果看，AC-3 系统的总体性能要优于 MPEG-2 音频算法。

2.5　图像编码技术

2.5.1　概述

目前人类传递信息的主要媒体是语音和图像，而且在人类接收的信息中，视觉信息约占 70% 以上，可见图像是一种非常重要的信息传递媒体。

一般地，数字图像是通过描述其像素点来描述图像的，而像素又是三维空间、波长、时间、强度和色彩等参数的函数，因此表示图像所需的数据量较大。例如，一幅中等分辨率（640×480）彩色图像（每像素 24 bit）的数据量约为 7.37 Mb/帧；一个 100 MB 的硬盘只能存放 100 帧静止画面；一秒钟全活动视频画面约占 22.12 MB 空间；650 MB 的 CD-ROM 只能播放 20 s 图像信息。如果帧速率为 25 帧/s，则视频信号的传输速率约为 184 Mb/s。如此大的数据量和传输速率，即使在现在的技术水平，存储、处理和传输也是比较困难的。因此，对图像数据进行实时压缩和解压缩是非常必要的。

从图像信息本身来说，数据压缩是可能的。首先，原始信源数据存在大量冗余，如动态视频内像素间的空域相关和帧间相关都形成了很大的信源冗余；其次，对每秒显示 25 幅图像的视频信号而言，前后相邻帧图像之间一般也具有很强的相似性，即表现为时间上的冗余；另外，图像信号离散化后，只要这些离散值出现的概率不相等，就还存在统计冗余，将这些冗余去除或降低可以大大压缩数据量。通过分析人类视觉的生理特性可知，人类视觉器官具有某种不敏感性，如人眼的掩盖效应（对边缘变化不敏感），以及对亮度信息敏感而对颜色分辨力弱等，基于这些不敏感性，可以对某些非冗余信息进行压缩，从而大幅度地提高压缩比。一般而言，通过选择适当的数据压缩技术，图像数据量可以压缩到原来的 1/2～1/60。

　　压缩后的图像信息传输目前主要采用两类传输方式,一类是传统的模拟传输方式,例如目前的广播电视,采用某种调制方法将模拟图像信号调制到相应频带传输。它的主要缺点是抗干扰能力弱,对传输线路信噪比要求高,而且在传输中容易造成波形失真,直接影响恢复图像质量。另一类是数字传输方式,在数字电视、高清晰度电视和多媒体图像传输中都采用数字传输方式。数字图像传输主要有如下优点:

　　(1) 抗干扰能力强,由于数字传输再生中继的特点,基本排除了噪声和失真积累的影响,提高了功率利用率。

　　(2) 可将信源编码与信道编码结合设计,使用类似网格编码调制(Trellis Coding Modulation,TCM)等编码技术,可大大提高信号功率/频谱的综合利用率。

　　(3) 由于采用数字滤波与数字存储,容易使用简单的方法消除噪声,改善图像的信噪比,大大提高视频图像质量。

　　(4) 大大提高了功率利用率,数字电视广播的发射功率要比模拟传输低许多,可以开辟使用禁用频道来传送电视节目,有利于缓解电视频道紧缺的状态。

　　(5) 由于减少了 A/D、D/A 变换等处理环节,可减少图像质量的恶化与损伤。

　　(6) 利用数字处理容易实现加密,有利于视频信号的保密传输。

　　(7) 与 B-ISDN(宽带综合业务数字网)传输匹配,适合于未来的多媒体通信。

　　下面,将基于数字图像传输简要介绍图像压缩编码的一些基本方法。

2.5.2　图像压缩编码基本方法

　　20 世纪 80 年代后,由于超大规模集成电路(VLSI)和计算机技术的迅速发展,在市场和应用的推动下,图像压缩编码技术取得了极大进展,下面就常用的视频压缩编码方法作概念性地介绍。

1. 预测编码

　　预测编码的基本方法是差分编码调制(DPCM),其目的是去除图像数据间的空域冗余度和时间冗余度,它既可在一帧图像内进行帧内预测编码,也可在多帧图像间进行帧间预测编码。这里介绍帧内预测编码,帧间预测编码将在后面介绍。

　　帧内预测编码旨在去除图像帧内像素之间的冗余度,其原理方框图如图 2.45(a)所示。输入信号 $x(n)$ 是量化前的图像信号取样值,虚线框内为线性预测器,其中,D_i 和 $a_i(i=1,2,\cdots,N)$ 分别为延迟单元和固定加权系数值。预测器根据前 N 个邻近像素的样值预测推算出当前样值 $x(n)$ 的估值 $\hat{x}(n)$:

$$\hat{x}(n) = \sum_{i=1}^{N} a_i x\left(n - \frac{D_i}{\tau}\right) \tag{2.5.1}$$

式中,τ 为取样间隔。量化编码对预测误差信号:

$$e(n) = x(n) - \hat{x}(n) \tag{2.5.2}$$

进行量化、编码传输,而不是传送 $x(n)$ 本身。由于相邻像素之间的相关性,预测值 $\hat{x}(n)$ 接近 $x(n)$,因此,预测误差信号 $e(n)$ 的编码动态范围远小于 $x(n)$,将对 $x(n)$ 的编码转化为对 $e(n)$ 进行编码,在很大程度上降低了信源的冗余。用量化台阶相同的量化器量化 $e(n)$,所需的量化电平数要大大少于 $x(n)$,这便是通过 DPCM 进行数据压缩的基本原理。在解码端利用一个与发送端相同的预测器就可恢复出发端原始信号 $x(n)$ 的恢复近似值 $y(n)$,

其误差是由于对 $e(n)$ 进行量化引起的。

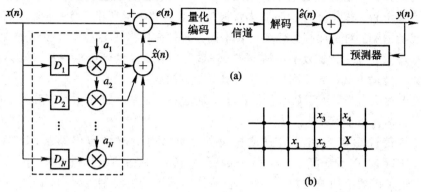

图 2.45 DPCM 原理框图

(a) 编/解码器；(b) 一维预测与二维预测

当预测器的阶数 N 选定后，加权系数 a_i 应当根据信号 $x(n)$ 的统计特性来设计，以便使 $e(n)$ 的均方值最小，此时的预测器称为最佳预测器。或者用自适应预测器替代固定系数预测器，使预测器动态地保持最佳。另外，采用最佳量化技术实现量化器的最佳化，还可进一步地压缩数据冗余。

如果用作预测的像素与被预测像素 X 在同一扫描行内（如图 2.45(b) 中的 x_1, x_2)，则称为一维预测；如果用作预测的像素与被预测像素 X 位于相邻的不同扫描行上（如图 2.45(b) 中的 x_3, x_4)，则称为二维预测。

帧内预测编码的优点是方法简单，容易实现。其缺点是对信道噪声及误码很敏感，可能会产生误码扩散，导致图像质量下降。同时，帧内预测编码的压缩比较小，通常为 2～3 倍。随着变换编码的广泛应用，帧内预测编码已很少使用了，预测编码主要使用于帧间冗余压缩。

2. 变换编码

变换编码也是一种降低信源空间冗余度的压缩方法，通常是采用某种正交变换，将图像取样值变换到变换域，达到去除视频图像信号相关性的目的。

研究表明，各种正交变换，例如，卡南-洛伊夫(K-L)变换、傅氏变换、余弦变换和沃什变换等，都能在不同程度上减少随机向量的相关性。由于变换所产生的变换域系数之间的相关性很小，因此可以分别独立地对其进行处理；经正交变换后，大都能将能量集中在少量变换域系数上。通过量化删去对图像信号贡献小的系数，只用保留下的系数来恢复原始图像，并不会引起明显的失真。这就是利用正交变换进行数据压缩的基本原理。

大家熟悉的傅氏变换就是一种正交变换，如果把取样后的图像看做一个二维矩阵，对此矩阵做二维离散傅氏变换(DFT)，所得到的变换域中的各元素对应着图像中不同频率成分的复振幅值。由于画面在内容上的连续性，图像矩阵中相邻元素之间的相关性很强，而经变换后，变换域的变换系数反映不同频率的复振幅值，显然，它们之间的相关性要小得多。

在最小均方误差准则下，最佳的正交变换是卡南-洛伊夫(K-L)变换，其变换后的系数之间是互不相关的。但是由于计算的复杂性和实现上的困难，K-L 变换的实际应用甚少。离散余弦变换(DCT)是一种性能接近 K-L 变换的正交变换，并具有多种快速算法，因而在数据压缩中被广泛地采用。

DCT 编码的主要处理步骤如下。

(1) DCT 变换。$N \times N$ 的二维 DCT 由下式定义：

正变换：

$$S(u,v) = \frac{2}{N} C(u)C(v) \sum_{i=1}^{N-1} \sum_{j=1}^{N-1} s(i,j) \cos \frac{(2i+1)u\pi}{2N} \cos \frac{(2j+1)v\pi}{2N} \qquad (2.5.3)$$

反变换：

$$s(i,j) = \frac{2}{N} \sum_{v=1}^{N-1} \sum_{u=1}^{N-1} C(u)C(v)S(u,v) \cos \frac{(2i+1)u\pi}{2N} \cos \frac{(2j+1)v\pi}{2N} \qquad (2.5.4)$$

式中：

$$C(u) = \begin{cases} \dfrac{1}{\sqrt{2}}, & u = 0 \\ 1, & u \neq 0 \end{cases}, \qquad C(v) = \begin{cases} \dfrac{1}{\sqrt{2}}, & v = 0 \\ 1, & v \neq 0 \end{cases}$$

上式中，$s(i,j)$ 和 $S(u,v)$ 分别为图像矩阵和变换域矩阵中的元素。DCT 变换矩阵的大小可以从去相关程度和实现难易等方面来综合考虑，8×8 通常被认为是一种较好的选择。

(2) 系数量化。经 DCT 变换得到的变换域系数的能量主要沿主对角线分布，而且在左上角集中主要能量，这反映了能量以低频成分为主的客观事实，即图像大部分区域变化不大，亮度突变部分占少数。量化的目的是在确保一定的图像质量情况下，舍弃一些对视觉效果影响不大的次要信息，从而达到对图像数据的进一步压缩。由于不同频率的系数对人眼的视觉效果不同，因此，可充分利用人眼的视觉特性选择不同的量化方案。系数量化是 DCT 编码的关键，常用的方法有区域编码、自适应比特分配、门限控制和综合法等。

区域编码法就是将 8×8 变换系数块根据其能量分布划分为若干区域，对每个区域分别进行量化和编码，每个区域的量化编码比特数由该区域中变换系数的能量大小决定。通常，变换系数能量大的区域占用较多的比特数，反之亦然。值得注意的是，过多地删除高频系数会产生"细节模糊"现象。

自适应比特分配是指根据变换系数的能量大小，自适应地分配变换系数所需的比特数。最佳的分配方法是对被量化编码区域的能量分布情况进行概率统计，并根据失真要求来分配其比特数。通常，采用直方图方法来取代复杂的概率密度函数估计，也可用高斯密度函数来近似计算。对均方失真为 D，方差为 σ_{ij}^2 的系数，其最佳编码比特数用下式计算：

$$R_{ij} = (\mathrm{lb}\sigma_{ij}^2 - \mathrm{lb}D)^2 \qquad (2.5.5)$$

门限控制方法能避免舍弃能量较大的高频系数。例如，假设门限为 T_0，凡小于 T_0 的系数均被置 0，从而增加零系数（几乎无需编码的系数）的个数。门限的设置可利用人眼的视觉特性。因为人眼对不同频率的变换系数的敏感程度不同，低于某一能量水平的系数可以略去。同时，对非常敏感的频率系数，其门限可以取的小些，而那些对视觉不太重要的系数可以取较大的门限，这样既能满足视觉要求又能降低传输数码率。

另一种门限控制方法是采用自适应门限控制，即门限大小随图像块的细节变化而自动调整，以达到自适应效果。

为了达到最佳量化编码效果，往往采用综合法，例如，结合使用自适应量化、自适应预测、矢量量化等。综合法往往比较有效，因此备受重视。

（3）系数排序。经过量化的 DCT 系数通常会出现较多的零值，为了增加零系数的个数，如何对已量化的系数进行排序就显得尤为重要。通常可按"Z"字形排列。

（4）熵编码。DCT 编码的最后一步是熵编码。熵编码是一种基于量化系数统计特性所进行的无失真编码。常用的熵编码方法有游程长度编码、霍夫曼编码、香农编码和算术编码。在视频编码中，常用游程长度编码和霍夫曼编码。

3. 熵编码

熵编码旨在去除信源的统计冗余，熵编码不会引起信息的损失，因而又称为无损编码。下面主要简介在视频编码中应用较多的游程长度编码和霍夫曼编码。

1）游程长度编码

游程长度编码最早用于二值图像的压缩编码。二值图像的每一扫描行总是由若干段连着的白像素和黑像素组成，即所谓的白长和黑长。对不同的白长和黑长，按其出现的概率分配以不同的码字，这种编码方法称之为游程长度编码。

实际上，游程长度编码并不只限于二值图像编码，目前也广泛应用于视频编码中。例如，在前面讨论的 DCT 编码中，通常，变换系数经量化后会出现很多零系数，在这种情况下，与其传送大量的零系数，不如告知接收端哪些是非零系数，并告知两个非零系数间有多少个零，恢复时插入零系数即可。

2）霍夫曼编码

霍夫曼编码是图像压缩编码中最重要的编码方法之一，是 1952 年由霍夫曼（Huffman）提出的一种非等长最佳编码方法。所谓最佳编码，即在具有相同输入概率集合的前提下，其平均码长比其他任何一种唯一可译码都短。霍夫曼编码的编码步骤如下：

（1）将输入符号按出现的概率由大到小顺序排列（概率相同的符号可以任意排列其顺序）。

（2）将最小的两个概率相加，形成一个新的概率集合，再按第一步的方法重新排列，如此重复直到只有两个概率为止。

（3）为符号分配码字。码字分配从最后一步开始反向进行，对最后两个概率，一个赋予"1"码，一个赋予"0"码。

下面通过一个例子来说明霍夫曼编码的基本概念和方法。假设经量化后，信源输出 4 个电平，分别用 $S_i(i=1, 2, 3, 4)$ 表示，每种电平出现概率如表 2.14 中的第 2 行所示。

表 2.14　霍夫曼编码示例

信源电平	S_1	S_2	S_3	S_4
出现概率	1/2	1/4	1/8	1/8
霍夫曼码	0	10	110	111
等长码	00	01	10	11

按前述的编码步骤，可得其编码结构如图 2.46 所示。该编码结构实际上是一棵二叉树，码字都是从根出发排列的。概率大的符号分配较短的码字，概率较小的符号则分配较长的码字，从而提高其编码效率，因此，它是一种变长码。由该码树可得其各信源电平（符

号)的码字如表 2.14 中的第 3 行所示。表 2.14 中的第 4 行还给出了通常的等长编码的码字,每个电平都用一个等长的码字表示。假设信源输出序列如表 2.15 第 1 行所示,用等长编码和霍夫曼编码两种方法得到的码流分别如表 2.15 第 2 行和第 3 行所示。可以看出,表示这一段符号用等长编码需要 16 比特,而用霍夫曼编码只需要 14 比特。霍夫曼编码能够进行数据压缩的原因在于,它将信源符号转换成二进制序列后,"0""1"符号出现的概率相等,不存在统计冗余,而等长编码则存在统计冗余,这点可从表 2.15 中看出。

应当指出,由霍夫曼编码方法给出的最佳码并不唯一,但其平均码长相等。

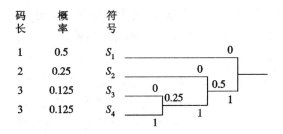

图 2.46　霍夫曼编码结构

表 2.15　等长编码与霍夫曼编码的比较

信源输出序列	S_1	S_2	S_1	S_3	S_2	S_1	S_1	S_4
等长编码序列	00	01	00	10	01	00	00	11
霍夫曼编码序列	0	10	0	110	10	0	0	111

4. 帧间预测编码

消除序列图像在时间上的冗余,是视频压缩编码的另一重要途径。帧间预测编码的理论依据是视频信号的相邻帧间存在极强的相关性。利用这种时间相关性来进行帧间编码,可获得比帧内预测编码高得多的压缩比,因此,帧间预测编码广泛应用于常规电视、会议电视和电视电话等视频信号的压缩编码中。

1) 帧间统计特性

对视频信号来说,相邻帧之间的时间间隔很小,例如,25 帧/s 的电视信号,其帧间间隔时间为 0.04 s,因此,相邻帧间图像细节的变化是很少的。比如,电视电话中相邻两帧平均像素变化小于 4%(指帧间相应像素差值大于 3(256 级));对于 NTSC 广播电视,相邻两帧的亮度信号平均只有 7.5% 的像素差值大于 6(256 级),而其色度信号仅有约 0.65% 的像素大于此值。

实验表明,与帧内预测相比,帧间预测一般可获得 10 dB 左右的增益。但对不同情况要分别对待,在活动缓慢的区域,帧间预测性能较好;而在活动快速的区域,帧间预测性能较差。

2) 帧重复

对于景象静止或活动很慢的视频信号,可以少传一些帧,例如,隔帧传输。未传输的帧利用接收端的帧存储器中保存的前一帧数据作为该帧数据,这对视觉没有什么影响。因为人眼对静止图像(或活动慢)部分,要求较高的空间分辨率,而对时间分辨率的要求可低些。在电视电话中多采用帧重复的方法。

3) 阈值法

所谓阈值法,即只对那些帧间亮度差值超过某一阈值的像素编码传送。例如,取阈值为 5,凡是帧间差值的绝对值大于 5 的像素就传送。通常,阈值大小由实验确定,也可根据缓冲存储器的占有率确定。

4) 帧内插

帧内插也是帧间预测的有效方法。对活动缓慢的图像,可使用前后两帧图像进行内插,得到实际帧图像的预测图像,然后对实际帧与预测帧的差值信号进行编码。

5) 运动补偿预测编码

运动补偿预测编码是一种十分有效的帧预测方法,对于运动的物体,只要知道其运动规律,就可从前一帧图像推算出它在当前帧中的位置来。因此,编码器只要将物体的运动信息(如运动规律、运动速度等)告知解码器,解码器就可根据此信息和前一帧图像来更新当前图像,这比传送当前图像所需的数据量要小得多。要这样做,首先要解决的问题是如何从序列图像中提取有关物体的运动信息,这通常称为运动估值。运动估值的方法主要有两类:块匹配方法和像素递归法。

帧间预测编码与消除空域冗余的帧内预测编码类似,即不直接传送当前帧的像素值 x,而是传送 x 与前一帧的对应像素 x' 之间的差值。考虑到图像中存在着运动物体,假设按照某种运动规律 x' 位移后所对应的像素为 x'',实际传送的是 x 与 x'' 的差值,这种方法称为具有运动补偿的帧间预测。显然,由于有运动补偿,它给出的预测误差要比简单的帧间预测小,因而可以达到更高的压缩比。需要指出,在传送经运动补偿的帧间预测误差的同时,还需将该子块对应的运动量传送给解码器,以便解码器能够从已收到的前一帧信息中恢复出该子块来。

除了上面介绍的基本方法外,在视频压缩编码中还有其他压缩编码方法,例如,子带编码、小波变换、矢量量化、分形编码和基于模型的编码等。

2.6   图像压缩编码标准

2.6.1   静止图像压缩标准

1. JPEG 标准

JPEG 是英文 Joint Photographic Experts Group 的缩写,即联合图片专家组。JPEG 是 ISO/ITU-T 为研究制订连续色调(灰度或彩色)静止图像压缩标准而于 1986 年底成立的一个联合技术委员会。到 1987 年 3 月,JPEG 共收到 12 种候选方案,1987 年 6 月使用 4 幅电视测试图像(720×576;Y:U:V=4:2:2;每像素 16 比特;宽高比 4:3)进行了广泛的客观测试,从中选出了三种初选方案。其中,由 ESPRIT PICA 组提出的自适应 8×8 DCT 方案最佳,另两种初选方案是基于 DPCM 的自适应算术编码和递增分层编码。从

1988 年至 1990 年，JPEG 进行了大量细致的改进工作，于 1991 年 4 月正式形成了 ISO CD10918 号标准草案。

JPEG 标准草案包括两部分。第一部分为要求和指标，描述连续色调静止图像编码和解码过程的要求和要实现的指标，以及用于应用间交换压缩图像数据的编码表示（即交换格式）。这些过程和表示是通用的，可适用于很广的应用范围，例如通信和计算机系统中的彩色和灰度图像编码。第二部分描述如何确定第一部分所定义的各种编码和解码过程的一致性。

JPEG 提供了四种算法模式：

（1）基于 DCT 的顺序模式，也称基本模式，适用于有损图像压缩的大多数场合，它不仅可用于静止图像，而且可用于活动图像。

（2）基于 DCT 的递增模式，适用于对传输时间要求不严，用户喜欢图像由粗糙到清晰的场合。

（3）无损编码模式，适用于要求无失真压缩的场合。

（4）分层编码模式，可按多种分辨率对图像进行编码，适用于要求不同分辨率或图像质量的场合。

所有的 JPEG 编码器和解码器必须支持基本模式，基本模式基于 DCT 和可变长编码（VLC）压缩技术，能提供高达 100∶1 的压缩比，且能保证可接受的重建图像质量。由于 DCT 编码有失真，故其重建图像不能精确地再现原始图像。其图像失真程度与压缩比密切相关，典型压缩情况如表 2.16 所示。例如，24 比特的 RGB（红、绿、蓝）彩色图像能压缩到 1 比特/像素（约为原始图像数据量的 5%），其重建图像与原始图像几乎觉察不出差异。

表 2.16　JPEG 基本模式压缩举例

码率（比特/像素）	图像质量及应用范围
0.25～0.50	中等至好，满足某些应用
0.50～0.75	好至很好，满足多数应用
0.75～1.5	极好，满足大多数应用
1.5～2.0	与原始图像几乎一样

只要硬件处理速度足够快，JPEG 也能用于实时视频（例如电视）压缩，例如，C-Cube 公司的 CL550 芯片能实现压缩和解压 CIF（Common Image Format，通用图像格式）视频（320×240×30 场/秒）和 1/2 CCIR601 视频（640×240×25 或 30 场/秒），CL560 能实时压缩 CCIR 视频帧，图像质量能达到广播级。

2. JPEG2000

JPEG 标准自 1991 年通过以来，由于其优良的品质，使得它在短短的几年内就获得极大的成功。JPEG 采用离散余弦变换将图像压缩为 8×8 的小块，然后依次放入文件中，这种算法靠丢弃频率信息实现压缩，因而图像的压缩率越高，频率信息被丢弃的越多。在极端情况下，JPEG 图像只保留了反映图貌的基本信息，精细的图像细节都损失了。随着多媒体技术的不断运用，图像压缩要求更高的性能和新的特征，为此，JPEG 制定了新一代静止图像压缩标准 JPEG2000。

JPEG2000 与传统 JPEG 最大的不同，在于它放弃了 JPEG 所采用的以离散余弦变换(DCT)为主的区块编码方式，而采用以小波变换为主的多解析编码方式，其主要目的是将影像的频率成分抽取出来。小波变换将一幅图像作为一个整行变换和编码，很好地保存了图像信息中的相关性，达到了更好的压缩编码效果。

JPEG2000 作为一种新型图像编码系统，跟它的前身 JPEG 相比，有哪些优越性呢? 实际上，JPEG2000 的压缩优越性跟它的先进的编码技术是密切相关的。大体说来分为六个方面：

(1) 渐进式传输。所谓渐进式传输就是它先传输图像的大体轮廓，然后再逐步传输其他数据，不断地提高图像质量。这样图像就由朦胧到清晰显示出来，从而节约并充分利用有限的带宽。由于传统的 JPEG 图像下载是按"块"传输的，只能从上到下逐行显示，因此无法做到这一点。

(2) 支持有损压缩和无损压缩方式。JPEG2000 在保存且不可以丢失原始信息、而又强调较小的图像文档尺寸的情况下能扮演很重要的角色。同时 JPEG2000 提供的是嵌入式码流，允许从有损到无损的渐进解压。

(3) 特定区域进行特别的压缩处理。JPEG2000 有一个非常有趣而又实用的特征，就是它支持对特定区域进行特别的压缩处理。你可以指定图像上任意区域的压缩质量，还可以指定哪个部分先进行解压处理。这在大大降低图像尺寸方面起到很大作用。

(4) 高压缩率。实际上，JPEG2000 作为 JPEG 家族的继承者，就不能不追求很高的压缩比。在具有和传统 JPEG 类似质量的前提下，JPEG2000 的压缩率比 JPEG 高 20%～40%左右。也就是说，假如有一天我们的 JPEG 图片全部换成 JPEG2000 编码方式，在同样的网络带宽下，我们对于图片下载的等待时间将大大缩短。

(5) 在颜色处理上，具有更优秀的内涵。与 JPEG 相比，JPEG2000 同样可以用来处理多达 256 个通道的信息。而 JPEG 仅局限于 RGB 数据。也就是说，JPEG2000 可以用单一的文件格式来描述另外一种色彩模式，比如 CMYK 模式。

(6) JPEG2000 能使基于 WEB 方式的多用途图像简单化。由于 JPEG2000 图像文件在从服务器下载到用户的 WEB 页面时，能平滑地提供一定数量的分辨率基准，因此 WEB 设计师们处理图像的任务就简单了。例如，我们经常会看到一些提供图片欣赏的站点，在一个页面上用缩略图来代替较大的图像。浏览者只需点击该图像，就可以看到较大分辨率的图像。不过这样 WEB 设计师们的任务就在无形中加重了。因为缩略图与它链接的图像并不是同一个图像，需要另外制作与存储。而 JPEG2000 只需要一个图像就可以了，用户可以自由地放缩、平移、剪切该图像并能得到他们所需要的分辨率与细节。

2.6.2　视频压缩标准

视频(活动图像)是最重要的信源之一。一方面，视频能给人以"百闻不如一见"的感受，给人们带来高级的视觉享受；另一方面，由于视频的信息量非常大(尤其是数字化后)，例如，广播质量的数字视频(常规电视)的码率约为 216 Mb/s，而高清晰度电视则在 1.2 Gb/s 以上，如果没有高效率的压缩技术，是很难传输和存储的。

按质量分，视频可大致分为三类：

（1）低质量视频，画面较小，通常为 QCIF（即 CIF 格式图像像素的 1/4）或 CIF 格式，帧速率低，通常为 5～10 帧/秒，既可为黑白视频也可为彩色视频。其典型的应用包括电视电话和会议电视。

（2）中等质量视频，中等大小的画面，通常为 CIF 或 CCIR601 视频格式。帧速为 25～30 帧/秒，多为彩色视频。其典型应用有 CD 和数字磁带等数字存储媒体。

（3）高质量视频，其画面较大，通常为 CCIR601 视频格式至高清晰度电视视频格式。帧速大于 25 帧/秒，为高质量彩色图像。其典型应用包括广播质量的普通数字电视和高清晰度电视等。

针对上述三类视频，国际上制订了相应的视频压缩标准：H.261、MPEG-1、MPEG-2 和 MPEG-4。

1. H.261 标准

H.261 是 CCITT 制订的国际上第一个视频压缩标准，主要用于电视电话和会议电视，以满足 ISDN 日益发展的需要。H.261 标准也称为 $P\times 64$ kb/s 标准（$P=1,2,3,\cdots,30$），该标准于 1990 年 12 月完成并获得批准。当 $P=1$ 或 2 时，仅支持 QCIF 视频格式，用于帧速率较低的电视电话；当 $P\geqslant 6$ 时，可支持 CIF 格式的会议电视。

H.261 视频压缩算法的核心是运动估值预测和 DCT 编码，另外，还采用了包括视频数据结构、运动估算与补偿、可变长度编码和熵编码等技术，这些技术都被后来的 MPEG 标准所借鉴和采用。

图 2.47 给出了 H.261 视频编/解码器原理框图。图中上方为视频编码器，下方为视频解码器。左侧为发端输入和收端输出的图像信号，这里指的是 CIF 或 QCIF 格式的数字视频信号。如果输入信号是 NTSC、PAL、SECAM 制的模拟复合视频信号，则应解码成 RGB 三基色信号，经过模/数变换，变换为亮度、色度信号，再转换成帧频为 30 Hz 的 CIF 或 QCIF 格式，经过帧存储器缓冲后，进入输入端。解码器输出帧频为 30 Hz 的 CIF 或 QCIF 格式的视频信号，然后可以经过与上述变换相反的过程，还原成复合视频信号。信源编码器的主要任务是对视频信号进行压缩，先用 DCT 对信号进行变换，再将变换后的 DCT 系数量化，然后输入图像复用编码器。图像复用编码器的任务是将每帧图像数据编排成 4 个层次的数据结构，以便在各层次中插入必要的辅助数据，同时对交流 DCT 系数进行可变长度编码（VLC），对直流 DCT 系数进行固定长度编码（FLC），编码码流送入传输

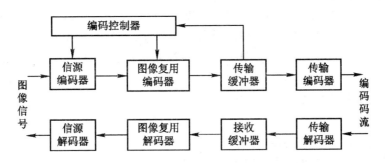

图 2.47　H.261 视频编/解码器原理框图

缓冲器。传输缓冲器的作用是将速变码流变换为固定码率码流。由于图像内容变化而使输出码率改变,故将传输缓冲器的信息传给编码控制器,由编码控制器再去控制信源编码器中量化器的量化步长,同时将步长辅助数据送到图像复用编码器中的相应层次,以供解码器使用。这样,可实现自动码率控制(量化步长决定码率)。传输编码器的主要功能是对码流进行 BCH(循环码的一类)编码,以实现系统的前向纠错,从而使解码器可以检测和纠正传输出错的码字。H.261 标准规定,编码器中应有 BCH 纠错码编码,但在解码器中可以任选。另外,在传输编码器中还需插入同步码,以便解码器能正确工作。编码控制器除控制量化步长外,还控制编码模式,即控制帧内编码或帧间编码,该操作是在信源编码器中进行的。

图 2.47 右侧编码器输出和解码器输入为编码码流。编码器输出的编码码流通过 ISDN 网络传输后送入解码器的输入端,经过传输解码器、接收缓冲器、图像复用解码器和信源解码器后,输出 CIF 或 QCIF 格式的视频信号。

2. MPEG-1 视频标准

MPEG-1 是 1991 年 11 月通过的关于码率为 1.5 Mb/s,用于数字存储媒体的运动图像和音频的编码标准(ISO/IEC 11172),其图像质量与录像机水平相当。MPEG-1 标准所要达到的基本目标是:

(1) 在图像质量方面应高于电视电话的质量,其质量与 VHS 录像机的图像质量和光盘 CD-ROM 的放像质量相当,这些图像被认为在通常的计算机显示屏幕上也是基本满意的。

(2) 在储存媒体方面,可以应用于光盘、数字录音带 DAT、温盘(Winchester Disk)和可写磁光盘(Writable Optical Disks)。

(3) 在传输码率方面,符合当时计算机网络的传输码率,即 1～1.5 Mb/s,其中以 1.2 Mb/s 更适宜,因为这是 CD-ROM 和计算机网络当时的传输速率。

(4) 在通信方面,能够适应多种网络,如 ISDN 和 LAN 等。

(5) 能满足不对称应用和对称应用。所谓不对称应用,就是编码一次后,解码可用无数次,如电视娱乐片、电子游戏机节目和电子图像出版物等,只需要解码器用于放像即可。所谓对称应用,就是需要同时进行编码和解码,如双向通信用的电视电话、图像双向邮递、电子图像编辑(录放像同时进行)等。

MPEG-1 采用 CIF 视频格式,帧速率为 25 帧/秒或 30 帧/秒,视频码率约为 1.2 Mb/s,图像质量略高于家用 VHS 录像机。MPEG-1 采用类似于 H.261 的通用编码方法,因此,MPEG-1 不仅可用于数字存储媒体,而且可用于通信和广播,其压缩数据能以文件的形式传送、管理和接收,例如,视频电子邮件、视频数据库等。通过视频服务器和多媒体通信网,客户可以访问视频服务器中的视频信息。MPEG-1 标准极大地推动了 Video-CD 的发展和普及。

3. MPEG-2 视频标准

MPEG-2 是继 MPEG-1 后,由 MPEG 制订的又一个视频压缩标准,其主要部分于 1994 年 11 月通过,并作为正式国际标准(ISO/IEC 13818)发布。MPEG-2 是 MPEG-1 的继承和发展,能适用于更广的应用领域,主要包括数字存储媒体、广播电视和通信,例如普通电视(CTV,CCIR601 视频格式)、高清晰度电视(HDTV)、广播卫星服务(BSS)、电缆电视(CATV)、数字声广播(DAB)、家庭影院(HTT)、多媒体通信和数字存储媒体(DSM)等。

制订 MPEG-2 标准的出发点是保持通用性,适用于广泛的应用领域与不同的比特率、分辨率、质量和服务。MPEG 原打算为正在发展的 HDTV 制订 MPEG-3 标准,但后来取消了,并将美国和欧洲的不同的 HDTV 压缩方案合并到 MPEG-2 中。这样,MPEG-2 标准的适应性大大拓宽了,高于 2 Mb/s 码率的视频压缩都能由 MPEG-2 处理。为了适应各种不同的应用要求,MPEG-2 使用了"可分级性"(scalability)这一重要术语,即能提供不同的服务等级(level),也就是说,要用一种能够分图像等级(包括高清晰度电视在内)实现的编码器和解码器。为此,该标准定义了 5 类,4 个等级。

ISO/IEC13818-2 制订的 5 类分别为:

(1) 简单(Simple)类,除了没有内插图像帧以外,与主类相同,以节省 RAM。

(2) 主(Main)类,没有可分级性,但质量要尽量好。

(3) 空间可分级(Spatially scalable)类,支持图像空间域分辨率的可分级性。空间可分级性涉及从单一视频源产生两个空间分辨率视频层:基本空间分辨率的低层和增强层。低层由 MPEG-1(ISO/IEC 11172-2)支持,增强层由 MPEG-2 定义,以提供后向兼容性。空间可分级类主要用于多媒体通信、视频标准交互工作、视频数据库访问和 HDTV 与 CTV 交互工作等。

(4) 信噪比可分级(SNR scalable)类,是一种对主类的改进,给出按信噪比的可分级性。信噪比可分级性涉及产生具有相同空间分辨率但具有不同视频质量的两个视频层,其中,低层提供基本的视频质量;增强层用于增强低层的视频质量。信噪比可分级性主要用于多媒体通信、多质量视频服务、普通标准电视和 HDTV。

(5) 高(High)类,支持 4:2:2 及全部可分级性。

MPEG-2 定义的基本可分级性形式除了空间和信噪比可分级性外,还有时间和数据划分可分级性。时间可分级性涉及将视频帧划分成层,低层单独编码以提供基本时间速率,增强层使用低层进行时间预测编码,解码时通过对时间复用产生视频的全时间分辨率。时间可分级性可用于各种视频系统,从现存系统到 HDTV 系统。数据划分可分级性打算用于使用两个信道传输/存储视频比特流。这种情况出现在 ATM 网络、地面电视广播和磁媒体中。通过划分比特流,使得其重要部分(例如,头、运动矢量、DCT 系数等)通过误码性能良好的信道传输,而对非重要的数据(例如,高频 DCT 系数),则通过较差性能的信道进行传输。因此,由信道引出的质量下降能降低到最低程度,因为重要信息受到了保护。

等级则与每类相关联,ISO/IEC 13818-2 确认的 4 个等级为:

(1) 低(Low)级,类似 ITU-T H.261 标准的 CIF 或 MPEG-1 的标准输入格式(Standard Input Format,SIF)。

(2) 主(Main)级,与常规电视对应。

(3) 高 1440(High 1440)级,粗略地与每扫描行 1440 取样的 HDTV 对应。

(4) 高(High)级,粗略地与每扫描行 1920 取样的 HDTV 对应。

类/等级的组合将给出 20 种不同规格,但并非所有组合都有实际意义。允许使用的组合如表 2.17 所示。

表 2.17 MPEG - 2 的类/等级组合

等级 ＼ 类	简单类	主类	SNR 可分级类	空间可分级类	高 类
低级(352×288)		MP@LL	SNR@LL		
主级(720×576)	SP@ML	MP@ML	SNR@ML		HP@ML
高 1440 级(1440×1152)		MP@H1440		SSP@H1440	HP@H1440
高级(1920×1152)		MP@HL			HP@HL

在表 2.17 中，下面的 4 种技术规范比较重要：

（1）MP@ML，即主类/主级。MP@ML 可能的应用包括数字视频广播(DVB)、数字视盘(DVD)、数字有线电视和交互式电视等。美国的 150 路卫星直播电视等业务都采用 MP@ML。

（2）SP@ML，即简单类/主级。SP@ML 用于数字有线电视和数字录像机。

（3）MP@HL，即主类/高级。用于全数字 HDTV，美国的 ATV 采用 MP@HL。

（4）SSP@H1440，即空间可分级类/高 1440 级。用于 HDTV，欧洲的 HDTV 系统倾向于采用 SSP@H1440。

MPEG - 2 的视频格式分为 4 级，即低级视频格式、主级视频格式、高级窄屏幕视频格式和高级宽屏幕视频格式。各种视频格式的主要参数如下：

（1）低级视频格式。低级视频格式与 MPEG - 1 标准的视频格式基本一致，其主要参数如表 2.18 所示。

表 2.18 低级视频格式的主要参数

视频格式名称	通用图像格式(CIF)	标准输入格式(SIF)
每帧行数/场频/隔行率/宽高比	625/50/2：1/4：3	525/60/2：1/4：3
行频	15 625 行/秒	15 734.266 行/秒
取样频率	亮度 Y：6.75 MHz，色度 C_B、C_R：3.375 MHz	
每行亮度取样点	432 点/行	429 点/行
亮度有效像素区	352 像素/行，288 行/帧	352 像素/行，240 行/帧
色度有效像素区	176 像素/行，144 行/帧	176 像素/行，120 行/帧
像素纵横比	11：12	11：10
像素速率	3.8016 兆像素/秒	
码率(若取 8 b/像素)	30.4128 Mb/s	
传输 4 Mb/s 时的压缩比	7.6	
传输 1.2 Mb/s 时的压缩比	25.34	

（2）主级视频格式。主级视频格式是 MPEG - 2 中的主要视频格式，应用非常广泛，例如有线电视、直播卫星、光数字存储媒体和数字录像机等，其主要参数列于表 2.19 中。

表 2.19 主级视频格式的主要参数

	隔行扫描电视制式		顺序扫描电视制式	
每帧行数/场频/隔行率/宽高比	625/50/2：1/4：3	525/60/2：1/4：3	625/50/1：1/4：3	525/60/1：1/4：3
行频	15 625 行/秒	15 734.266 行/秒	31 250 行/秒	31 468.531 行/秒
取样频率	亮度：13.5 MHz，色度：6.75 MHz		亮度：27 MHz，色度：13.5 MHz	
每行亮度取样点	864 点/行	858 点/行	864 点/行	858 点/行
亮度有效像素区	720 像素/行，576 行/帧	720 像素/行，480 行/帧	720 像素/行，576 行/帧	720 像素/行，480 行/帧
色度有效像素区	360 像素/行，288 行/帧	360 像素/行，240 行/帧	360 像素/行，288 行/帧	360 像素/行，240 行/帧
像素纵横比	15：16	9：8	15：16	9：8
像素速率	15.552 兆像素/秒		31.104 兆像素/秒	
码率（若取 8 b/像素）	124.416 Mb/s		248.83 Mb/s	
传输 15 Mb/s 时的压缩比	8.29		16.59	
传输 2 Mb/s（4 Mb/s）时的压缩比	62.2		62.2（4 Mb/s）	

（3）高级窄屏幕视频格式。高级窄屏幕视频格式实际上是欧洲等国家采用的一种窄屏幕 HDTV 的标准，它是向宽屏幕 HDTV 过渡的一种形式。高级窄屏幕视频格式的主要参数列于表 2.20 中。实际上，只需把主级视频格式中的一些参数加倍即成为表 2.20 中的参数。

表 2.20　高级窄屏幕视频格式的主要参数

对应电视制式，每帧行数/场频/隔行率/宽高比	625/50/2：1/4：3	525/60/2：1/4：3
高级窄屏幕电视制式，每帧行数/场频/隔行率/宽高比	1250/50/2：1/4：3	1050/60/2：1/4：3
行频	31 250 行/秒	31 468.531 行/秒
取样频率	亮度：54 MHz，色度：27 MHz	
每行亮度取样点	1728 点/行	1716 点/行
亮度有效像素区	1440 像素/行，1152 行/帧	1440 像素/行，960 行/帧
色度有效像素区	720 像素/行，576 行/帧	720 像素/行，480 行/帧
像素纵横比	15：16	9：8
像素速率	62.208 兆像素/秒	
码率(若取 8 b/像素)	497.664 Mb/s	
传输 60 Mb/s 时的压缩比	8.29	
用 32 - QAM 或 4 - VSB 调制时的压缩比	8 MHz 频道带宽时压缩比：15.55	6 MHz 频道带宽时压缩比：20.74
传输 8 Mb/s 时的压缩比，可为下一代压缩方案	62.2	

（4）高级宽屏幕视频格式。高级宽屏幕视频格式与高级窄屏幕视频格式比较，只是展宽了屏幕而已，其参数列于表 2.21 中。

表 2.21　高级宽屏幕视频格式的主要参数

对应电视制式，每帧行数/场频/隔行率/宽高比	625/50/2：1/4：3	525/60/2：1/4：3
高级宽屏幕电视制式，每帧行数/场频/隔行率/宽高比	1250/50/2：1/16：9	1050/60/2：1/16：9
行频	31 250 行/秒	31 468.531 行/秒
取样频率	亮度：72 MHz，色度：36 MHz	
每行亮度取样点	2304 点/行	2288 点/行
亮度有效像素区	1920 像素/行，1152 行/帧	1920 像素/行，960 行/帧
色度有效像素区	960 像素/行，576 行/帧	960 像素/行，480 行/帧
像素纵横比	15：16	9：8
像素速率	82.944 兆像素/秒	
码率(若取 8 b/像素)	663.552 Mb/s	
传输 60 Mb/s 时的压缩比	11.06	
用 32 - QAM 或 4 - VSB 调制时的压缩比	8 MHz 频道带宽时压缩比：20.74	6 MHz 频道带宽时压缩比：27.65
传输 10 Mb/s 时的压缩比，可为下一代压缩方案	66.36	

4. MPEG - 4 视频标准

随着时代的进步，移动通信和个人通信的信息业务要求从普通话音扩展到多媒体业务，即在移动环境下提供声音、文字、数据、图形和视频等信息媒体，使用户之间在移动通信中进行生动、丰富和有效的多媒体信息交流。

1) MPEG - 4 的目标

MPEG - 4 的主要目标包括：

(1) 专门用于 64 kb/s 以下的甚低速率的音频编码，其要点已在 2.4.2 节中作了简介。

(2) 不仅适用于移动通信和个人通信，而且也适用于固定公用通信网和电视电话。

(3) 适用于窄带多媒体通信等广泛应用。

(4) 实现基于内容的压缩编码，具有良好的兼容性、伸缩性和可靠性。

2) MPEG - 4 的主要功能

表 2.22 给出了 MPEG - 4 中非常重要的功能。

表 2.22　MPEG - 4 的功能描述

	功　能	描　　述	应　用　举　例
基于内容的交互性（Interactivity）	基于内容的多媒体数据存取工具	MPEG - 4 应基于音频/视频的内容而提供数据的存取，并利用不同的存取工具，例如索引、超链接(hyper-linking)、查询、浏览、上载、下载及删改等	从联机库中检索基于内容的信息，并漫游信息数据库
	基于内容的管理和数码流的编辑	MPEG - 4 应提供一"MPEG - 4 语法描述语言"（MPEG - 4 Syntactic Description Language，MDSL）及编码方案，以支持基于内容的管理和数码流的编辑，而不需要转换编码(transcoding)。MDSL 应该灵活，便于未来应用之扩展	• 交互式家庭购物； • 家庭电影创作和编辑； • 符号评议解译器和标题之插入； • 数字效果(如淡入淡出)
	自然的和合成的混合编码	MPEG - 4 应提供有效的方法，将合成的景物与自然的景物进行组合（即文本和图形的覆盖），支持对自然的和合成的音频及视频数据进行编码和管理的能力，以及解码器可控制的方法，从而利用普通的音频和视频数据创作合成数据，实现交互性	• 在电子游戏中，可利用自然的音频和视频创作动画和合成声音； • 观众能翻译或挪开图形覆盖物，以观看被覆盖的视频； • 图形和声音可以从不同观察角度进行描述
	改进时间域的随机存取	MPEG - 4 应提供有效的方法，在有限时间里以良好的分辨率，随机地从某个音频/视频序列存取其一部分（如图像帧或物体）	• 音频和视频数据可以通过一个遥控终端和有限容量的媒体实现随机存取； • 在序列中可以对单个 AV 目标"快进"

续表

	功　能	描　　　述	应　用　举　例
压缩 (Compression)	改进编码效率	对于所瞄准的特定应用,与现存的和正在形成的标准相比,MPEG－4 应提供主观上更好的音频/视频质量	·音频/视频数据在窄带信道的有效传输; ·音频和视频数据在有限容量媒体(如磁盘)中有效地存储
	多路并存的数据码流的编码	MPEG－4 应提供对景物的多视角/多声迹的有效编码,以及单元数码流之间的良好同步。对于立体视觉的应用,MPEG－4 应包括充分利用同一景物的多视角和多听点中的多余度,允许采用联合编码方案,既能与普通音频和视频兼容,又能与不受兼容性限制的情况兼容	·多媒体娱乐,例如虚拟现实游戏、三维电影; ·训练和飞行模拟; ·多媒体演示和教育
通用存取 (Universal Access)	差错环境中的坚韧性	MPEG－4 应提供对差错坚韧的能力,允许访问不同的无线和有线网络以及存储媒体。在恶劣的差错条件下(例如长的突发差错),对于低数码率的应用,应提供充分的关键坚韧性	·从一个数据库通过无线网络的传输; ·与移动终端的通信; ·从一个遥远地点采集音频/视频数据
	基于内容的可分级性	MPEG－4 应提供实现内容质量具有良好粒度(例如,空间分辨率和时间分辨率)的能力,以及复杂度方面可分级的能力。在 MPEG－4 中,音频/视频信息内容的可分级性是特别重要的	·用户能选择或自动选择景物中各物体的解码质量; ·能按不同的内容等级、尺度、分辨率及质量对数据库进行浏览

3）MPEG－4 的视频编码要求

对于 MPEG－4 的视频编码主要有以下几项要求:

（1）编码方法和算法应基于视频内容的特点,例如,视频内容可能是 1 人坐着讲话,只需显示头和肩部,很少活动。或者,人的位置稍有移动,例如,手持摄像机微微移动。也许不止 1 个人,而有 2 人或更多人,但活动动作很小。视频内容也可能是书写的或打印的文本、绘图或由计算机生成的景象等。

（2）输入至编码器和从解码器输出的视频,其格式包括以下参数:空间亮度分辨率、空间色度分辨率、时间分辨率(每秒帧数)、像素宽高比、取样量化、色度和亮度每样值编码比特数、色度空间、逐行或隔行扫描、图像是平面的或立体的等。

（3）视频质量按主观测试,或根据任务由使用者感觉,或由机械自动测试获得,包括面部识别、情绪识别和打印的或手写的文本阅读等。

（4）视频数字比特率可以是恒定的平均比特率,或是可变的最小和最大瞬时比特率。

（5）视频发生差错时,具有恢复至正常的能力。

(6) 视频延时包括初始延时、正常延时和控制响应延时，有些延时是由编码器和解码器引起的。

(7) 视频编码器和解码器的处理能力和存储容量对设备成本的影响。

(8) 用户控制能力。

除此之外，还有诸如同步、数据复接和保密等要求。

4) MPEG – 4 的视频压缩算法

如前所述，MPEG – 4 同时支持自然视频和合成视频（如图形、计算机动画等）的编码。对于自然视频的编码，MPEG – 4 仍然采用了具有运动补偿线性预测和 DCT 变换的混合编码的框架。在与以前的 MPEG 兼容的基础上还提供了基于内容而非基于像素块的编码算法，允许对任意形状视频内容进行编码，以及基于模型的分析合成算法、基于小波变换的编码算法和分析编码算法等。

习　题

1. 画出数字通信系统模型框图，并简要解释各功能方框的作用。

2. 有一线性编码系统，采用 13 位码，求输入为正弦信号时的最大信噪比。

3. 有如下两个抽样值，请按 A 律 13 折线编码方法编出相应的 8 位 PCM 码，并求出其量化误差。

(1) PAM 样值为 $+447\Delta$；

(2) PAM 样值为 -59Δ。

4. PCM 与 DM 的性能有何不同？试从通信质量、适用范围、设备实现等方面对两种系统的优缺点进行比较。

5. 简述 DPCM 的基本特性，并分析其与 DM 和 PCM 的异同。

6. 简述自适应量化和自适应预测的基本原理，并说明它们提高量化编码精度的机理。

7. 在 SBC 方式中，划分子带的主要依据是什么？

8. 设一个 SBC 系统的子带划分情况如表 2.23 所示。不考虑其他因素，问该 SBC 系统的码速率为多少？

表 2.23　题 8 表

子带序号	1	2	3	4	5
频率范围/Hz	3200～1600	1600～800	800～400	400～200	200～100
编码比特/样值	2	2	4	5	6

9. 变换域编码压缩系统码速率的思想是什么？

10. 参数编码的基本思想和压缩编码速率的基本原理是什么？

11. 简述二元激励语音模型的构成及其语音特征参数。

12. 由于语音信号是非平稳的，因此在语音信号处理中，将其分帧处理。

(1) 在语音处理中一般帧长为 10～30 ms，其选取依据是什么？

(2) 若语音信号取样率为 8 kHz，设一帧语音共有 200 个样值信号，则帧长为多少毫秒？每秒传送多少帧？

(3) 设某声码器的帧长如(2)所定，而且该声码器的参数编码按 54 比特/帧实现，则该声码器的编码速率为多少？

13. 画出 LPC 声码器的实现原理框图，并简述各模块的基本功能。

14. 简述混合编码技术的基本思想和特点。

15. RELPC 声码器相对 LPC 声码器的主要改进是什么？

16. 简述 MPC 声码器激励源的构成，并分析它与二元激励源的区别。

17. 简述合成分析法的基本原理。

18. 何为矢量量化？矢量量化压缩编码率的思想是什么？

19. 简述图像压缩的必要性和可能性。

20. 数字图像传输相对模拟图像传输的主要优点是什么？

21. 简述帧内预测和帧间预测的原理和特点。

22. 若用 M 进制符号作等长为 N 编码，问最多能代表多少种不同的亮度？设对图像取样值按 256 级量化，问起码要作几比特等长二进制编码？

23. 设某一幅图像共有 8 个灰度级，各灰度级出现概率分别为

$$P_1=0.40；P_2=0.18；P_3=0.10；P_4=0.10$$
$$P_5=0.07；P_6=0.06；P_7=0.05；P_8=0.04$$

若采用霍夫曼编码，试为各灰度级分配码字，并计算其平均码字长度。

第3章　现代数字交换技术

3.1　概　　述

通信的目的是实现信息的传递。一个能传递信息的通信系统至少应该由发送终端、传输媒介和接收终端组成，如图 3.1 所示。发送终端将含有信息的消息，如话音、图像、计算机数据等转换成可被传输媒介接受的信号形式，如电信系统就要转换成电信号形式，光纤系统就要转换成光信号形式，同时在接收终端把来自传输媒介的信号还原成原始信息；传输媒介则把信号从一个地点送至另一个地点。这种仅涉及两个终端的单向或交互通信称为点对点通信。

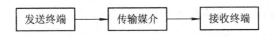

图 3.1　最简单的"点对点通信"示意图

电话通信是通过声能与电能相互转换，并利用"电"媒介来传输语言的一种通信技术。当两个用户要进行通话时，最简单的形式就是将两部电话机用一对线路连接起来。如果有多个用户进行通话，为保证任意两个用户间都能通话，很自然就会想到每两个用户间用一对线路连接起来，这样的连接方式称为全互连式。我们以 5 部电话机的连接为例，5 个用户要两两都能通话，则需要总线对数为 10 条，如图 3.2 (a) 所示，而 N 个用户要两两都能通话，则需要的总线对数为 $C_N^2 = N \times (N-1)/2$ 条。当终端数目较少、地理位置相对集中时，还可以采用这种全互连式通信。但当用户数量增大时，全互连式所需要的线对数量会急剧增加，用在线路方面的投资也随着增加，如有 10 000 个用户，则需要 $C_{10000}^2 = 5000$ 万条线对。同时，若新增一个终端，则需要与前面已有的所有终端进行连线，工程浩大，在实际操作中没有可行性。除此之外，这种方式在每次通话时还要考虑对方终端的连接情况，即是否与自己的电路相连。因此，当用户数 N 增加时，所需的线对数迅速增加，想想看，要是对每个用户来说，家中需接入 $N-1$ 对线，打电话前还需将自己的话机与被叫线连接起来，那就太麻烦了！

为了解决这一问题，我们很自然地想到在用户密集的中心安装一个设备，把每个用户的电话机或其他终端设备都用各自专用的线路连接到这个设备上。此设备相当于一个开关节点，平时处于断开状态，当任意两个用户之间交换信息时，该设备就把连接这两个用户的有关节点合上，这时两用户的通信线路连通。当两用户通信完毕后，才把相应的节点断开，两用户之间的连线就断开。由于该设备能够完成任意两用户之间交换信息的任务，所以称其为交换设备，N 部电话机仅需 N 条电路，如图 3.2 (b)所示。

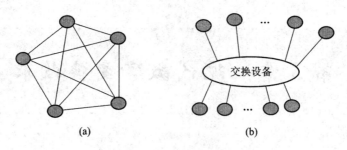

图 3.2　用户之间的连接方式

(a) 5 个用户的全互连方式；(b) 交换设备连接方式

最简单的通信网仅由一台交换设备组成。每一台电话或通信终端都通过一条专门的用户线与交换设备中的相应接口连接。当电话用户分布的区域较广时，就设置多个交换设备，这些交换设备之间再通过中继线相连，从而构成更大的电话交换网。不难看出，有了交换设备，提高了线路的利用率，线路的数量大大减少，相应地，线路的费用会大大降低，整个通信系统的费用也大大下降。

实际的交换机结构复杂，交换设备承担着将各用户点传送来的信息转接到其他用户点去的任务，在任意选定的两条用户线之间建立一条通信路由，并能按需断开该线路，电话交换机除能完成通话接续外，还应当具备如下基本功能：

(1) 用户摘机呼出时，交换机应能及时发现，并能送出应答信号——拨号音，提示用户可以拨号。

(2) 用户拨出被叫号码，交换机应能正确接收。

(3) 交换机应能根据所接收的号码，分析被叫用户是否空闲。如果被叫用户占线，则向回叫用户送忙音；如果被叫用户空闲，则向被叫用户发出振铃信号，向主叫用户送出回铃音。

(4) 在振铃期间，交换机应能对被叫用户的应答进行监视，一旦发现被叫用户应答(摘机)，就把振铃信号切断，建立主、被叫用户的通话连接。于是，主、被叫用户开始通话。

(5) 用户通话期间，交换机应能对用户进行监视，一旦发现任何一方挂机，就拆除连接。

3.2　交换方式的分类

3.2.1　布控交换与程控交换

布控和程控是交换设备控制部分两种不同的实现方法。布控是布线逻辑控制(Wired Logical Control，WLC)的简称，程控是存储程序控制(Stored Program Control，SPC)的简称。

1. 布线逻辑控制交换机

纵横制以前的一些自动交换机，都是布线逻辑控制的交换机。所谓布控，是指将交换机各控制部件按逻辑要求设计好，并用电路板布线的方法将各元器件固定连接好，具有一定的逻辑操作功能，在外来信号作用下，交换机的各项功能即能实现的一种控制方法。这种交换机的控制部件做成后不方便修改，灵活性很小。布控交换机具有以下特点：

(1) 控制设备电路复杂，电路设计麻烦。

(2) 当用户和网络发生变化，或者开放新业务时，必须更改布线或电路，还要增加新设备。

(3) 控制设备动作速度慢，对元器件要求低。

(4) 交换机容量不大时比较经济。

(5) 相对程控交换机来说，操作易于掌握。

2. 存储程序控制交换机

所谓程控，是存储程序控制的简称，程控交换是一种用计算机控制的电话交换技术，它将对交换机话路设备的控制功能预先编制成程序存到存储器中，然后用计算机启动运行程序，再通过接口电路控制交换机话路设备接续。即把各种控制功能、步骤、方法编成程序，放入存储器，利用存储器，由所存储的程序控制整个交换机的工作。整个交换机要在全部硬件设备(包括计算机)与交换软件的配合下才能工作。若要改变交换机功能，增加交换机的新业务，只需要修改程序就可实现。程控交换机具在以下特点：

(1) 灵活性大，适应性强。程控方式能适应通信网的各种网络环境、性能要求和各种变化，如编号计划、路由选择、计费方式、信令方式、终端接口的变化等。

(2) 能方便地提供各种新业务。程控是靠软件控制的，通过修改和增加软件可以提供各种服务性能和新业务，不需要改动硬件设备。

(3) 便于采用公共信道信令系统。公共信道信令是指在与话路完全分开的信令数据链路上集中大量的传送信号，传输速度快，信息容量大，且便于信令的控制与管理。

(4) 易于实现维护自动化和集中化。程控交换机中有维护管理方面的软件，如故障处理程序，能对故障设备进行测试、诊断和故障定位，使维护工作降至最低。

(5) 便于维护管理。程控交换机在日常运行过程中，能很方便地处理一些事件。如用户提出的更改电话号码、移机等。还可以自动收集和输出反映运行状况的大量数据，进行话务统计、忙/闲统计等，能及时和准确地了解服务质量，为设备调整提供理论依据。

(6) 可靠性高，体积小，重量轻，减少机房面积。由于采用大规模甚至超大规模集成电路，同时机间布线简化，使可靠性大大提高。

3.2.2　模拟交换与数字交换

模拟交换与数字交换反映了交换接续的两种不同的实现方法。所谓模拟交换，是指通过交换机交换接续的是模拟信号；所谓数字交换，是指通过交换机交换接续的是数字信号。当然，对数字交换而言，如果交换机所接终端(比如我们目前最常用的电话机)产生的信号是模拟信号，则有一个 A/D 或 D/A 转换的过程。

3.2.3　空分交换与时分交换

空分交换与时分交换是交换网络的两种不同的实现方式。空分是指空间分隔，时分是指时间复用。空分交换由空分交换网络来实现。不同通话话路是通过空间位置的不同来进行分隔的，即在空间位置上实现的一种交换方式。时分交换是指对时分复用的信号进行交换。时分复用通常采用脉冲编码调制（PCM）。模拟的语音信号经过脉码调制后，就变成了 PCM 信号。对 PCM 信号进行交换叫做"脉码时分交换"，也称"时隙交换"，通过数字接线器来实现。

3.2.4　电交换与光交换

电交换与光交换反映了交换的信息载体的两种不同的形式。电交换是指对电信号进行的交换，即交换的信息载体是电流或电压形式的电信号。光交换是对光信号直接进行的交换，它不需要将光缆送来的光信号先变成电信号，经过交换后再复原为光信号。由于被交换的信息载体从电变成了光，从而使光交换具有宽带特性，且不受电磁干扰。光交换系统被认为是可以适应高速宽带通信业务的新一代交换系统。

实现光交换的主要设备是光交换机，与电交换系统一样，它在功能结构上可分为光交换网络和控制回路两大部分。光交换的主要研究课题是如何实现交换网络和控制回路的光化。由于至今还没有成熟的光计算机，因此目前主要围绕光交换网络，即交换网络的光化。目前的光交换机严格地说，应该称为"电控光交换机"。随着光器件技术的发展，光交换技术最终的发展趋势将是光控光交换。

3.3　信息交换的常用术语

3.3.1　交换网络与接线器

交换网络又称为接续网络，它可由一个或多个接线器组成。一台交换机通常由交换网络、接口、控制系统三部分组成，它们之间的关系如图 3.3 所示。接口的作用是将来自不同终端（如电话机、计算机等）或其他交换机的各种传输信号转换成统一的交换机内部工作信号，并按信号的性质分别将信令传送给控制系统，将消息传送给交换网络。交换网络的任务是实现各入线与出线上信号的传递或接续。控制系统则负责处理信令，按信令的要求控制交换网络以完成接续，通过接口发送必要的信令，协调整个交换机的工作。

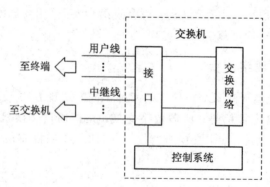

图 3.3　交换机组成示意图

接线器可看做是一个有 M 条入线和 N 条出线的网络，它有 $M \times N$ 个交叉接点，每个接点都可在控制系统的控制下接通或断开，接线器的作用是根据需要使某一入线与某一出线接通。例如，在图 3.4 中，当我们希望将 1 号用户线与 1′号中继线接通时，只需将网络交点(交叉接点)a 接通。又如 2 号线用户欲与 3 号线用户通话时，可以选择通路 1，这时只需将交叉接点 b、c 接通，即可使二者接通。再如 4 号线用户欲与 5 号线用户通话时，可以选择通路 2，这时只需将交叉接点 d、e 接通，即可使二者接通。用户入线除能与中继线相通或经过通路互通外，还可与信令的收、发装置连接。例如，将 f 点接通可使 1 号入线与信号音发生器接通，使 1 号线用户听信号音(如拨号音、忙音、回铃音等)；将 g 点接通，可使 1 号入线与收号器接通，由收号器接收 1 号用户所拨出的电话号码。电子交叉接点闭合式接线器既可以接续模拟信号，也可以接续数字信号。在实际的数字交换中，并不采用这种交叉接点闭合的方式，而是仿效计算机总线技术，首先将输入的数字信号存储在一个固定的缓存器中，然后在控制系统的控制下读出，经总线送到指定的输出端。

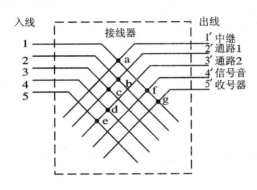

图 3.4　交叉接点式接线器原理示意图

3.3.2　集中控制与分散控制

集中控制与分散控制是程控交换机系统的控制机构所配置的两种结构方式。假设程控交换机的控制部分由 n 台处理机组成，它实现 m 项功能，每一功能由一个程序来提供，系统有 r 个资源，如果每台处理机均能控制全部资源，也能执行所有功能，则这种控制方式就称为集中控制；如果每台处理机只能控制部分资源，执行交换机的部分功能，则这种控制方式就称为分散控制。在分散控制系统中，各台处理机可分为容量分担和功能分担两种工作方式。

集中控制的主要优点是：处理机对整个交换系统的状态能全面了解，处理机能控制所有资源。因为功能接口之间主要是软件间的接口，改动功能也主要是改变软件，比较简单。缺点是它的软件包括所有的功能，规模很大，系统管理相当困难，同时系统相当脆弱。

分散控制的主要优点是：每台处理机只处理系统部分资源，没有集中控制复杂，软件规模较小，当一台处理机故障时，其他处理机仍能完成控制功能，因此系统可靠性高。缺点是：控制系统不了解所有资源，不能对资源和功能进行最佳分配。

根据各交换系统的要求，目前生产的大、中型交换机的控制部分多采用分散控制方式。

3.3.3　电路交换与分组交换

交换方式可分为电路交换与信息交换两大类，这两大类还可以进一步细分，如图 3.5所示。这里主要介绍电路交换和分组交换。

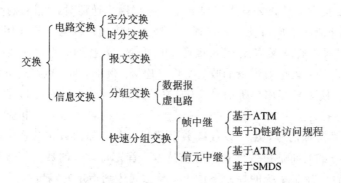

图 3.5 交换方式分类

电路交换是交换中最早出现的一种交换方式,在电话通信中普遍采用电路交换方式。电路交换是一种实时的交互式交换,包括呼叫建立、信息传送和连接释放三个阶段。在模拟电路交换中,交换机为通话双方提供物理连接电路,并在整个通信过程中被通话双方独占,在通话结束后释放物理电路,其他用户才能占用。在数字电路交换中,以数字帧结构的方式将每帧依次的、周期性出现的时隙固定地分配给相应的用户,即为每个用户分配固定速率的信道(标准速率为 64 kb/s),整个通信过程中每个分配的时隙是固定不变的,并为通话用户所独占,在通话结束后才能把时隙分配给别的用户,这一工作方式也称为同步时分复用。

分组交换采用存储—转发交换方式,把传送的信息分成很多小段(分组),并在每段信息前都附加一个标志码(分组头),用以标志其属于哪一路信号。在许多情况下,多个这样的单路信号共用一个标志化信道,信道可以按照需要动态地、灵活地分配给各单路信号,这一工作方式也称为异步时分复用或统计时分复用。分组交换的交换动态不像同步时分交换那样是在一些等间隔的时刻发生,由于统计复用的关系,可能出现瞬时的出线冲突,因此,分组交换一般都在交换单元内部使用缓存器来存储排队的信息。

由于分组交换主要是为数据通信而设计的,因此对差错控制严格,对时延要求较低。一般的分组交换具有流量控制、差错检验、校正和重发功能,并采用高级数据链路规程(HDLC)来进行状态管理,因而软件处理工作量大,处理时间长,不适应实时性要求较强的话音业务和电视图像业务要求,而分组交换信息转移的能力又远远达不到高速数据传输的要求。

3.3.4 静态路由与动态路由

交换网络通过使用路由表或路由目录在用户之间发送信息。路由选择的任务就是根据确定的输入端与输出端在交换网络上的位置,选择一条空闲的、逐段连接的路由。在进行路由选择时,要全盘考虑所有链路的状况,使串接的链路都是空闲的。为了进行路由选择,各交换机(节点)都必须有各级链路的忙/闲表。路由选择分为静态路由和动态路由两种,静态路由是指用户使用网络上的固定路由,路由在通话中保持不变;动态路由是指每次通话连接及通信期间,用户都可以改变连接链路,动态地使用链路资源。

对于静态路由,除非网络上发生重大的事情,如交换机故障,否则这个路由是不会发生变化的,即使故障,这类网络也只向用户发送错误信号,而不会试图恢复中断的用户数据。对于具有自适应能力的动态路由，路由需要定期更新以反映不断变化的网络状况，由于路由表随时可能发生变化，与两个终端用户有关的分组可能采取不同的路由通过网络。采用动态路由时，网络或最终用户负责在接收点重新组装分组。

3.4   数字程控交换技术

程控交换也称时隙交换，由于在公用通信网中数字话音信号是采用 TDM 帧结构传输的，不同用户的话音信号分别占用不同的时隙，因此在数字程控交换机中实现的数字交换实际上就是对数字话音信号进行时隙交换。时隙交换通过数字交换网络完成，也就是要完成任意 PCM 复用线上任意时隙之间的信息交换。在具体实现时应具备以下两种基本功能：在同一条 PCM 复用线上进行不同的时隙交换功能；在复用线之间进行同一时隙的空间交换功能。同一复用线时隙交换的概念可如图 3.6 示意说明，当 PCM 入端某

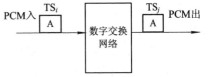

图 3.6   同一复用线的时隙交换概念

个时隙（对应一用户）中的信息需要交换（传送）到 PCM 出端的另一时隙（另一用户）中去时，相当于通过数字交换网络将时隙的内容"搬家"。即 PCM 入端 TS_i 时隙中的话音信息 A 经过数字交换网络后，在 PCM 出端的 TS_j 时隙中出现。

一般而言，同一复用线上的时隙数有限，例如 PCM 基群仅有 30 个用户话路时隙。为了增大交换机容量，可以通过增加连接到数字交换网络的时分复用线上的时隙数实现，但这毕竟是有限度的，所以通常是通过增加数字交换网络的时分复用线以增加交换机的交换容量。这样就要求数字交换网络不仅能在同一条复用线上进行时隙交换，而且还应能在多条时分复用线之间进行时隙交换。即要求数字交换网络具有如下功能：任何一条输入时分复用线上的任一时隙的信息，可以交换到任何一条输出时分复用线上的任一时隙中去。图 3.7 给出了一个有 4 条输入、输出时分复用线的数字交换网络的示意图。

图 3.7 中第 1 条复用线上的 TS_i 与第 4 条复用线的 TS_j 建立了双向的交换连接：话音 A 由数字交换网络从第 1 条复用线发端的 TS_i 交换到第 4 条复用线收端的 TS_j；话音 B 由数字交换网络从第 4 条复用线发端的 TS_j 交换到第 1 条复用线收端的 TS_i。显然，在此例中既有 TS_i 的信息"A"交换到 TS_j，又有 TS_j 的信息"B"交换到 TS_i，实现了信息的双向传递，由此实现双方通话。但是数字交换网络只能单向传送信息，所以对于每一个通话接续，在数字交换中应建立来去两条通路构成双向通路，如图 3.8 所示。

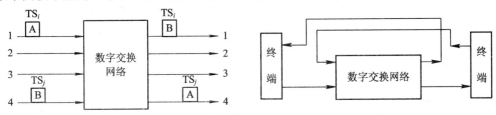

图 3.7   多复用线（4 条）的时隙交换示意图   图 3.8   双向通信示意图

如前所述，数字交换网络的基本功能可归纳为实现时隙交换和空间交换。实现时隙交换功能的部件称为时间（T）接线器，实现空间交换功能的部件称为空间（S）接线器，T 接线

器与 S 接线器的适当组合就构成了数字交换网络，接线器是构成数字交换网络的基本部件。

小容量的数字交换机可仅由 T 接线器构成单级数字交换网络，S 接线器不具有时隙交换功能，所以不能仅由 S 接线器构成数字交换网络，但通过 S 接线器可以扩大交换范围，增大容量。引入 S 接线器后，数字交换网络可有两种基本结构：TST 型和 STS 型。目前大容量数字交换机的数字交换网络通常都是采用 TST 型。下面简单介绍 T 接线器和 S 接线器的基本原理及 TST 交换网络。

3.4.1 T 接线器的基本原理

T 接线器实现时隙交换的原理是利用存储器写入与读出时间（隙）的不同，即在输入时隙写入，而在其他时隙（通话另一用户占用时隙）读出来完成时隙交换。

T 接线器的组成和工作原理如图 3.9 所示，主要由信息存储器（IM）和控制存储器（CM）组成。IM 用来暂存信息码，其容量取决于复用线的复用度（图中以 32 为例）。IM 的存取方式有两种：一种为“顺序写入，控制读出”的输出控制型；另一种为“控制写入，顺序读出”的输入控制型，从而形成两类 T 接线器，即顺入控出型和控入顺出型，分别如图 3.9(a)和(b)所示。CM 用于暂存信码时隙的地址，又称为“地址存储器”，CM 容量等于复用线的复用度，其存取方式为“控制写入，顺序读出”。

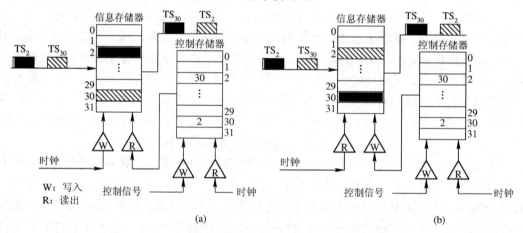

图 3.9　T 接线器的组成和工作原理

(a) 顺入控出型；(b) 控入顺出型

在图 3.9(a)中，设输入信码在 TS_{30} 上，要求经过 T 接线器以后交换至 TS_2 上去，然后输出至下一级。CPU 根据这一要求，通过软件在控制存储器的 2 号单元写入“30”，即由 CPU“控制写入”。控制存储器的读出由定时时钟控制，按照时隙号读出相对应单元内容，如 0 号时隙读出 0 号单元内容，1 号时隙读出 1 号单元内容等，采用“顺序读出”方式读出。信息存储器的工作方式与控制存储器正好相反，采用“顺序写入，控制读出”。由定时时钟控制，按顺序将不同时隙的信码写入相应单元中，写入的单元号与时隙号一一对应。如本例，在定时脉冲控制下将 TS_{30} 的信码写入到 30 号单元中，而读出时则要根据控制存储器的控制信息来进行。由于 CPU 已在控制存储器的 2 号单元里写入内容“30”。在 TS_2 时刻，定时脉冲控制从控制存储器 2 号单元中读出内容“30”，将其作为信息存储器的读出地址，控制 IM 读出信息存储器 30 号单元内容，这正是原来在 TS$_{30}$ 时隙写入的信码。因此从 IM 读出的 30 号单元内容已经是 TS$_2$ 了，即完成了把信码从 TS$_{30}$ 交换到 TS$_2$ 的时隙电路交换。

图 3.9(b)的 T 接线器是按"控入顺出"方式工作的，亦即其信息存储器是按"控制写入，顺序读出"方式工作的。控制存储器仍由 CPU 控制写入，在定时脉冲控制下顺序读出，但其单元内容含义和控制对象与"输出控制"方式不同。如前所述，在"输出控制"方式中 CM 单元号对应 T 接线器输出的时隙，其内容为此时 IM 输出地址，由其控制 IM 输出；而在"输入控制"方式中，CM 单元号对应于 T 接线器输入的时隙，其内容为此时 IM 输入信号的写入单元地址，由其控制 IM 输入。在本例中，CPU 在控制存储器的 30 号单元写入内容"2"，然后 CM 按顺序读出，在 TS$_{30}$ 输入时刻读出 30 号单元的内容"2"，作为 IM 输入信码的写入地址，将输入端 TS$_{30}$ 的信码内容写入到 2 号单元中去。信息存储器按顺序读出，在 TS$_2$ 时刻读出 2 号单元内容，这也就是 TS$_{30}$ 的输入内容，从而完成了时隙交换。

由于被交换的码元信息要在 IM 中存储一段时间，这段时间小于 1 帧时长(125 μs)，即在数字交换中会出现时延。另外也可看出，PCM 信号在 T 接线器中需每帧交换一次，如果说 TS$_2$ 和 TS$_{30}$ 两用户的通话时长为 2 分钟，则上述时隙交换次数为 $2 \times 60/(125 \times 10^{-6}) = 9.6 \times 10^5$。

3.4.2　S 接线器的基本原理

S 接线器的作用是完成不同复用线间的时隙交换，主要由电子交叉接点矩阵和控制存储器(CM)组成。图 3.10 表示出 2×2 的交叉接点矩阵，它有 2 条输入复用线和 2 条输出复用线。控制存储器的作用是控制交叉接点矩阵，控制方式有两种：一种是输入控制方式，如图 3.10(a)所示，它是按输入复用线来配置和管理 CM 的，即每一条输入复用线有一个 CM，由这个 CM 来决定该输入 PCM 线上各时隙的信号要交换到哪一条输出 PCM 复用线上去；另一种是输出控制方式，如图 3.10(b)所示，它是按输出 PCM 复用线来配置和管理 CM 的，即每一条输出复用线有一个 CM，由这个 CM 来决定哪条输入 PCM 线上哪个时隙的信号要交换到这条输出 PCM 复用线上来。

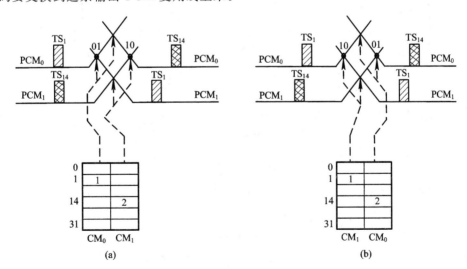

图 3.10　S 接线器的组成和工作原理

（a）输入控制方式；（b）输出控制方式

现以图 3.10(a)为例来说明 S 接线器的工作原理。设输入 PCM_0 的 TS_1 中的信码要交换到输出 PCM_1 中去，当时隙 1 时刻到来时，在 CM_0 的控制下，使交叉点 01 闭合，使输入 PCM_0 的 TS_1 中的信码直接转送至输出 PCM_1 的 TS_1 中去。同理，在该图中把输入 PCM_1 的 TS_{14} 中的信码在时隙 14 时由 CM_1 控制的 10 交叉点闭合，送至 PCM_0 的 TS_{14} 中去。因此，S 接线器能完成不同的 PCM 复用线间的信码交换，但是在交换中其信码所在的时隙位置不变，即它只能完成同时隙位置内的信码交换。故 S 接线器在数字交换网络中不单独使用。

对于图 3.10(b)所示的输出控制方式的 S 接线器的工作原理，与上述输入控制方式的工作原理是相同的，此处不再赘述。

3.4.3 TST 交换网络

单 T 接线器的交换容量一般最多达到 512 时隙，S 接线器由于只能完成复用线间交换而一般不能单独使用，所以，在大型程控交换机中，要求数字交换网络的容量较大，需将 T 接线器与 S 接线器按一定规律组合起来，方能实现不限复用线的不同时隙交换功能，T 接线器和 S 接线器组合可形成多级交换结构，其中 TST 交换网络应用最为广泛。

TST 是三级交换网络，两侧为 T 接线器，中间一级为 S 接线器，S 级的出入线数取决于两侧 T 接线器的数量，如 S 级采用 $16 \times 16 \times 256$ 接线器的输出控制方式，则 S 接线器有 16 条输入复用线，有 16 条输出复用线，所以两侧各有 16 个 T 接线器，每个 T 接线器完成 256 个时隙交换，整个交换网络可以完成 $256 \times 16 = 4096$ 个时隙的交换。TST 网络实现交换的关键是接线器的受控特性，通过处理机向各控制存储器相应存储单元内写入正确的内容。

图 3.11 给出了一个 TST 网络的结构示意，图中假设 S 级采用 $3 \times 3 \times 32$ 接线器输入控制方式工作，表示 S 接线器有 3 条复用线（HW），每条复用线有 32 个时隙。因此，T_A、T_B 两级信息存储器各有 32 个单元，各级控制存储器也各有 32 个单元。

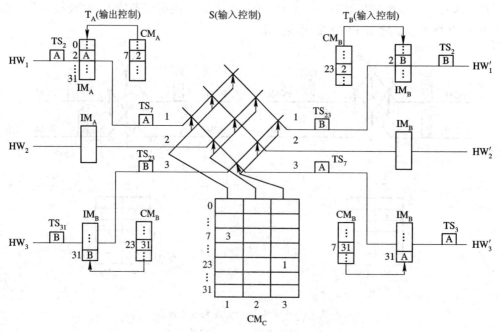

图 3.11　TST 数字交换网络

因此 3 条输入复用线就需要有 3 个 T_A 接线器；3 条输出复用线需要有 3 个 T_B 接线器；而负责复用线交换的 S 接线器矩阵应为 3×3，因而也有 3 个控制存储器。各级的功能与控制方式如下：

(1) T_A 接线器负责输入复用线的时隙交换，工作于输出控制方式；

(2) S 接线器负责复用线之间的空间交换，工作于输入控制方式；

(3) T_B 接线器负责输出复用线的时隙交换，工作于输入控制方式。

需要指出，两级 T 接线器的工作方式必须不同，以利于控制。而谁是输入控制，谁是输出控制，都是可以的。对于 S 接线器用什么控制方式也是二者均可的，图 3.11 中采用的是输入控制方式。假设 A 信码占用 HW_1 的 TS_2，B 信码占用 HW_3 的 TS_{31}，TST 交换网络在 A、B 之间是如何进行路由接续的呢？

首先讨论 $HW_1\ TS_2 \rightarrow HW_3\ TS_{31}$ 方向的接续。CPU 在存储器中找到一条空闲路由，即交换网络中的一个空闲时隙，图中假设此空闲时隙为 TS_7。这时，CPU 就向 HW_1 的 CM_A 的 7 号单元写入"2"；向 HW_3' 的 CM_B 的 7 号单元写入"31"；向 S 级 1 号 CM_C 的 7 号单元写入"3"。

IM_A 按顺序写入，TS_2 时刻将信码 A 写入到 HW_1 的 IM_A 的 2 号单元中去。TS_7 时刻，顺序读出 CM_A 7 号单元内容"2"作为 IM_A 的读出地址，控制读出，于是就把原来在 TS_2 的信码 A 交换到了 TS_7。此时，S 级 1 号 CM_C 读出 7 号单元内容"3"，控制 1 号输入线和 3 号输出线在 TS_7 时接通，就将信码 A 送至 T_B 接线器中。

HW_3' 线上的 T_B 接线器的 IM_B 在 CM_B 控制下将 TS_7 中的信码 A 写入到 31 号单元中去。在 IM_B 顺序读出时，TS_{31} 时隙读出信码 $HW_1\ TS_2$ 并送至 $HW_3\ TS_{31}$，完成 $HW_1\ TS_2 \rightarrow HW_3\ TS_{31}$ 方向的交换。

交换网络必须建立双向通路，即除了上述 $HW_1\ TS_2 \rightarrow HW_3\ TS_{31}$ 方向之外，还要建立 $HW_3\ TS_{31} \rightarrow HW_1\ TS_2$ 方向的路由。$HW_3\ TS_{31} \rightarrow HW_1\ TS_2$ 方向的路由选择通常采用"反相法"，即两个方向相差半帧。在本例中一帧为 32 个时隙，半帧为 16 个时隙，$HW_1\ TS_2 \rightarrow HW_3\ TS_{31}$ 方向空闲内部时隙选定 TS_7，则 $HW_3\ TS_{31} \rightarrow HW_1\ TS_2$ 方向就应选定 $16+7=23$，即 TS_{23}。这样可使得 CPU 一次选择两个方向的路由，避免 CPU 的二次路由选择，从而减轻 CPU 的负担。

$HW_3\ TS_{31} \rightarrow HW_1\ TS_2$ 方向的信息传输过程与 $HW_1\ TS_2 \rightarrow HW_3\ TS_{31}$ 方向相似，只需将内部空闲时隙改为 TS_{23}，图 3.11 也画出了 $HW_3\ TS_{31} \rightarrow HW_1\ TS_2$ 方向的交换过程，信息交换原理大同小异，不再赘述。

在通话终结拆线时，CPU 只要把控制存储器相应单元清除即可。

随着集成电路技术的不断发展，世界上不少专业厂家（如加拿大的 Mitel 公司、意大利的 SGS 公司、美国的 Motorola 公司等）已生产出很多用于组成数字交换网络的芯片，这些芯片可以接若干条 PCM 复用线，其结构与前面介绍的 T 接线器相似。例如，Mitel 公司的 MT8980、MT9080 芯片，可分别接 8 条和 16 条 PCM 复用线，分别完成 256×256 和 1024×1024 时隙的交换。对于大型的数字程控交换机而言，需要交换更多的时隙时，可以用多个芯片组合成更大容量的数字交换网络。例如，TSST 结构的四级网络，TSSST 和 SSTSS 结构的五级网络等。

3.4.4 数字程控交换呼叫处理与控制

下面先看一般电话用户的呼叫接续过程。用户打电话的过程是：主叫摘机，拨被叫号码，被叫应答，开始讲话，话毕挂机。对应于用户的这些操作，交换机应按顺序完成下列动作：① 送出拨号音；② 接收拨号；③ 拨号数字分析；④ 呼叫被叫用户；⑤ 被叫应答；⑥ 切断。这就是程控交换机基本的呼叫接续过程。

由此可见，交换的自动接续，就是中央处理机根据话路系统内发生的事件作出相应的指令来完成的。现将几个呼叫接续阶段用流程图表示，如图 3.12 所示。

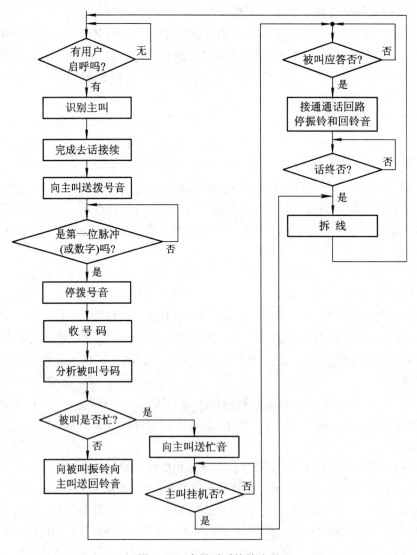

图 3.12　本局呼叫接续流程

3.5　分　组　交　换

3.5.1　概述

　　分组交换技术是由 RAND 公司的保罗·布朗(Paul Baran)和他的同事于 1961 年在美国空军 RAND 计划的研究报告中首先提出来的。

　　布朗等人当时的想法是，将通话双方的对话内容分成一个一个很短的小块(分组)，在每一个交换站将这一呼叫的"分组"与其他呼叫的"分组"混合起来，并以"分组"为单位发送，通话内容通过不同路径到达终端，终点站收集所有到达的"分组"，然后将它们按顺序重新组合成可懂语言。如果传输线路在网中的某一位置被截收，收到的是由多个对话交错在一起的"分组"，其含意是不连贯的，从而达到保密目的。虽然这个方案在 1964 年公布，但由于在大型网络中实现需要执行复杂的处理和控制功能，在当时的技术条件下未能实现。

　　后来，美国国防部高级规划研究局(ARPA)在研究计算机资源共享方法时，认识到采用布朗提出的"分组"方法来进行交换和传输可以有效地利用通信线路的资源，解决各类不兼容的计算机之间的通信问题，从而实现资源共享。于是开始从事分组交换技术的研究和开发工作，并于 1969 年完成了世界上第一个分组交换网 ARPAnet 的建设。ARPAnet 的成功，鼓舞了许多通信设备公司，使他们看到了利用分组交换技术实现公用数据通信网的前景，于是纷纷开始研究和开发分组交换技术。世界上第一个开放商用分组交换网的是美国的 TELENET 公司(1975 年开放业务)，网络名称为 TELENET(后改名 SPRINTNET)，随后出现的公用分组交换网有加拿大的 DATAPAC (1977 年开放业务)、法国的 TRANSPAC (1978 年开放业务)，日本的 D-50，以及英国、日本、比利时、荷兰、西班牙、德国等国家也相继建立了公用分组交换网。

　　公用数据网(PDN)大多采用分组交换方式，具有电路动态分配、电路利用率高、可以变换速率、变换编码及变换通信协议的能力。鉴于分组交换的特点，我国在 1989 年 11 月正式开通了第一个小规模的 CHINAPAC 中国公用分组交换网，引进法国的 SESA 公司产品，由 3 个节点机、8 个集中器和 22 个分组终端组成。在 1993 年建成了我国第二个分组交换网，引进加拿大北方电讯公司的 DPN-100 系列，有 32 个节点机、8 个汇中心的大规模分组骨干网。1997 年我国 CHINAPAC 容量达 12 万端口，覆盖全国，并与 23 个国家 45 个地区分组互连。

　　分组交换的主要优点是：

　　(1) 对用户终端的适应性强。分组交换向用户提供了不同速率、不同代码、不同通信控制规程的数据终端之间能够相互通信的灵活的通信环境。

　　(2) 信息传输时延相对于报文交换减小。

　　(3) 线路利用率高。分组交换传输实现了线路的动态统计时分复用，在一条物理线路上可以同时提供多条信息通路，提高了线路利用率。

　　(4) 可实现分组多路通信。

　　(5) 可靠性高。分组在分组交换网中传输时，分段独立地进行差错控制，使信息传输误码率大大降低,一般可达 10^{-10} 以下;另外,由于分组在分组交换网中传输的路由是可变的,当网内发生故障时,分组可自动选择一条避开故障点的迂回路径传输,不会造成通信中断。

(6) 经济性好。信息以分组为单位在交换机内存储和处理,可以简化交换处理,减小存储容量,降低网内设备的费用;采用动态统计时分复用,可大大提高通信电路(用户线及中继线)的利用率,从而大大降低线路使用费用。

分组交换的主要缺点是:

(1) 信息传输效率较低。实现分组交换传输,由网络附加的传输控制信息较多,特别是对较长的报文来说,分组交换的传输效率不如电路交换高。

(2) 实现技术复杂。分组交换机要对各种类型的"分组"进行分析处理,所需实现设备比较复杂。

3.5.2 分组交换的基本原理

分组交换是在传统的存储转发式报文交换的基础上发展起来的一种新型的数据交换技术。分组交换方式的工作过程是分组终端将用户要发送的数据信息分割成许多一定长度的数据段,每个数据段除了用户信息外,还另加上了一些必要的操作信息,如源地址、目的地址、用户数据段编号及差错控制信息等。所有这些信息按照规定的格式装配成一个数据信息块,称之为"分组"。与发送端连接的分组交换机收到报文信息后,将其分成若干个分组存入存储器,并进行路由选择。

1. 分组的复用

分组交换的基本思想是实现通信资源的共享。一般而言,终端速率与线路传输速率相比低得多,若将线路分配给这样的终端专用,则是对通信资源的很大浪费。将多个低速的数据流合成起来共同使用一条高速的线路,提高线路利用率,是充分利用通信资源的有效方法,这种方法称为多路复用。目前存在多种不同的多路复用方法,从如何分配传输资源的角度,可以分成两类:一类是固定分配(预分配)资源法;另一类是动态分配资源法。

1) 固定分配资源法

在一对用户要求通信时,网络根据申请将传输资源(如频带、时隙等)在正式通信前预先固定地分配给该对用户专用,无论该对用户在通信开始后的某时刻是否使用这些资源,系统都不能再分配给其他用户,而是供该用户独占专用,无论空闲与否,别的用户都不能使用。

2) 动态分配资源法

固定分配资源法的主要缺点是在通信进行中即使用户传输空闲时,通路也只能闲置,使得线路的传输能力得不到充分的利用。为了克服这个缺点,人们提出了动态分配(或称按需分配)传输资源的概念。这种复用方法不再把传输资源固定地分配给某个用户(终端),而是根据需要,当用户有数据要传输时才分配给它传输资源,而当用户暂停发送数据时,就将资源收回。这种根据用户实际需要分配传输资源的方法也称为统计时分复用(STDM)。

统计时分复用与固定分配复用方式相比,在终端与线路的接口处要增加两个功能:缓冲存储功能和信息流控制功能，其实现原理示意图如图 3.13 所示。增加的两个功能主要用于解决各用户终端争用线路传输资源时可能产生的冲突。

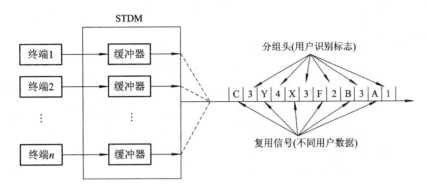

图 3.13　统计时分复用(STDM)原理示意图

　　动态分配传输信道的方式可在同样的传输能力条件下传送更多的信息，它允许每个用户的数据传输速率高于其平均速率，最高可达到线路总的传输能力。为了使多个终端共用一条线路，即来自不同终端(数据源)的数据分组在一条线路上交织地传输，可以把一条物理的线路分成许多逻辑上的子信道，线路上传输的数据组都附加上表示某一子信道的逻辑信道号，这些逻辑信道号在接收端成为区分不同数据源(终端)的标志。在数据交换传输方式中，报文交换、分组交换、帧交换和帧中继、ATM 交换，以及 IP 交换都属于统计时分复用方式。

　　在固定分配资源复用方式(时分或频分)中，每个用户的数据都是在预先固定的子通路(时隙或子频带)中传输的，接收端很容易由定时关系或频率关系将它们区分开来，分接成各用户的数据流。而在统计时分复用方式中，各用户终端的数据是按照一定单元长度随机交织传输的(如图 3.13 所示)。由于各终端数据流是动态随机传输的，因此不能再用定时关系或频率关系在接收端来区分和分接它们。为了识别分接来自不同终端的用户数据，通常在采用统计时分复用时，将交织在一起的数据发送到线路上之前给它们打上与终端有关的"标记"，例如在数据前加上终端号，这样接收端就可以通过识别用户数据的"标记"将它们区分开来。

　　在统计时分复用中，尽管没有为各用户分配实际的物理子信道，但是通过对数据分组加标记，仍然可以把各用户的数据信息从线路传输信息流中严格地区分开来，其效果与将线路分成许多子信道是一样的。通常将这种完成子信道的功能而又实际并不存在的、概念上的信息流通路称为逻辑信道。在统计时分复用中，逻辑信道为用户提供独立的数据流通路。

　　线路的逻辑信道可用逻辑信道号描述，逻辑信道号可以独立于终端编号，逻辑信道号作为线路的一种资源可以在终端要求通信时由 STDM 设备分配。对同一个终端，每次呼叫可以分配给不同的逻辑信道号，但在同一次呼叫连接中，来自某一个终端的数据组的逻辑信道号应相同。用逻辑信道号给终端的数据组作"标记"比用终端号更加灵活方便，这样，一个终端可以同时通过网络建立起多个数据通路(如图 3.14 中终端 4 同时建立了三个通路)。STDM 为每个通路分配一个逻辑信道号，并在 STDM 设备中建立终端号与逻辑信道对照表，网络通过逻辑信道号识别出是哪个终端发来的数据。

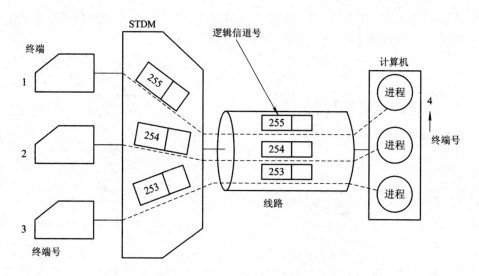

图 3.14 用逻辑信道号作"标记"进行交织传输示意图

2. 分组的格式

在分组交换中,分组是交换和传输处理的对象,每个分组都带有控制信息和地址信息,使其可以在分组交换网内独立地传输,并以分组为单位进行流量控制、路由选择和差错控制等处理。另外,为了可靠地传输分组数据块,还在每个数据块上加上了高级数据链路控制(HDLC)的规程标识、帧校验序列,它们都以帧的形式在信道上传输,如图 3.15 所示。分组的长度通常为 128 字节,也可选用 32、64、256、512 或 1024 字节长度,分组头长约 3 字节。为了保证分组在网络中正确地传输和交换,除包含用户数据的分组外,还需建立许多用于通信控制的分组,因此就存在多种类型的分组,所以在分组头中还要包含识别分组类型的信息。

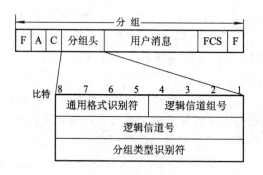

F:标志序列
A:地址字段
C:控制字段
FCS:帧校验序列

图 3.15 分组的格式

分组头有 3 个字节,其中通用格式识别符由第 1 字节的第 5~8 比特组成,第 8 比特用来区分传输的分组是用户数据还是控制数据;第 7 比特用来传送确认比特,"0"表示数据分组由本地 DTE−DCE 确认,"1"表示进行端到端 DTE−DTE 确认;第 6 和第 5 比特为模式比特,"01"表示分组的顺序编号按模 8 方式工作,"10"表示按模 128 方式工作。逻辑信道组号和逻辑信道号共 12 比特,用来表示在 DTE 与交换机之间(即终端与通信线路之间)的时分复用信道上以分组为单位的时隙号,在理论上最多可同时支持 4096 个呼叫,实际上支持的逻辑信道数取决于接口的传输速率、与应用有关的信息流的大小和时间分布。分组类型识别符区分各种不同的分组，共有呼叫建立分组、数据传输分组、恢复分组和呼叫释放分组四类。

3. 分组的传输

在分组交换网中，对分组流的传输处理有两种方式：一是虚电路方式，二是数据报方式。

1）虚电路方式

在虚电路方式中，发送分组前，先要建立一条逻辑连接，即为用户提供一条虚拟的电路，如图 3.16 所示。假设 A 要将多个分组送到 B，它首先发送一个"呼叫请求"分组到 1 号节点，要求到 B 的连接。1 号节点决定将该分组发到 2 号节点，2 号节点又决定将之发送到 4 号节点，最终将"呼叫请求"分组发送到 B。

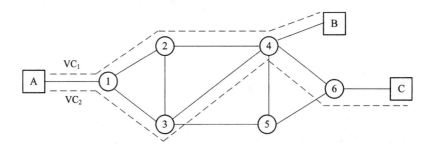

图 3.16　虚电路方式原理示意图

如果 B 准备接收这个连接的话，它发送一个"呼叫接收"分组，通过 4 号、2 号、1 号节点到达 A，此时，A 站和 B 站之间可以经由这条已建立的逻辑连接即虚电路（图中 VC_1）来传输分组、交换数据。此后的每个分组都包括一个虚电路标识符，预先建立的这条路由上的每个节点依据虚电路标识符就可知道将分组发往何处。在分组交换机中，设置相应的路由对照表，指明分组传输的路径，并不像电路（时隙）交换中那样要确定具体电路或具体时隙。

虚电路方式的一次通信具有呼叫建立、数据传输和呼叫释放三个阶段。数据分组按建立的路径顺序通过网络，目的节点收到的分组次序与发送方是一致的，目的节点不需要对分组重新排序，因此重装分组就简单了，而对数据量较大的通信传输效率较高。之所以称这种连接为"虚"电路，是因为分组交换机（网络节点）按线路传输能力的"动态按需分配"原则为这种连接保持一种链接关系：就像有一条物理数据电路在通信两端的终端之间一样，终端可以在任何时候发送数据（受流量控制）；如果终端暂时没有数据可发送，网络仍保持这种连接关系，但是这时网络可以将线路的传输能力和交换机的处理能力用作其他服务，它并没有独占网络的资源，所以，这种连接电路又是"虚"的。

2）数据报方式

在数据报方式中，单独处理每个分组。以图 3.17 为例，假设 A 站有三个分组的消息要送到 C 站，它将 1、2、3 号分组一连串地发给 1 号节点，1 号节点必须为每个分组选择路由。收到 1 号分组后，1 号节点发现到 2 号节点的分组队列短于 3 号节点的分组队列，于是它将 1 号分组发送到 2 号节点，即排入到 2 号节点的队列。但是对于 3 号分组，1 号节点发现此时到 3 号节点的队列最短，因此将 2 号分组发送到 3 号节点，即排入到 3 号节点的队列。同样原因，3 号分组也排入到 3 号节点。在以后通往 C 站路径的各节点上，都作类似的处理。这样，每个分组虽然有同样的目的地址，但并不走同一条路径。另外，3 号分组先于 2 号分组到达 6 号节点也是完全可能的。因此，这些分组有可能以一种不同于它们发送时的顺序到达 C 站，需要对它们重新排序。

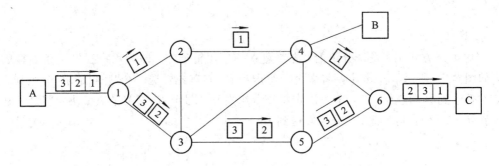

图 3.17 数据报方式原理示意图

数据报分组头装有目的地址的完整信息，以便分组交换机进行路由选择。用户通信不需要经历呼叫建立和呼叫清除的阶段，对短报文消息传输效率较高。

3）分组的路由选择

分组交换网最重要的特点之一是分组能够在网络中通过多条路径从源点到达终点，而选择什么路径最合适就成了分组交换机必须决定和影响其特性的问题。这个问题与城市之间的交通问题很相似。比如说，从一个城市乘车到另一个城市，假若中间还要路过一些其他城市，就可能存在许多可到达的线路，所以有必要事先选择一条最佳线路。这里的所谓"最佳"有不同的含义，要看你的标准是什么。例如，可以从许多路径中选择一条距离最短的线路；或者选择一条行车时间最短的线路，但行车时间最短的线路，距离不一定是最短的，因为它还与路面、环境等因素有关；也许希望选择一条风景好的线路，沿途游览。由此可见，选择的目的不同，最佳线路的选择结果也不同。另外，在选好线路出发后，还需要在路上打开收音机（或车载台），探听所选择的线路上是否有交通事故或阻塞情况发生，如果有的话应及时调整已定线路，绕道而行。

分组交换传输的路由选择和传输过程也是如此，首先根据某种准则和方法选择确定传输路由（包括第 1，2，3，… 选择），然后在传输过程中随时监测网络状况并根据网络的情况随时调整分组的路由，从而保证分组到达终点。路由选择是由网络提供的功能，不同的分组交换网可能采用不同的路由选择方法。按照不同的网络要求、不同的准则可以构成许多路由选择方法，路由选择的方法很多，常用的有扩散式路由法、查表路由法等。路由确定具体过程和方法略。

4. 流量控制

流量控制是指通过一定的手段使得在网络中各个链路上的信息流量都保持在一定的上限值之下，在分组交换方式中流量控制特别重要，这是因为：

（1）由于中继线路是统计时分复用的，因此必须用流量控制方法来防止线路过分拥挤，导致数据分组排队等待时间过长。

　　（2）由于网络终端速率可能不一致，因此必须用流量控制方法来调整终端发送数据的速率，以防止快速的终端向慢速的终端发送数据分组太多，超出其接收能力。

　　（3）由于终端与交换机处理数据分组的能力限制，因此必须使用流量控制方法在其不能处理更多数据时抑制对方的数据传送。

　　实现流量控制的方法很多，常用"窗口"方法来控制对方发送信息的速度，"窗口"的尺寸选择非常重要，合适的"窗口"尺寸可使流量控制的响应时间和终端发送能力得到最大限度的保证。

　　电路交换方式与分组交换方式特点的比较如表 3.1 所示。

表 3.1　电路交换方式与分组交换方式特点的比较

项　　目	电路交换	分组交换
接续时间	较长	较短
信息传输时延	短，偏差也小	较短，偏差较大
信息传输可靠性	一般	高
对业务过载的反应	拒绝接收呼叫（呼损）	减少用户输入的信息流量，延时增大
信号传输的透明性	有	无
异种终端之间的通信	不可以	可以
电路利用率	低	高
交换机费用	一般	较高
实时会话业务	适用	轻负载下适用

3.5.3　帧中继

1. 帧中继的概念

　　帧中继（Frame Relay，FR）技术是随着数据通信的发展，在分组交换技术基础上发展起来的。分组交换技术主要解决了终端与网络节点（交换机）之间的通信。随着数据通信，特别是计算机通信的发展，大量的局域网（LAN）开始出现，大至一个企业、单位，小至一幢楼，一个小组，都可能构成一个 LAN，LAN 之间需要实现互联。这样，新的应用要求就出现了：怎样有效地将各类不同形式、不同地理位置的 LAN 互连起来？从而实现两个 LAN 上的终端间的通信。帧中继技术就是在这样一个背景下产生发展的。总结分析 LAN 互连应用的特点如下：

　　（1）要求传输速率高。LAN 之间终端传输希望要获得短的响应时间，这样，通常要求在 LAN 之间应具有 1.55 Mb/s 或 2.048 Mb/s 的速率，有时也采用 64 kb/s 速率。在帧中继技术出现之前，这类要求一般是用专用线满足的。

　　（2）信息传输的突发性大。LAN 间通信，一般来说，通信信息（数据等）的突发性大，即通信时传输量大，而两次传输间的空闲时间也长。这样，为了满足系统的响应时间而使用的高速专用线的利用率很低。

　　（3）各类 LAN 通信规程的包容性好。在 LAN 中存在许多通信规程，例如 TCP/IP、SNA、XNS 和 IPX 等，它们都是各自独立地工作于 LAN 中，这样就形成了各类互不兼容的

LAN。要想实现不同类型 LAN 之间的互连，必须找到一种技术能够处理任意规程的通信。

为了解决这些问题，帧中继应能够提供的功能有：

(1) 在公用和专用的系统上为多通信结构(包括早期的终端—主机结构和今天的任意通信结构)提供经济有效的连接。

(2) 提供高速的传输。

(3) 提供按需的带宽(传输速率)分配，以适应突发信息量的要求。

(4) 通过处理多规程传输信息来保护用户的现有投资。

FR 是建立在光缆传输的高质量和高速率基础上的，是分组交换在新的传输条件下合乎逻辑的发展，是在 ISDN 标准化过程的 I.122 建议中提出来的。FR 采用独立子用户数据信道的呼叫控制规程(即 LAPD 规程)，可以实现在链路层的逻辑链路复用和连接，因此它可以完全不用网络层(即无论网络层如何)。由于 FR 是在帧级(链路层)实现复用传送的，故称为帧中继。

2. 帧结构和传输方式

在 FR 传送网中，帧的长度是可变的，最大长度可达 1000 字节以上，每个帧含有"数据链路连接标识符"(DLCI)，从源 DTE 到宿 DTE 之间的所有途径节点均根据 DLCI 指明出口信道。使用 DLCI 标识的帧格式如图 3.18 所示。

1字节	2字节		2字节	1字节
F	DLCI	用户信息	FCS	F

图 3.18 帧中继中的帧格式

帧的主要部分"用户信息"可以是 X.25 分组或别的格式(例如 SNA 帧、LAN 帧等)，用户信息部分(即数据分组)在网中透明传输，节点不做任何处理操作。

帧的首部 F 标志(帧标志)、DLCI 及尾部 FCS(帧校验序列)和 F 标志在帧中继节点进行检验，但不计数不要求重发，发现有错的分组即行丢弃，错误分组由终点和源点设备间负责检错重发，即终点发现丢弃分组要求源点重发，这样就大大地简化了交换节点的操作。

在 2 字节 DLCI 地址字段中，还包括流量控制和校验信息，如图 3.19 所示。其中 C/R 为命令/响应指示位；EA 为扩展地址位；FECN 为前向显式拥塞通知位；BECN 为后向显式拥塞通知位；DE 为丢弃核准位。帧中继节点只在超载情况下向 DTE 发送信号，从而简化了处理过程。当节点可能超载时，向 DTE 发送 FECN 或 BECN，要求减少传输数据量；当已发生超载情况时，网络就丢弃帧，由终点 DTE 去发现并请求重发。帧中继采用的这种 DLCI 地址标识符的连接是永久虚连接(PVC)，所以，帧中继实现的是类似专线式的连接。

DLCI(高阶)			C/R	EA
DLCI(低阶)	FECN	BECN	DE	EA

图 3.19 帧中继中帧的地址字段

3. FR 与 PAC、DDN 的性能比较

表 3.2 给出了分组交换(PAC)、帧中继(FR)和数字数据通信网(DDN)三种传输方式的比较。

表 3.2　PAC、FR 与 DDN 性能比较

项目\方式	PAC	FR	DDN
OSI 层	下三层	下二层	物理层
复用方式	动态复用	动态复用	固定复用
适用协议	X.25 等	Q.922 等	无规程
差错控制	检错重传	只检错	无
交换功能	SVC, PVC	无(只有 PVC)	无(只有 TDM)
终端速率/(kb/s)	64, 9.6, 4.8, 2.4	2048, $N \times 64$, 9.6, 4.8 等	2048, $N \times 64$, 9.6, 4.8 等
分组或帧长	128, 256(字节)	260, 1598(字节)等	无要求
信道要求	低	高	高
适用范围	交互式短报文	局域网互联	专线(组网)

3.5.4　ATM 交换技术

1. ATM 概述

ATM 是在分组交换技术基础上发展起来的快速分组交换。它综合了分组交换高效率和电路交换高速率之优点,可以适应各种速率的业务。ATM 将不同的低速信号复接至 155.52 Mb/s 或 622.08 Mb/s 并纳入同步数字系列(Synchronous Digital Hierarchy, SDH)进行传输。因此说,ATM 技术是在克服了分组交换和电路交换方式局限性的基础上产生的,它以一个统一的多媒体网络实现带宽、实时性、传输质量要求各不相同的网络服务。

ITU-T 给 ATM 的定义是:"以信元为信息传输、复接和交换基本单位的传送方式"。信元是 ATM 的基本特征,ATM 信元是一种固定长度的数据分组,ATM 信元长为 53 字节,前面 5 字节为信头,后面 48 字节为信息域。ATM 技术是以分组交换传送模式为基础,并融合了电路交换传送模式高速化的优点发展而成的。ATM 方式克服了电路交换模式不能适应任意速率业务,难于导入未来新业务的缺点,采用异步复用方式提高了线路的利用率;简化了分组交换模式中的协议,并用硬件对简化的协议进行处理实现;交换节点不再对信息进行差错控制,从而极大地提高了网络通信信息的处理能力,真正做到了完全的业务综合。

2. ATM 交换原理

为了提高信息处理和交换速度,降低时延,ATM 以面向连接的方式工作。网络对交换传送的处理工作十分简单:通信开始时先建立虚电路,然后将虚电路标志(即地址信息)写入信头,网络根据虚电路标志进行交换和传送。

ATM 网络中提供信元交换功能的节点称为交换节点。实际上,交换节点完成的只是虚电路的交换。因为同一虚电路上的所有信元都选择同样的路由,经过同样的通路到达目的地,在接收端,这些信元到达的次序总是和发送端的发送次序相同。

一个交换节点包含若干条输入复用线和输出复用线(二者数量可以不等),这些复用线上传输着复用信元流,当信元流到达节点入口时,空信元就被弃去,并不加载到交换机内,只有有用信息才被交换,这也是 ATD 复用方式的另一优点。设一个虚电路标志为 A 的信元从输入复用线 E_i 上到达节点,节点内有一个空分矩阵,它每隔一个信元(53 字节)时间由当前进入节点的信元虚电路标志控制改变一次连接,实现交换。假设虚电路 A 应当选择的路由是输出复用线 S_j,空分矩阵在其信元到达时将 E_i 与 S_j 连通,使该信元通过,该信元到达 S_j 后,其虚电路标志由 A 变成了 B,这个翻译工作是由节点根据存储的虚电路路由表来完成的。从理论上说,两段路由上的虚电路标志也可以采用相同的值。

由于输入、输出复用线上的信元都是异步复用的,可能会在同一时刻多条输入复用线上的信元要求去往同一条输出复用线,为了避免"撞车",在每条输出复用线入口处都设置了缓冲器,供同时到达的信元排队用。这个队列造成了信元在交换机内的时延,这个时延是随机的,它与队列的多少以及队列的长度有关。当缓冲器被充满后,就会产生信元丢失。

ATM 交换节点的工作比 X.25 分组交换网节点的工作要简单得多。ATM 节点只做信头的 CRC 检验,对净荷不做差错控制,也不参与流量控制,这些工作都留给终端去做。ATM 节点的主要工作就是读信头,并根据信头的内容快速地将信元送往相应的输出复用线,这个工作在很大程度上由硬件完成,因此 ATM 交换的速率很快,可以和 SDH 的传输速度相匹配。

ATM 交换是一种异步时分交换。异步时分交换不是通过时隙互换来完成交换功能的,而是通过改变信元的标志码(信元的 VPI 和 VCI 值)来完成交换功能的。为了更清楚地了解 ATM 信元交换的过程,下面结合图 3.20 加以说明。当一个虚电路建立时,在与其对应的输入复用线的"接续路由表"中就记入了选路比特 RB,用它来表示哪个虚电路通过哪条交换路由接续。信元到达后,查对信头中 VPI/VCI 的标志"i",用它来识别虚电路。将 RB 和交换机内部识别符 x 装入信头后把信元发往交换网。网内各交换模块具有自律选路功能,它根据 RB 将信元发往指定的方向。输入缓冲器和输出缓冲器也是用于防止信元"撞车"而设置的。在输出端将标志"j"重新记入信头,以便在其路由内识别,这一操作也

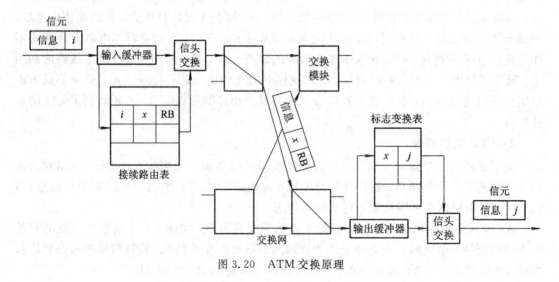

图 3.20 　ATM 交换原理

是通过检索在虚电路建立时产生的"标志变换表"来实现的。

3. ATM 的特点

ATM 网具有灵活性和适应性强、能有效地利用资源和多业务通用网络等优点，这些优点是由 ATM 技术的特点带来的，ATM 的基本特点有：

（1）免除了信元净荷的差错控制和流量控制，大大简化了网络控制。由于光纤线路的可靠性很高(误码率小于 10^{-8})，因此没有必要进行逐链路的差错控制，ATM 仅保留了端到端的差错与流量控制，考虑到 ATM 节点上流量太大，为尽量减少信元的丢失率，需要合理进行资源分配和设计队列容量，并在呼叫建立时审查用户申请的带宽，当网络有足够的资源时才接受此呼叫，否则就拒绝用户接入。

（2）面向连接的工作方式。信息传送前，先提出呼叫请求，网络保留必要的资源，建立虚电路(包括虚信道 VC 和虚路径 VP)；接着是用户信息传送；信息传送完毕后，网络要释放这些资源，拆除虚电路，以保证传输业务质量，降低信元丢失率。

（3）简化了信头功能。与 X.25 分组头相比，ATM 信元信头功能十分简单，主要是标志虚电路、信头差错检验和信元优先度设置等。由于信头功能简单，因此信头处理速度很快，使信元的排队处理时延大大降低，从而使处理时延很小。

（4）采用长度较小的固定长度信元。降低了交换节点内部的缓冲区容量，减少了信息在缓冲区内排队的时延和时延抖动，这对实时业务是有利的。

由于以上的特点，ATM 网络在语义透明性和时间透明性两方面都能满足任何业务(包括实时业务)的要求。它的信元丢失率 CLR$<10^{-8}\sim10^{-12}$，端至端时延小于 24 ms(CCITT 对实时电话业务的规定)，时延抖动小于几百 μs。与其他任何类型的传送交换方式相比，ATM 都技高一等，因此 ATM 是宽带网络的一种理想的信息交换传送方式。

3.5.5　IP 交换

Internet 是在美国军方的 ARPANET 的基础上发展起来的 IP(Internet Protocol)网，如今已成为全球最成功的通信网络。1998 年全球用户超过 1 亿，2004 年超过 7 亿，2016 年全球互联网用户数已超 30 亿，中国用户高达 6.68 亿。IP 网向用户提供文本、语音、视频等多种具有服务质量的数据业务。

1. 传统 IP 路由器

Internet 网络中的设备用它们的网络地址(TCP/IP 网络中为 IP 地址)互相通信。不同网络标识的 IP 地址不能直接通信，需要路由器或网关将它们连接起来后才能通信。通常将具有集中处理结构、不涉及多层交换技术、没有采用专用 ASIC 芯片的路由器称为传统路由器，其处理能力一般是每秒几十万个包，最大吞吐能力约 1 Gb/s。路由器主要完成两个功能：寻找去往目的地的最佳路径和转发分组。路由器的功能结构见图 3.21，由控制部分和转发部分组成。转发部分由输入端口、交换网络和输出端口组成；控制部分由路由处理、路由表和路由协议组成。

路由器工作在 OSI 参考模型的下三层：物理层、数据链路层和网络层，完成不同网络之间的数据存储和转发。路由器常通过查找路由表的方法转换 IP 分组，查找算法主要有精确匹配查找和最长匹配查找。在路由器中可采用缓存技术来提高路由查找速度，常用的缓存方法有两种：路由缓存和转发引擎。

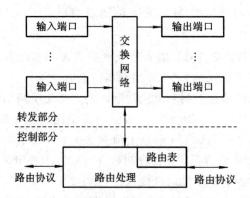

图 3.21　路由器的功能结构

设三个路由器互联网络如图 3.22 所示，PC_A 的 IP 地址为 128.7.254.10，PC_B 的 IP 地址为 128.7.253.15，PC_C 的 IP 地址为 128.7.234.18，表 3.4 为路由器 A 遵循的路由表。下面以 PC_A 到 PC_B、PC_A 到 PC_C 两种情况为例，讨论分组在路由器 A 转发分组的过程。

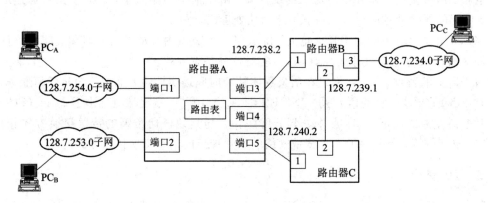

图 3.22　三个路由器互联网络

表 3.4　路由器 A 中的路由表

目的 IP 地址	子网掩码	端口	下一跳地址	路由费用	路由类型	状态
	255.255.255.0	1		1	Direct	UP
128.7.253.0	255.255.255.0	2		1	Direct	UP
128.7.234.0	255.255.255.0	3	128.7.238.2	2	Static	UP
128.7.234.0	255.255.255.0	5	128.7.240.2	3	Static	UP
⋮	⋮	⋮	⋮	⋮	⋮	⋮

PC_A 的 IP 分组到达路由器 A 的端口 1，首先解析分组头，提取目的 IP 地址，以目的 IP 地址为索引，在路由表中使用最长匹配原则进行查找，由路由表可得：

（1）对 PC_A 到 PC_B，连接到端口 2，连通 128.7.253.0 子网，路由费用为 1。将该 IP 分组进行链路层封装，并从端口 2 转发出去。

（2）对 PC_A 到 PC_C，有两条路由可供选择：一条从端口 3 连接到下一跳 IP 地址为 128.7.238.2 的路由器 B，路由费用为 2；另外一条从端口 5 连接到下一跳 IP 地址为

128.7.240.2 的路由器 C，路由费用为 3。路由器选择路由费用最小的路由作为最佳路由，因此，将该 IP 分组进行链路层封装，并从端口 3 转发出去。

随着 Internet 网络规模的快速增长以及人们对多媒体业务的需求，要求 Internet 网络具有实时性、可扩展性和保证服务质量的能力，基于 IP 协议的 Internet 网络已经不堪重负，使得路由器成为整个互联网上的"瓶颈"，IP 路由器日趋复杂，仍无法满足通信优先级的要求，IP 协议也无法应付呈指数增长的用户及多媒体通信对带宽的需求。而 ATM 交换技术具有高吞吐量、低时延以及一定的 QoS 保障和业务量管理的功能，非常适合于硬件实现高速交换。在这种情况下，许多网络设备厂商正致力于将 IP 的路由能力与 ATM 的交换能力结合在一起，使 IP 网络获得 ATM 性能和服务质量保证上的优势，克服传统 IP 网络提供"尽力而为"的无法保证质量的能力，这就要求在 ATM 网络上运行 IP 协议。

2. IP 交换的基本概念

IP 交换的基本思想是为了避免网络层转发的瓶颈，进行高速链路层交换。IP 交换可以认为是地址转换问题，其关键任务是将 IP 子网地址与链路层地址相结合。这样，可以通过短标识的 VPI/VCI（ATM 中）与交换系统相连进行转发。

1996 年，Ipsilon 公司提出了 IP 交换（IP Switching）的概念。它将一个 IP 路由处理器捆绑在一个 ATM 交换机上，去除了交换机中所有的"ATM 论坛"信令和路由协议，ATM 交换机由与其相连的 IP 路由处理器控制。IP 交换机作为一个整体运转，执行通常的 IP 路由协议，并进行传统的逐级跳方式的 IP 分组转发。当检测到一个大数据量、长持续时间的业务流时，IP 路由处理器就和与其邻接的上行节点协商，为该业务流分配一个新的虚路径和虚信道标识来标记属于该业务流的信元，同时更新 ATM 交换机中转发表对应的内容。

传统的 IP over ATM 技术有 IETF（Internet Engineering Task Force）的 Classic IP over ATM 和 ATM 论坛的 LANE 等。但是它们都存在着不少限制，主要有以下几点：

（1）在运行实时业务时不能保证服务质量（QoS）。

（2）在网络较大时，会造成 VC 连接数目很大，增加了路由计算的额外开销。

（3）数据必须在逻辑子网间转发，没有充分利用交换设备的能力。

为了解决上述问题，满足 Internet 规模快速增长和对实时多媒体业务的需求，需要将网络交换机（L_2 层）的速度和路由器（L_3 层）的灵活性结合起来，这就是 IP 交换，也称为第三层交换。IP 交换加上能保证提供分类服务、保证不同质量的一系列路由协议，就可以在 IP 网这种无连接的网络上提供端到端的连接，并能保证业务所需的 QoS。采用 IP 交换的新一代设备可以使网络带宽达到 T-bit 级。

IP 交换机和路由器主要有两个区别：

（1）对转发数据分组的信息结构进行分析的深度不同，这会直接影响转发数据分组的速度。

（2）对网络节点间通信量的管理不同，IP 交换机要检查 OSI 模型中的数据链路层的信息头，以便在连接的两点之间建立一条路径，所有属于该路径的分组由此发出。如果采用了交换方式，那么管理者就可以专门辟出一定量的带宽来处理诸如多媒体应用和视频会议之类的通信。而路由则是根据 OSI 网络层中分组头的 IP 地址来进行选择的，路由器必须检查每个分组的 IP 地址，并分别为之选定一条最佳路径。这是一种无连接的网络服务，有利于从各种数据源中随意插入分组，并可为用户的通信量自动分配所需的带宽，但是无法规定网上传送的先后顺序，因此当业务量大时，就会产生阻塞、延迟等问题。

3. IP 交换机的结构和特点

IP 交换机是一个附有交换硬件的路由器，它能够在交换硬件中高速缓存路由策略。如图 3.23 所示，IP 交换机由 ATM 交换机硬件和一个 IP 交换控制器组成。

由于 IP 交换机是在 OSI 模型的网络层中引入交换的概念，因此它没有一般的 IP 选路协议那样多的限制，可用在 Internet 业务提供者(ISP)之间或 ISP 与用户之间。IP 交换机的最大特点就是引入了流(Flow)的概念。所谓流，就是一连串可以通过复杂选路功能而相同处理的分组包。例如，流可以是从一点发出通过具有 QoS 功能的端口转发的一连串分组。

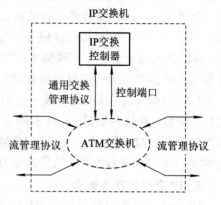

图 3.23　IP 交换机结构示意图

在图 3.23 的交换机结构中，ATM 交换机硬件保留原状，但关于 ATM 信令适配的控制软件被去掉，代之于标准的 IP 路由软件，并且采用一个流分类器来决定是否要交换一个流以及用一个驱动器来控制交换硬件。IP 交换机工作时，首先就是将流分类，以便选择哪些流可以在 ATM 交换机上直接交换，哪些流需要通过路由器一个一个地分组转发。由于 IP 交换机把输入的用户业务流分成长流和短流两类，节省了建立 ATM 虚电路的开销，因此提高了效率。IP 交换机的缺点是只支持 IP 协议，同时它的效率依赖于具体用户的业务环境。对于大多数业务为持续期长、业务量大的用户数据，能够获得较高的效率。但对于大多数业务为持续期短、业务量小、呈突发分布的用户数据，IP 交换的效率将大打折扣，这时一台 IP 交换机只相当于一台中等速率的路由器。

4. IP 交换技术的发展

近几年来，IP 交换技术发展很快，出现了不少形式的 IP 交换技术，如 Ipsilon Network 的 IP Switching，Toshiba 公司的 CSR，Cisco 公司的 Tag Switching，Cascade 公司的 IP Navigator 及 IBM 公司的 ARIS(Aggregate Route-based IP Switching)等。而 IETF 的 MPLS 是定位于大型网络的 IP 交换标准。

(1) IP Switching。Ipsilon Network 公司的 IP Switching 是一种高速路由器。它将转发功能映射到硬件交换机。从逻辑上可以看做是一个附有第三层转发功能的第二层交换设备，与第三层的数据转发模块高速互连。IP Switching 采用低层流交换。在 IP Switching 中，所有的流被分为两类：一类是持续时间长、业务量大的数据流，在 ATM 交换机硬件中直接进行交换，速度快、时延短；另一类是持续时间短、业务量小、呈突发分布的数据流类型，通过 IP 交换控制器中的路由软件进行 hop-by-hop 转发。流在交换前，必须标记。一个流只有在上行、下行链路都标记过后，才能直接通过 ATM 交换机进行交换。只有具有正确生存时间(TTL)域的包才能包括在交换流中。

(2) Tag Switching(标记交换)。Cisco 公司的 Tag Switching 由转发和控制两部分组成，两者互相独立。转发机制是一种简单的标记交换机制，通过使用定长的标记来作决定，并对标记重写。控制机制通过一组模块来维持保留正确的标记传播信息，以第三层协议为基础，每个模块具有一定的控制功能，它解决了 IP 与 B – ISDN 之间不一致的问题。

（3）MPLS(多标记交换)。IETF 结合了一些 IP 交换技术的特点，主要以 Tag Switching 为基础成立了 MPLS 工作组来将网络层路由标记交换算法技术标准化。MPLS 采用标记的包转发技术来实现简单、高性能的包转发机制。它通过用标记转发代替标准的基于目的端的 hop-by-hop 转发，从而简化了包转发机制，使 Internet 带宽很容易扩展到 T-bit 级。

采用 IP 交换技术，将交换机的速度和路由器的可扩展性融合在一起，是解决 Internet 网络规模和性能问题的关键技术。IP 交换技术大大推动了 Internet 网络的发展，越来越受到网络通信界的重视。但 IP 交换仍然存在不少问题有待进一步的解决，随着越来越多的研究人员对 IP 交换技术的投入，它将会越来越成熟，直到拥有自己的标准并得到广泛应用。

习　题

1. 简述电话交换的发展过程、现状和趋势。

2. 何谓程控交换？简述数字程控交换的原理和主要优点。

3. 试从 T 接线器和 S 接线器的原理出发，说明为什么 T 接线器可以单独使用，而 S 接线器却不能，进而说明引入 S 接线器的目的。

4. 有一 T 接线器如图 3.24 所示，其话音存储器有 128 个单元，控制方式为控制写入，顺序读出。现要求把输入复用线中 TS_5 的信息 A 交换到输出复用线的 TS_{10}，并把输入复用线 TS_{20} 的信息 B 交换到输出复用线的 TS_5，试在图中"?"处填上适当的数字和字母(信息)。

5. 一个 S 接线器如图 3.25 所示，有输入、输出复用线各 8 条，每条复用线上均有 256 个时隙。控制存储器采用输入控制方式(见图)。现要求 TS_6 接通 A 点，TS_{12} 接通 B 点，试在图中"?"处填入相应的数字(或符号)。

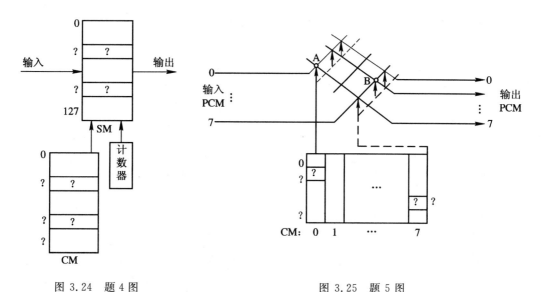

　　　图 3.24　题 4 图　　　　　　　　　　　　　图 3.25　题 5 图

6. 试简述程控交换机在本局通话时的呼叫处理过程。

7. 简述程控交换系统的控制方式和基本结构。

8. 分组交换的主要优点是什么？简述分组交换的工作过程和其复用传输方式的基本原理。

9. 何谓统计时分复用？在分组交换中，统计时分复用是如何实现的？

10. 简述分组的形成和传输的过程。

11. 何谓虚电路？虚电路的主要特点是什么？

12. 在分组交换中，分组的交换主要有虚电路方式和数据报方式，试分析两者的异同。

13. 在分组交换中，路由选择的方法主要有哪些？试简述它们的特点。

14. 指出虚电路和逻辑信道的区别，理解并解释它们的不同意义。

15. 设有一台普通 PC 机要构成一台分组终端，应如何实现？构成分组终端的通信接口板可由两种方式实现，试简述这两种方式，并分析各自的主要特点。

16. 帧中继的主要特点和应用是什么？

17. 简述 ATM 传输方式的基本特点。

18. 简述 ATM 业务的分类及各类业务的基本特点。

第 4 章　数字通信系统概述

4.1　数字通信系统模型

4.1.1　数字通信系统模型结构

通信就是信息的传递。用以完成信息传递整个过程的通信系统是由一整套技术设备和传输媒质所构成的总体。在第 1 章我们已经讲过，就信号的传递方式，通信系统可分为两大类，即模拟通信系统和数字通信系统，我们这里主要讲数字通信系统。

完成数字信号产生、变换、传递及接收全过程的系统称之为数字通信系统。数字通信系统的模型可用图 4.1 来描述。

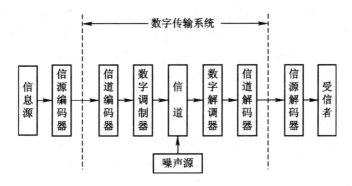

图 4.1　数字通信系统

图 4.1 中，信息源是信息或信息序列的产生源。它泛指一切发信者，可以是人也可以是机器。他(它)们可以产生诸如声音、数据、文字、图像、代码等电信号。

信源编码的主要功能是把人的话音以及机器产生的如文字、图表及图像等模拟信号变换成数字信号，即所谓的模/数(A/D)变换。信源和信源编码可设在同一物理体内，也可以分设。如现在的一般电话用户输出话音模拟信号(300～3400 Hz)，通过用户线送到数字程控交换局，通过话路模块(PCM 单路编译码器)变换成 64 kb/s 的数字信号，再进行时隙交换。(如数字电话机的信源输出就是数字信号，计算机输出的是数字信号等，则无需信源编码，此时，就可省去信源编码部分。)

信道编码：在完成多路数字信号复接为宽带数字信号之后，把此宽带数字信号送到传输的信道中去。根据各种传输信道的特性及对传输数字信号的要求(如有一定纠错能力、减少误码、从信号中提取时钟等)，将信号变换成所需的传输码型的过程称之为信道编码。如 PCM 基带传输码型 HDB_3 码，光纤传输码型 NRZ 码、5B6B 码、4B1H 码等。

数字调制：根据信道媒质特性，对编码后的数字信号还要经调制后再送入信道中，如光纤信道中的光调制。在无线传输中，根据传输的数字速率、边带利用率、功率利用率及误码率、设备的复杂程度等，可采用数字频移键控（FSK）、相移键控（PSK）、幅移键控（ASK）及组合变换等各种数字调制方式。

信道：指传输信号的通道。根据信号特性，信道可分为模拟信道和数字信道；根据传输媒质的不同，可分为有线信道（明线、电缆、光纤信道等）和无线信道（短波电离层、散射信道、微波视距信道和卫星远程自由空间恒参信道）。在以上信道中，明线和电缆可用来传输速率低的数字基带信号，其他信道均要进行数字调制。数字信号只经信道编码而不经调制就可直接送到明线或电缆中去传输。我们把不经调制的数字信号称为数字基带信号，把数字基带信号直接送到信道中传输的数字通信方式称为基带传输方式。经调制后的数字信号称为数字频带信号，把调制后的数字频带信号送到信道中传输称为数字频带传输。

根据现在接入网的定义，用户与交换机之间的所有机线设备称之为用户接入网。我们把信源（信源编码）与信道编码（交换节点）之间的传输称为接入信道。接入信道也可分为有线和无线两类信道，此信道的显著特点是，突出了终端业务是业务提供点与最终用户之间的连接网络。

这里讲的信道，主要是指长途或市话中继传输的数字信号通道。在信号长途传输时，到达收端的信号总是不理想的，因为信道本身有频率响应特性及衰减，信号在传输时会受到信道的干扰和噪声的影响。人们长期以来在研究、探讨并采取各种措施使其衰减、干扰及噪声降到最低限度。其中，一是采用数字信号传输——数字通信，它具有抗干扰性强、噪声不积累等优点；二是研究特性优良的传输信道，采用传输频带宽、衰减小、抗干扰性强的信道。现在广泛应用光纤信道以及远程自由空间恒参信道（卫星通信信道）等来改善信道质量。

数字解调，即完成从数字频带信号中恢复出原来的宽带数字信号，再经信道解码和码型反变换后分离成数字基带信号的过程；也可以是经信源解码，即 D/A 变换，还原为原始模拟用户信号或分路数字信号（不经信源解码，如计算机信号等）的过程。数字解调的收端技术与设备是相应发端技术与设备的逆变换。

4.1.2　数字通信系统的主要性能指标

1. 数字传输系统传输速率

1）信息传输速率

信息传输速率，是指在单位时间（每秒）传送的信息量。信息量是消息多少的一种度量，消息的不确定程度愈大，则其信息量愈大。在信息论中，对数字传输信息量的度量单位为"比特"，即一个二进制符号（"1"或"0"）所含的信息量是一个"比特"。所以，数字信号信息传输速率单位是比特/秒（b/s），一般用 f_b 或 f_B 来表示。如一个数字通信系统，它每秒钟传输 $2048×10^3$ 个二进码元，则它的信息传输速率为 $f_B=2048×10^3$ b/s。信息传输速率的单位有 b/s、kb/s、Mb/s、Gb/s、Tb/s。

2）码元（符号）传输速率

码元传输速率即符号传输速率，又称信号速率。它是指单位时间（每秒）所传输的码元数目,其单位称为波特。这里的码元一般指多进制,如二进制、四进制等,它和信息速率是有区别的,码元速率可折合为信息速率进行计算。其转换公式为

$$f_B = N \text{ lb } M \tag{4.1.1}$$

式中:f_B 为信息传输速率(二进制传输速率);N 为波特数(消息速率);$\text{lb} = \log_2$,lb 是 $\log_2$ 的符号表示;M 为符号进制数(码元进制数)。

这里应注意,M 为二进制时波特率与信息率在数值上是相等的,但两者概念是有区别的。

2. 误码

1)误码概念

在数字通信中用的是脉冲信号,即用"1"和"0"携带信息。由于噪声、串音及码间干扰或其他突发因素的影响,当干扰幅度超过脉冲信号再生判决的某一门限值时,将会造成误判,成为误码,如图 4.2 所示。

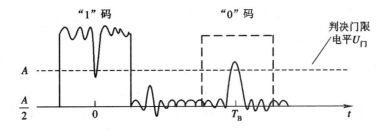

图 4.2　噪声叠加在数字信号上的波形

在传输过程中受干扰(叠加了噪声)数字信号在判决点处会出现两种情况。以单极性信号为例:可能把"1"码误判为"0"码,称为减码,也可能把"0"码误判为"1"码,称为增码。无论是增码还是减码,都称为误码,误码用误码率来表征,定义为:数字通信系统中在一定统计时间内,数字信号在传输过程中产生错误的码元数与传输的总码元数之比,用符号 P_e 表示。

$$P_e = \lim_{n \to \infty} \frac{\text{产生错误的码元(个数)}}{\text{传输的总码元(个数)}} \tag{4.1.2}$$

它是统计平均值,即称为平均误码率。

2)误码积累

在实际的数字通信系统中,含有多个再生中继段,上面讲的误判产生的误码率是指在一个中继段内产生的,当它继续传到下一个中继段,也有可能再产生误判,但这种误判把原来误码纠正过来的可能性极少。因此,一个传输系统的误码率应与每个再生中继段的误码率相关,即具有累积特性。如一个传输系统有 m 个再生中继段,则总误码率为

$$P_{eB} = \sum_{i=1}^{m} P_{eB_i} \tag{4.1.3}$$

式中:P_{eB} 为总误码率;i 为再生中继段序号;P_{eB_i} 为第 i 个再生中继段的误码率。

当每个再生中继段的误码率相同,即都为 P_{eB_i} 时,则 m 个再生中继段的误码率为

$$P_{eB} \doteq m P_{eB_i} \tag{4.1.4}$$

3. 抖动

1) 抖动概念

所谓抖动，是指在噪声因素的影响下，数字信号的有效瞬间相对于应生成理想时间位置的短时偏离。一般把抖动称为相位抖动或定时抖动。它是数字通信系统中数字信号传输的一种不稳定现象，也即数字信号在传输过程中，造成的脉冲信号在时间间隔上不再是等间隔的，而是随时间变化的一种"脉冲抖动"现象，如图 4.3 所示。

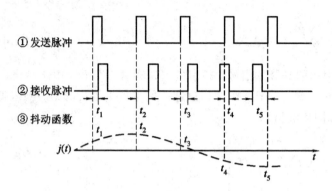

图 4.3　脉冲抖动的意义

抖动是由于噪声，定时恢复电路调谐不准，系统复用设备的复接、分接过程中引入的时间误差，以及传输信道质量变化等多种因素引起的。当多个中继站链接时，抖动会产生累积，会对数字传输系统产生影响，因此，一般都有规定的限度。

2) 抖动容限

抖动容限一般是用峰—峰抖动 J_{p-p} 来描述的。它是指某个特定的抖动比特的时间位置相对于该比特抖动时的时间位置的最大部分偏离。

设数字脉冲一比特宽度为 T，偏离位置用 $\Delta\tau$ 表示，则抖动容限为 $\dfrac{\Delta\tau}{T}\times100\%$（UI）。如果产生一比特的偏离，即为 $1\ \mathrm{UI}(100\%\mathrm{UI})$。

抖动对各类业务的影响不同，例如在传输话音和数据信号时，系统的抖动容限一般小于等于 $4\%\mathrm{UI}$。由于人眼对相位变化的敏感性，对用数字系统传输的彩色电视信号，其系统抖动的容限一般小于等于 $0.2\%\mathrm{UI}$ 或者要求更严。抖动容限随数字信号传输的比特速率高低及对不同的数字系统要求而有区别。

4.2　数字复接技术

4.2.1　数字多路通信原理

1. 数字多路通信的理论基础

数字多路通信也叫做时分多路通信，所谓时分多路通信，是利用多路信号（数字信号）在信道上占有不同的时间间隙来进行通信的。多路通信的基础源于数学上信号的正交性：

$$F = \int_{t_1}^{t_2} f_1(t) \cdot f_2(t)\, \mathrm{d}t = 0 \qquad (4.2.1)$$

对于不是连续的信号，如时分制中的脉冲信号，只能用离散和来代替以上积分，即

$$R(T) = \sum_{t=0}^{T_0} f_1(t) \cdot f_2(t) \qquad (4.2.2)$$

这里的 $f_1(t)$、$f_2(t)$ 为周期性的矩形脉冲信号，如图 4.4 所示。它们的周期是相同的，都为 T_0，但在周期内出现的时间不同，即在 $t=0$ 时 $f_1(t)=A$，$f_2(t)=0$；到 $t=t_1$ 时 $f_1(t)=0$，而 $f_2(t)=A$，其中，t_1 是 $f_1(t)$ 脉冲的持续时间。根据离散和计算有

$$R(T) = [f_1(t) \cdot f_2(t)]_0^{t_1} + [f_1(t) \cdot f_2(t)]_{t_1}^{t_2}$$
$$+ [f_1(t) \cdot f_2(t)]_{t_2}^{t_3} + [f_1(t) \cdot f_2(t)]_{t_3}^{t_0}$$
$$= 0 \qquad (4.2.3)$$

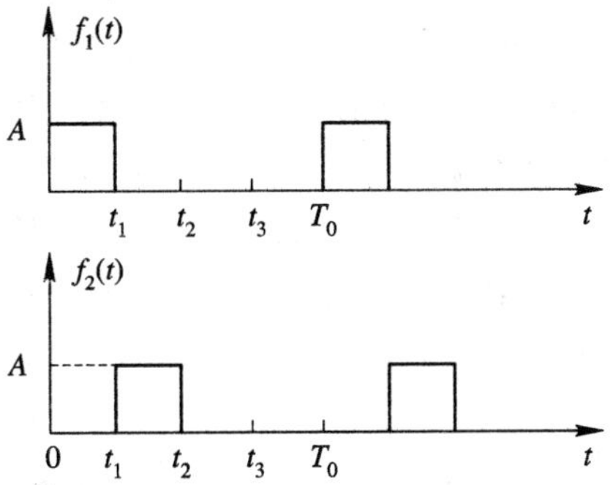

图 4.4　脉冲信号的正交

这说明 $f_1(t)$ 和 $f_2(t)$ 是符合正交条件的，如果在时间 $t=t_2$，$t=t_3$ 时还相继有 $f_3(t)$、$f_4(t)$，且脉冲周期与宽度均与前相同，则它们之间相互均为正交，利用这种脉冲信号正交性就可实现时分多路通信。

2. 数字多路通信模型

如第 2 章 PCM 脉冲编码技术所述，由抽样定理把每路话音信号按 8000 次/s 抽样，对每个样值编 8 位码，那么第一个样值到第二个样值出现的时间，即 $\frac{1}{8000}$ s($=125\ \mu s$)，称为抽样周期 $T(=125\ \mu s)$。在这个 T 时间内可间插许多路信号直至 n 路，这就是时间的可分性（离散性），就能实现许多路信号在 T 时间内的传输。其多路通信模型如图 4.5 所示。

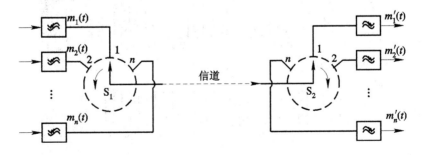

图 4.5　时分多路复用示意图

采用单片 PCM 编/解码器把每路话音信号经抽样编码变为数字信号，利用时间间隙合路后送到收端，经分路解码后还原为每个话路信号。

需要注意的是，为了保证发、收两端正常通信，两端的旋转开关 S_1、S_2 的起始位置和旋转速度要完全相同。即发端旋转开关 S_1 连接第一路时，收端旋转开关 S_2 也必须连接第一路；否则，收端收不到本路信号，这就是所谓的数字通信中的同步问题。

在图 4.5 中所示的旋转开关(S_1、S_2)旋转一圈即为一个周期，对 PCM 单路编/解码技术而言，这个周期为取样周期 $T(=125\ \mu s)$，即某一路样值数字信号(编出的 8 位码)到此路第二个样值数字信号再出现的时间。同理，收端也必须是 $T=125\ \mu s$，即同频(时钟信号一样)而且必须同相，也即发端第一路样值数字信号要对应收端此路样值的数字信号。

4.2.2　数字信号复接技术

数字复接，就是利用时间的可分性，采用时隙叠加的方法把多路低速的数字码流(支路码流)，如图 4.6(a)所示，在同一时隙内合并成为高速数字码流的过程。

数字复接主要有：按位复接、按字复接、按帧复接等各种方式。按一个码位时隙宽度进行时隙叠加称为按位复接，如图 4.6(b)所示。在一个码位时隙中叠加了四个码位，其每位码宽度减小到原来的 1/4，其码率提高了四倍。图 4.6(c)所示为按字复接，一般一个码字在 PCM 中即为一个抽样值所编的 8 位码，因此一个码字通常称为 8 位码。在一个码字宽度里将四个码字叠加在一起，其每个码字时间宽度减小到原来的 1/4，码率提高了四倍。

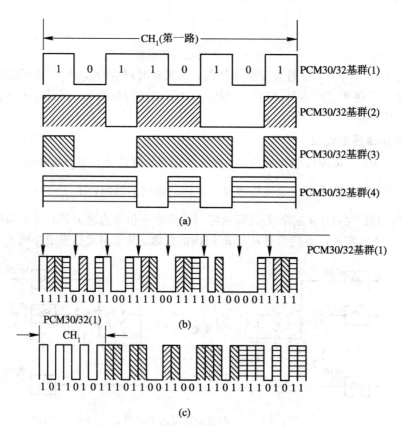

图 4.6　按位复接和按字复接示意图

(a)一次群(基群)；(b)二次群(按位数字复接)；(c)二次群(按字数字复接)

由此可见，采用时隙叠加使原来每位码或每个码字宽度缩小，即码率提高，实现了低速率的数字码流变为高速率的数字码流，由于 $f=1/T$，T 减小则 f 提高。在数字复接中不是简单地把数字码流安排在时隙中，还必须考虑数字通信中的同频、同相管理联络，收端准确接收等问题，即复接要有一定的数字信号结构——帧结构。

4.3　数字传输信号帧结构

数字信号在传输中都是无穷无尽的码流，这些码流究竟如何区别呢？在数字信号（支路信号）复接（合路）为高速数字码流时，在接收端如何辨认各支路信号的码元呢？这就是数字通信传输中必须要按规定的单元结构——帧结构进行传输。帧结构一般都采用由世界电信组织建议的统一格式，为保证数字通信系统正常工作，在一帧的信号中应有以下基本信号：

(1) 帧同步信号（帧定位信号）及同步对告信号；

(2) 信息信号；

(3) 其他特殊信号（地址、信令、纠错等信号）；

(4) 勤务信号。

这些信号中帧同步信号是最为重要的信号，如信号不同步则通信无法进行。帧同步信号是由一定长度的，满足一定要求的特殊码型构成的码组，可分散或集中地插入码流中。如系统失步则安排有失步对告信号。

信息信号是通信中传输的主要内容，它在帧内占的比例标志着信道的利用率，所以总是希望此信号在帧中占有较高比例。

特殊信号是指信令信号、纠错信号、加密信号、管理信号和调整指令比特等其他特殊用途的信号。

勤务信号包括了监测、告警、控制及工作人员勤务联系信号等。

根据原 CCITT 建议，我国数字通信系统传输主要有以下几种帧结构。

4.3.1　PCM30/32 路基群帧结构

CCITT G7.32 协议中指出了两种最基本的数字基群系列：一种是 PCM30/32 路系统一次群（我国及欧洲采用），一种是 PCM24 路系统一次群（日本、美国等采用）。这里主要讲述我国采用的 PCM30/32 路系统帧结构。

CCITT G7.32 协议 PCM30/32 路系统帧结构如图 4.7 所示。从图中看出，一帧的时间为一周期 T，即为 PCM 单路信号抽样周期 125 μs，每帧由 32 个路时隙 $TS_0 \sim TS_{31}$ 组成（每个时隙有 8 位码 $a_1 a_2 a_3 \cdots a_8$，即一个码字），话路占 30 个时隙，同步和信令各占一个时隙，所以称之为基群 30/32 路系统（30 表示一帧的话路数，32 表示一帧的时隙数）。

时隙信号作如下安排：

1) 30 个话路时隙：$TS_1 \sim TS_{15}$，$TS_{17} \sim TS_{31}$

$TS_1 \sim TS_{15}$ 分别传送 $CH_1 \sim CH_{15}$ 路的话音数字信号，$TS_{17} \sim TS_{31}$ 分别传送 $CH_{16} \sim CH_{30}$ 路的话音数字信号。每路即一个样值的 8 位码（一个码字）。

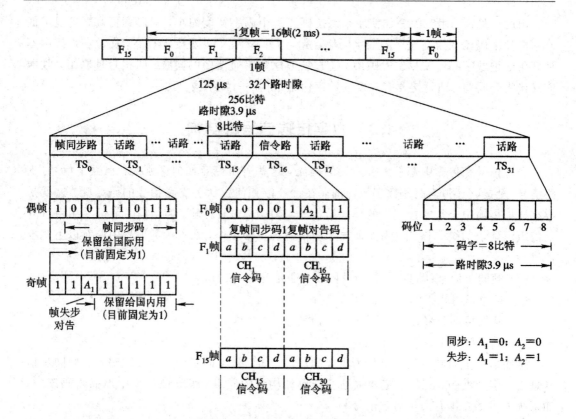

图 4.7　PCM30/32 制式帧结构

2）帧同步时隙：TS_0

偶帧 TS_0 发送帧同步码 0011011；奇帧 TS_0 传送帧失步告警码。

具体安排为：偶帧 TS_0 8 位码中的第一位码 a_1 用来作帧校核码，后 7 位安排为同步码 {0011011}。奇帧 TS_0 时隙的 8 位码中的第一位码 a_1 留给国际用，通常不用时为 1；第二位码 a_2 固定为 1，作监视码用；第三位码 a_3 用 A_1 表示，即帧失步时间向对端发送的告警码，当帧同步时 A_1 为"0"码，当帧失步时 A_1 为"1"码，以便告诉发端，收端已经出现帧失步，无法正常工作。奇帧余下的五位码（$a_4 \sim a_8$）保留给国内用，可供安排传送其他信息，未使用时可都暂固定为"1"码。这样，奇帧 TS_0 时隙的码字为 {11$A_1$11111}。

3）信令复帧时隙：TS_{16}

一个信令复帧共有 16 帧（$F_0 \sim F_{15}$）。其中，F_0 帧的 TS_{16} 时隙传送复帧同步码与复帧失步告警码。$F_1 \sim F_{15}$ 帧的 TS_{16} 时隙分别传送 30 个话路的信令码，如果多个基群的信令共用一个信令通道，则称为共路信令（No.7 信令），当采用公共信道信令时此时隙要重新设计。

为保证数字信号按帧结构安排位置进行传输，各位码的固定时间关系必须由定时系统来保证。其时间关系如下：

每一路时隙 t_c 为

$$t_c = \frac{T}{n} = \frac{125\ \mu s}{32} = 3.9\ \mu s \tag{4.3.1}$$

码字位数 $L=8$，故每一位时隙 t_B 为

$$t_B = \frac{t_c}{L} = \frac{T}{nL} = \frac{125\ \mu s}{32 \times 8} = 0.488\ \mu s \tag{4.3.2}$$

数码率

$$f_B = \frac{1}{t_B} = \frac{nL}{T} = n \cdot L \cdot f_s = 32 \times 8 \times 8000 = 2048\ kb/s \tag{4.3.3}$$

因此，现在一般称这种帧结构的速率接口为 2 Mb/s 速率接口。帧结构中必须有话路时隙脉冲、帧同步时隙脉冲以及信令复帧脉冲等信号，这些信号可由时钟脉冲分频获得。

PCM 基群 30/32 路系统方框图，即 2M 接口结构方框图如图 4.8 所示。

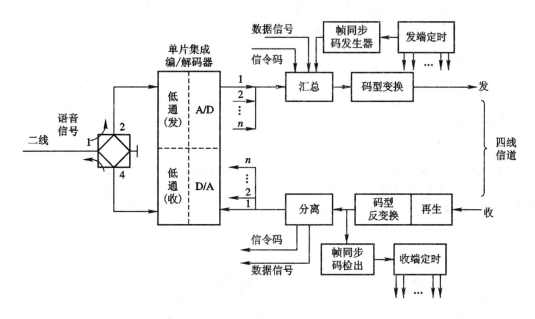

图 4.8　PCM30/32 路系统方框图

4.3.2　准同步数字复接(PDH)系列帧结构(以 PCM30/32 路为基础)

1. 准同步复接(PDH)系列

根据不同需要和不同传输介质的传输能力，要有不同的话路数和不同的速率复接形成一个系列，由低向高逐级进行复接，这就是数字复接系列。倘若被复接的几个支路(低等级支路信号)是在同一高稳定的时钟控制下，它们的数码率是严格相等的，即各支路的码位是同步的。这时，可以将各支路码元直接在时间压缩、移相后进行复接，这样的复接称为同步复接。4.3.3 节讲述的 SDH 就是这种复接方式。

倘若被复接的支路不是在同一时钟控制下，各支路有自己的时钟，它们的数码率由于各自的时钟偏差不同而不严格相等，即各支路码位是不同步的。在这种情况下，在复接之前必须调整各支路码速，使之达到严格相等，这样的复接称为异步复接，也称为准同步数字复接(PDH 系列)，而且它们是按位复接(逐位码进行叠加)的。

国际上主要有两大系列的准同步数字复接系列(PDH 系列)，经 CCITT 推荐，两大系列有 PCM 基群 24 路系列和 PCM 基群 30/32 路系列。作为第一级速率接口通常称为

1.5 M和 2 M 接口速率。两类速率复接系列如表 4.1 所示。

表 4.1 两类速率复接系列比较表

	一次群（基群）	二次群	三次群	四次群
北美	24 路 1.544 Mb/s	96 路 (24×4) 6.312 Mb/s	672 路 (96×7) 44.736 Mb/s	4032 路 (672×6) 274.176 Mb/s
日本	24 路 1.544 Mb/s	96 路 (24×4) 6.312 Mb/s	480 路 (96×5) 32.064 Mb/s	1440 路 (480×3) 97.728 Mb/s
欧洲 中国	30 路 2.048 Mb/s	120 路 (30×4) 8.448 Mb/s	480 路 (120×4) 34.368 Mb/s	1920 路 (480×4) 139.264 Mb/s

2. 2.048 Mb/s 速率接口的（PDH）复接系列二次群帧结构

由于参加复接的各低次群（支路）采用各自的时钟，虽然其标称速率相同（2.048 Mb/s），但由于时钟允许偏差 $\pm50\times10^{-6}$（即 ±100 b/s），而各支路偏差不相同，因此各支路的瞬时数码率会不相同。另外，在复接成高次群时还要有同步插入比特、对告信号比特等，因此在复接时首先要进行码率调整，使各支路码率严格相等（同步）后才能进行复接（汇接或称合成）。其方法如图 4.9 所示。

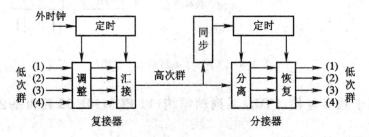

图 4.9 数字复接示意图

在每支路复接时码率究竟如何调整呢？CCITT 推荐的速率系列 PDH 二次群速率为 8.448 Mb/s。CCITT G.742 推荐的正码速调整（增加码位）准同步复接系列 PDH 二次群的帧结构中各支路的比特安排如图 4.10(a)所示，它的复接帧如图 4.10(b)所示，帧长为 848 比特，帧周期为 100.38 μs。如上节所述，各支路复接时速率调整一样，则每支路子帧即为 212 比特。由各低次群 2048 kb/s 复接为 8448 kb/s，则各支路要调整为 2112 kb/s，每秒内各支路（低次群）插入 64 kb/s 的码位。

按帧结构安排，在每支路（子帧）为 212 比特中要插入同步码、监测、告警及速率调整等码位。因此，在复接前的各支路子帧的码位安排如图 4.10(a)所示。把各支路子帧 212 比特分为 4 组，每组为 53 比特，每支路（子帧）所含非信息比特，包括安排在各支路的帧同步码、告警、备用码位 F_{ij}（其中 i 为支路编号，j 为 F 的码位编号，如安排在第一支路第一组前 3 位为 $F_{11}F_{12}F_{13}$，4 个支路共计 12 位），用于码率调整的塞入标志 C_{ij}（其中 i 为支路编号，j 为 C 的码位编号，安排在各支路的 Ⅱ、Ⅲ、Ⅳ 组的第一组，如 $C_{11}C_{12}C_{13}$ 分别安排在第一支路第 Ⅱ、Ⅲ、Ⅳ 组的第一位），塞入脉冲 V_i（i 为支路数）。安排 V_i 每支路的第 Ⅳ 组的第二位，该位在需要提高支路码率时为塞入脉冲，这时 $C_{11}C_{12}C_{13}$ 为{111}；在不需要提高支路码率时仍为信息码，相应的 $C_{11}C_{12}C_{13}$ 为{000}。采用三位标志码 C_{ij} 便于多数判决以决定分接时"去塞"与否，其正确判断的概率为

$$3P_e(1-P_e)^3 + (1-P_e)^3 = 1 - 3P_e^2 + 2P_e^3 \qquad (4.3.4)$$

当误码率 $P_e = 10^{-3}$ 时，正确判断的概率为

$$1 - 3 \times 10^{-3} + 2 \times 10^{-9} = 0.999\,997$$

以上。倘若只用一位标志码，正确判断的概率为 $1-P_e$，即当 $P_e = 10^{-3}$ 时，是 $1-10^{-3} = 0.999$。

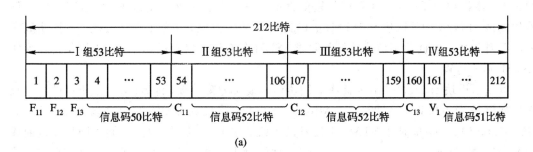

(a)

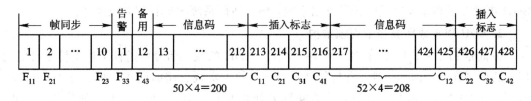

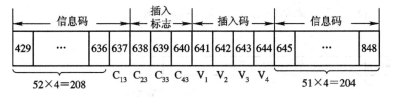

(b)

图 4.10 异步复接二次群帧结构

(a) 基群支路插入码及信息码分配；(b) 复接帧结构

从帧结构图中知，四个支路子帧按位复接如图 4.10(b)所示，$F_{11}F_{21}F_{31}F_{41}\cdots F_{33}F_{43}$ 共 12 比特。前 10 比特为帧同步码，码型为 1111010000；后两位 $F_{33}F_{43}$ 作为对端告警和备用。$C_{11} \sim C_{41}$，$C_{12} \sim C_{42}$，$C_{13} \sim C_{43}$ 是各基群支路的插标志；$V_1V_2V_3V_4$ 为插入码脉冲位。每个支路的信息码位为 205 或 206（未插入时），一帧中共有信息码位为 820～824 位。

PDH 接口速率、码型如表 4.2 所示。

表 4.2 PDH 接口速率、码型表

群路等级	一次群（基群）	二次群	三次群	四次群
接口速率/(kb/s)	2048	8448	34 368	139 264
接口码型	HDB$_3$	HDB$_3$	HDB$_3$	CMI

4.3.3 同步数字复接(SDH)系列帧结构

1. 同步数字复接系列 SDH

随着人们日常生活工作对通信的要求越来越高，因此通信容量越来越大，业务种类越来越多，传输的信号带宽越来越宽，数字信号传输速率越来越高。这样便会使 PDH 复接的层次越来越多，而在更高速率上的异步复接/分接需要采用大量的高速电路，这会使设备的成本、体积和功耗加大，而且使传输的性能恶化。为了完成更高速率、更多路数数字信号的复接，国际 CCITT（后改为 ITU-T）提出 G.707 协议，规范了国际上统一的同步数字复接系列 SDH。根据数字信号传输的要求，SDH 是有统一规范的速率，它以同步传输模块（STM）形式传输。

以基本模块 155.520 Mb/s 速率的同步传输模块为第一级，即 STM-1。更高的同步数字系列信号为 STM-4（622.080 Mb/s）、STM-16（2488.320 Mb/s）以及 STM-64（9953.280 Mb/s），即是用 STM-1 信号以 4 倍的字节（一字节 8 位码）间插同步复接而成为 STM-N(N=1，4，16，64，256，…)，这样大大简化了 PDH 系列的复接和分接，使 SDH 更适合于高速大容量的光纤通信系统，便于通信系统的扩容和升级换代。

2. SDH 同步数字复接系列帧结构

按世界 ITU-T 1995 年 G.707 协议规范，SDH 的数字信号传送帧结构安排尽可能地使支路信号在一帧内匀地、有规律地分布，以便于实现支路的同步复接、交叉连接、接入/分出（上/下——Add/Drop），并能同样方便地直接接入/分出 PDH 系列信号。为此，ITU-T 采纳了以字节（Byte）作为基础的矩形块状帧结构（或称页面块状帧结构），如图4.11 所示。

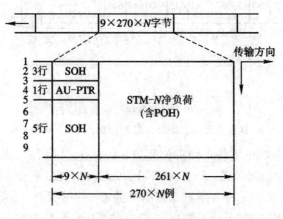

图 4.11 SDH 帧结构

STM-N 的帧是由 9(行) 270×N(列)字节组成的码块，对于任何等级，其帧长（帧周

期)均为 125 μs。从图中可以看出,其每帧比特数为

$$9 \times 270 \times N \times 8 = 19\,440 \times N\ 比特$$

以 STM - 1 为例,帧结构每帧容量为 $9 \times 270 \times 1 = 2430$ 个字节;每帧比特数为 $9 \times 270 \times 8 = 19\,440$ 比特;帧周期为 125 μs;帧速率为 $1/125\ \mu s = 8000/s$。因而 STM - 1 传送码率为 $19\,440 \times 8000 = 155.520 \times 10^6$ b/s。

这种页面式帧结构好像书页一样,STM - 1 只有一页,STM - 4 有 4 页,…,STM - 1 由于只有一页,所以它的发送顺序就像读书一样从左向右由上而下传送,每秒传 8000 帧 (8000 页)。STM - 4 的传送方式与 STM - 1 有区别。因为 STM - 4 的每帧由 4 个页面组成,其传送方式依次为第一页的第一个字,第二页的第一个字,第三页的第一个字,第四页的第一个字;再传送第一页的第二个字,第二页的第二个字……从左到右由上而下传完一遍就传送完一帧,每秒传 8000 帧(32 000 页),速率比 STM - 1 高 4 倍,这种传送方式称为字节间插同步复接。

帧结构分为三个区域:信息净负荷(Paylead)区域、段开销(SOH)区域和管理单元指针 (AU - PTR)区域。

1) 信息净负荷区域

信息净负荷区域是帧结构中存放各种信息负载的地方。图 4.11 中横向$(270 - 9) \times N$,纵向第一行到第 9 行的 $2349 \times N$ 个字节都属此区域。对于 STM - 1 而言,它的容量大约为 150.336 Mb/s。其中,含有少量的通道开销(POH)字节,用于监视、管理和控制通道性能,其余荷载业务信息。

2) 段开销区域

段开销(Section Over Head)是 STM 帧结构中为了保证信息净负荷正常、灵活传送所必须的附加字节,是供网络运行、管理和维护使用的字节。帧结构的左边 $9 \times N$ 列 8 行(除去第 4 行)分配给段开销。对于 STM - 1 而言,它有 $8 \times 9 = 72$ 个字节,即 $72 \times 8 = 576$ 比特。由于每秒传送 8000 帧,因此共有 4.608 Mb/s 的容量用于网络的运行、管理和维护 (OAM)。

3) 管理单元指针区域

管理单元指针用来指示信息净负荷的第一个字节在 STM 帧中的准确位置,以便在接收端能正确地分接信息净负荷信号。在帧结构中第 4 行左边的 $9 \times N$ 列分配给指针用。对于 STM - 1 而言,它有 9 个字节(72 比特),采用指针方式可以使 SDH 在准同步环境中完成复用同步和 STM - N 信号的帧定位。这一方法消除了常规准同步系统中滑动缓冲器引起的时延和性能损伤。关于 SDH 系统将在后面进行具体分析。

4.3.4　交换以太网帧结构

1. 交换以太网技术

交换以太网技术(SWITCH)是在多端口网桥的基础上发展起来的,实现 OSI 模型的下两层协议,如图 4.12 所示,是当今 TCP/IP 采用的主要局域网技术。与传统的网桥相比,它能提供更多的端口、更好的性能、更强的管理功能以及更便宜的价格。目前很热的三层交换就是指具有部分路由器功能的交换机,即在局域网交换机上实现 OSI 参考模型的第三

层协议，实现简单的路由选择功能，从而加快大型局域网内部的数据交换，能够达到一次路由多次转发的目的。

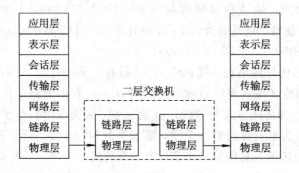

图 4.12 交换以太网技术在 OSI 模型中的位置

　　交换以太网用针对每个站点的专用网段取代了早期以太网的共享介质。这些网段连接到一台交换机，该交换机工作起来非常类似于网桥，但是它可以连接众多的单站点网段。今天的某些交换机可支持数百个专用网段。网段上的设备只有交换机和终端站点，因此站点发送的所有数据在到达另一个节点之前，交换机都可以首先得到它。然后，交换机会将该帧转发到相应的网段，这与网桥的作用一样，但是因为所有网段都只包含一个节点，所以只有目标节点能够接收到该帧。这样在一个交换网络上就可以同时进行许多对话。现代以太网的拓扑结构如图 4.13 所示。

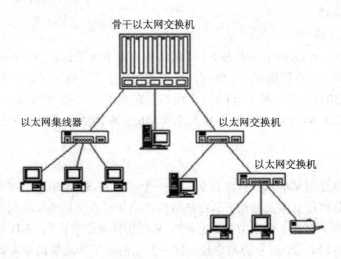

图 4.13 现代以太网拓扑结构示意

　　以太网采用共享信道的方法，即多台主机共用一个信道进行数据传输。为了解决多个计算机的信道征用问题，以太网采用 IEEE802.3 标准规定的 CSMA/CD（载波监听多路访问/冲突检测）协议，它是控制多个用户共用一条信道的协议。CSMA/CD 工作在 OSI 的第二层（数据链路层），它的工作原理是：节点发送数据前先侦听信道是否空闲，若信道空闲，则立即发送数据；若信道忙碌，则等待一段时间至信道中的信息传输结束后再发送数据；若在上一段信息发送结束后，同时有两个或两个以上的节点都提出发送请求，则判定为冲突。若侦听到冲突，则立即停止发送数据，等待一段随机时间后再重新尝试。

2. 交换以太网帧结构

以太网采用广播机制，所有与网络连接的节点都可以看到网络上传递的数据。通过查看包含在帧中的目标地址，确定是否进行接收或放弃。如果证明数据是发给自己的，节点将会接收数据并传递给高层协议进行处理。以太网的帧是数据链路层的封装，网络层的数据包被加上帧头和帧尾成为可以被数据链路层识别的数据帧（成帧）。虽然帧头和帧尾所用的字节数是固定不变的，但依被封装的数据包大小的不同，帧的长度也在变化，包括 8 字节的前导字，其范围是 72～1526 字节。以太网 IEEE802.3 帧结构如图 4.14 所示，主要由前同步码、目的地址、源地址、类型/长度、数据、帧检测序列（FCS）组成。

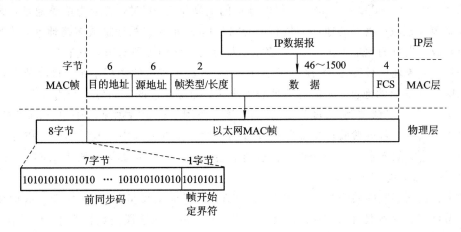

图 4.14　以太网 IEEE802.3 帧结构

以太网帧的头部包含 4 个字段，64 比特前同步码含有交替的"0"和"1"信号，它允许接收方的硬件用这些信号来同步。以太网使用 48 比特的编址方式，使每个出厂的设备获得唯一的物理地址（MAC 地址），标明目的地址的字段包含了帧要发送的目标站点的物理地址；标明源地址的字段包含了发送帧的站点地址。头部的第四个字段包含一个 16 比特的以太网类型/长度。

将所有字段（不包括 8 字节前同步码）的长度加起来可以得到以太网帧的最大长度为1518 字节，最小长度则为 64 字节。这样长度的帧能够保证所有冲突都能检测到。因为IEEE802.3 标准中对于两个站点的最远传输距离要求小于 2500 m，由 4 个中继器连接而成，其冲突窗口为 2 倍电缆传播延迟与 4 个中继器的双向延迟之和，合计为 51.2 μs。对于10 Mb/s 的传输速率，这个时间段等于发送 64 字节（即 512 比特）的时间。这就是IEEE802.3 标准中最小帧长度为 64 字节的来由。随着网络传输速率的成倍增长，必须增大最小帧长度或减小电缆最大长度。千兆位以太网中采取一些处理技术，一方面使之与10 Mb/s 和 100 Mb/s 的以太网兼容，另一方面使节点间的最大距离仍保持在 2500 m。

IEEE802.3 以太网帧发送顺序从前同步码开始，每个字节从最低位开始发送。帧从节点的物理接口发送出来后，通过传输介质传输到目的端。共享网络中，这个帧可能到达多个节点。节点检查帧头中的目的 MAC 地址，如果目的 MAC 地址不是本机 MAC 地址，也不是本机侦听的组播或广播 MAC 地址，则主机会丢弃收到的帧。如果目的 MAC 地址是本机 MAC 地址，则接收该帧，检查帧校验序列（FCS）字段，并与本机计算的值对比来确定帧在传输过程中是否保持了完整性。如果帧的 FCS 值与本机计算的值不同，主机会认为帧已被破坏,并会丢弃该帧。如果该帧通过了 FCS 校验,则主机会根据帧头部中的 Type(类型)字段来确定将帧发送给上层哪个协议处理。

IEEE802.3 以太网帧格式的基本特性如下:

前同步码:前同步码标示以太网帧的开始,长度为 8 字节。前 7 个字节为固定的 10101010…模式,该字段的曼彻斯特数据编码能够产生 10 MHz、持续时间为 5.6 μs 的脉冲方波,以便收、发方的时钟进行同步;后 1 字节为固定的 10101011 模式,最后两个比特位是 11,这两位中断了同步模式并提醒接收方后面跟随的是帧数据,标志帧数据的开始。

目的地址:目的地址长度为 48 比特(6 字节),该地址指出帧接收方的物理地址,即帧的接收者,如 00-13-d3-a2-42-a8。当目的地址的最高位为"0"时,表示为单播地址,该帧只被该地址节点接收;当目的地址的最高位为"1"时,表示为组播地址或多播地址,该帧被一组节点接收;当目的地址为全"1"时,表示广播地址,该帧被所有节点接收。

源地址:源地址长度为 48 比特(6 字节),是帧发送节点的物理地址。接收节点把该地址作为响应帧的目的地址,所以源地址必须唯一,即源地址的最高位必须为"0"。

帧类型/长度:帧类型/长度为 16 比特,该字段用于标识数据字段中包含的高层协议,也就是说,该字段告诉接收设备如何解释数据字段。在以太网中,多种协议可以在局域网中同时共存,例如该字段为 0x0800,表示网络层为 IP 协议;再如该字段为 0x8137,表示网络层为 NetWare 的 IXP 协议。

数据:数据字段的最小长度必须为 46 字节,以保证帧长至少为 64 字节,这意味着传输一字节信息也必须使用 46 字节的数据字段。如果填入该字段的数据少于 46 字节,则该字段的其余部分必须用"0"填充。数据字段的最大长度为 1500 字节。

帧检测序列:帧检测序列长度为 32 比特,该字段提供了一种错误检测机制,每一个发送节点均计算一个包括了地址字段、帧类型/长度字段和数据字段的循环冗余校验(CRC)码。发送节点将计算出的 CRC 填入 4 字节的 FCS 字段,接收节点收到数据帧后重新计算 CRC 并与 FCS 字段进行比较,用于检测传输中产生的的差错。

4.4　数字传输信号的处理

经过数字复接后数字终端设备送出的数字信号码流,如前面讲述,是以一定规律(按帧结构)输出的。这些信号要放到各种信道上去传输,还需要经过一系列的变换才能与信道特性、抗干扰能力匹配,达到最佳传输。

4.4.1　信道编码变换

前面已经讲述,PCM 基群(低次群)由终端机送出的码流,可不经调制在电缆上作短距离传输,我们称此为基带传输,在此信道上传输的数字信号称为数字基带信号。根据电缆信道的特点及传输数字信号的要求,要满足以下几个条件:

(1) 码型中,高、低频成分少,无直流分量。

(2) 在接收端便于定时提取。

(3) 码型应具有一定的检错(检测误码)能力。

(4) 设备简单、易于实现。

1. 不归零码和归零码

通常，常见的码型(脉冲波形)有不归零码(NRZ)和归零码(RZ)，对应波形及频谱如图 4.15 和图 4.16 所示。

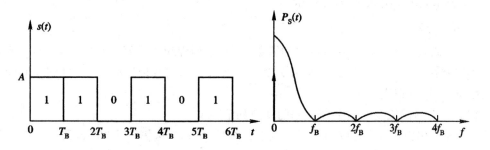

图 4.15　单极性不归零码及功率谱

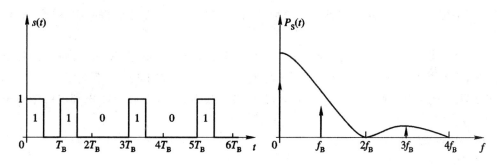

图 4.16　单极性归零码及功率谱

以上两种码型从频谱可以看出，显然不符合基带传输码型的条件，所以不能作基带传输码型。

2. 双极性半占空码(AMI)

AMI 码编码规律及频谱如图 4.17 所示。

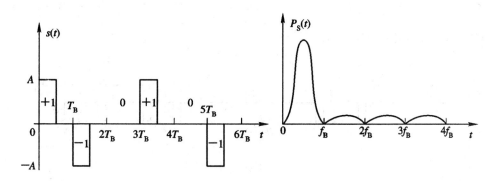

图 4.17　AMI 码及功率谱

编码规律：原码序列中的"0"码仍为"0"，原码序列中的"1"码则交替编为 $+1$ 和 -1。
从 AMI 码频谱可看出，此码无直流分量，高、低频分量少，该码虽无时钟频率成分，但经全波整流后为 RZ 码就含有 f_B 成分。另外，该码是传号"1"码极性交替，如果收端发现极性不是交替出现就一定出现了传输误码，因此可检出奇数个误码，即具有一定的检错能力。但码流中连零数过多时，AMI 码不利于定时提取。为了克服码流中连零数过多的问题，在数字基带传输中采用 HDB₃ 码。

3. HDB₃ 码

HDB₃ 码是三阶高密度双极性码的简称。HDB₃ 码保留了 AMI 码的所有优点，还可将连零码限制在三个以内，克服了 AMI 码如果长连零过多对提取定时不利的缺点。HDB₃ 码的功率谱与 AMI 码类似。

普通二进制码流变换为 HDB₃ 码的规律如下：

（1）在数码流中，当连续出现四个以上连续的"0"时，从第一个"0"起到四个连"0"中，最后一个"0"用"V"码取代，此位码称极性破坏点。

（2）各"V"码必须进行极性交替（为保证传号码极性交替不引入直流成分）。

（3）相邻"V"码间，前"V"码后邻的原传号码应与之符合极性交替原则（符合 AMI 码变换规律）。

（4）要使"V"码前邻一定出现一个与之极性相同的码位（满足"V"码为极性破坏点）。按前三步骤变换后也可能会出现与"V"码同极性的码，当没有出现时，就将四连"0"中的第一个"0"用 B 码取代，使 B 与它后邻的取代 V 码同极性（为了在收端能识别出哪个是取代码以便消除）。

我们举例说明如下：

原二进数字码流为

    1 0 0 0 0　1 0 1 1 0 0 0 0　0 0 0 0　0 1 1 1 0 1 0　0 0 0

HDB₃ 码：

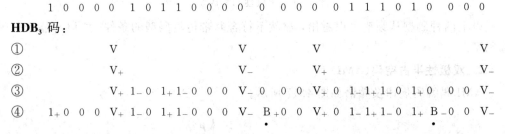

HDB₃ 码波形如图 4.18 所示。

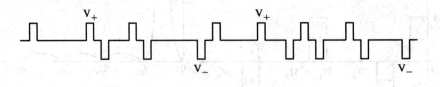

图 4.18　HDB₃ 编码波形

从图 4.18 可看出，当两取代节之间（两"V"码间）原传号码"1"为奇数个时，V 码前邻必然会出现一个与 V 码相同极性的码，这时四连"0"取代节为"000V"，当"1"码为偶数个时，第一个连"0"必然用 B 码取代，这时四连"0"取代节为"B00V"。

在收端进行 HDB₃ 解码，解码原则是在收到的码序列中检出相邻两个传号脉冲为同极性，则必然为取代节（无误码情况），若相邻同极性码间连"0"数为 3，则第一个同极性码为原传号码，解码时只将"V"码变为"0"；如两相邻同极性码间为两个连"0"时，则此两个连"0"前后原码均恢复为"0"，这样就能将 HDB₃ 码中四连"0"取代节取消，即完成 HDB₃解码。

CCITT 建议 HDB₃ 码为准同步数字体系基群、二次群、三次群数字端机接口码型。

4. CMI 码

准同步 PDH 四次群接口码型采用传号反转码(CMI)，主要适用于光纤通信系统传输。CMI 码编码规则如表 4.3 所示。

表 4.3　CMI 码编码规则

码流	0	1
CMI 码	01	00 或 11

CMI 码是一种二电平不归零码，如表 4.3 所示，原来码流中的"0"码编为"01"，"1"码编为"00"或"11"。如前一"1"码编为"00"，则后邻出现的"1"码则编为"11"，使传"1"码的"00"和"11"交替出现。"10"则为禁字不准出现，否则为误码。

光纤通信中还有其他码型，如 5B6B 码、4B3H 码等。在 SDH 中的数字码流为 NRZ码，但要经过扰码等处理后才进行光调制。

4.4.2　扰码与解扰码

在数字光纤及数字卫星通信等长途传输中，为了保证收端定时恢复，使原数字信息码流中限制"0"码或"1"码的长度，并使"1"与"0"出现的概率几乎相等，因此，在传输前先作随机化处理，变为随机序列，这种"随机化"处理称为扰码。

扰码能使数字传输系统对各种数字信号具有透明性，它不但能改善位定时恢复质量，减少线性漂移，而且起到信号频谱能量的扩散作用，并能改善帧同步和自适应时域均衡等性能，以及抑制静态图案抖动等。在 SDH 中用扰码器直接将 NRZ 码扰码，就不需再进行信道编码变换，而且设备简单。

扰码虽然"扰乱"了数字信息的原有形式，但这种"扰乱"是人为的，有规律的，它是容易解除的。在接收端将这种"扰乱"解除的过程称为"解扰码"，完成"扰码"和"解扰码"的电路相应地称为扰码器和解扰器。

扰码器原理实际上就是 m 序列与传输数字信息模 2 加，完成输入数字序列的扰乱，这样实现的扰码器原理框图如图 4.19(a)所示。由图可得扰码器输出序列 L_k 为

$$L_k = d_k \oplus C_1 L_{k-1} \oplus C_2 L_{k-2} \oplus \cdots \oplus C_n L_{k-n} \tag{4.4.1}$$

式中，d_k 为输入数字序列；C_n 为特征多项式的阶数，它决定了扰码器的反馈组合网络的构成。$C_n = 1$ 表示第 n 级有反馈，当 $C_n = 0$ 时，表示第 n 级无反馈。

在接收端要恢复出原始数字序列，需要一个结构与发端相同的 m 序列发生器与传输序列 L_k 模 2 加实现解扰，其原理方框图如图 4.19(b)所示。如图中所示，它与扰码器的反馈网络相对应，可得到解扰方程为

$$d_k = L_k \oplus C_1 L_{k-1} \oplus C_2 L_{k-2} \oplus \cdots \oplus C_n L_{k-n} \tag{4.4.2}$$

这样就还原了(恢复了)发端输入的数字序列。

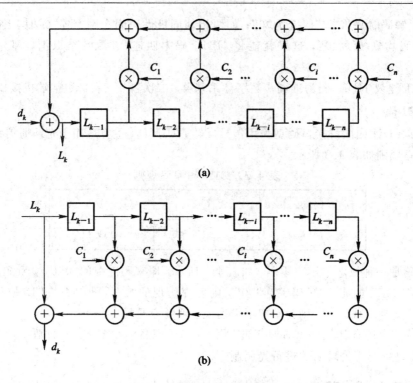

(a)

(b)

图 4.19 扰码器原理方框图

(a) 扰码器；(b) 解扰器

在光纤通信系统中，原 CCITT 正式推荐的统一码型是扰码 NRZ。为了保证扰码器产生的伪随机序列充分接近真正的随机序列，扰码器的级数应保证已扰序列的长度至少大于 50。由公式 $P=2^n-1$，使 $P=50$，扰码器要为 6 级($2^6-1=63$)以上才可，因此，在 SDH 系统中的 G7.09 协议采用 7 级扰码器，其扰码长度为 $2^7-1=127$，完全可以满足要求。7 级扰码器的生成多项式为 $1+x^6+x^7$，其扰码器功能框图如图 4.20 所示。

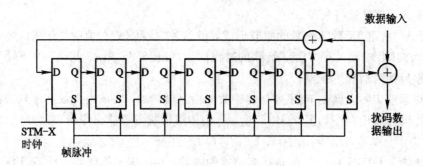

图 4.20 帧同步扰码器功能图

4.4.3 差错控制(纠错编码)

1. 差错控制基本概念

在数字信号传输过程中，由于信道受到噪声或干扰的影响，信号码元的波形传到接收端就可能会发生错误。为了把这些错误减少到预期要求的最低限度,人们在数字码流中加入了一些附加码元(称监督码元),并采用一种特殊的编码方式进行差错控制。我们把这种差错控制(特殊编码方式)称为"纠错编码",简称"纠错",把附加的码元的数目称冗余度。冗余度越多纠错能力越强,但这种纠错编码的纠错能力是以降低信息传输速率和信道传输效率作为代价换取的。

2. 差错控制编码基本原理

我们举例来说明纠错编码的基本原理。如用两位二进制码组 $2^2=4$ 可表示四种天气情况:00 晴,01 云,10 阴,11 雨,如果四组码中任意错一位码,则将一种天气变为另一种天气。如果把码组增加到 3 位 $2^3=8$ 构成码组来表示,则有

　　　　000 晴　　001 云　　010 阴　　011 雨

100、101、110、111 为禁字,在收端收到这四种码组则判为有错。若采用多数判决,3 中取 2,当收到 100 时,与晴比较只有第一位有错,后两位相同,与其他三种(云、阴、雨)比较有两位错,因而可把 100 判为晴。这样既能检出传输错误,同时也能对错一位(100→000)进行纠错。若错两位,则只能检错而不能纠错,这就是简单的纠错原理。在数字通信中,常采用分组码(如循环码、BCH 码等)来表示纠错编码。

一般分组码用符号 (n,k) 表示,其中,k 是每组码中信息码元数目,n 为码组的总位数,又称码组的长度(码长),附加码元数为 r,又称监督码元数。$r=n-k$,如用 a_i 表示码位,则纠错编码码组结构如图 4.21 所示。

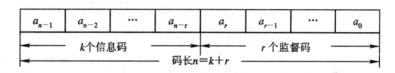

图 4.21　分组码结构图

3. 差错控制的编码方式

差错控制的编码方式一般分为三类,一类称为"反馈纠错",另一类称为"前向纠错",在此两类基础上派生出的第三类称为"混合纠错"。

1) 反馈纠错

采用某种编码方式传输的数字信号,在收端能检出一定程度的差错,反馈纠错就是使收端根据某种编码规律进行检验,当发现规律被打乱(破坏)时,立即向发端反馈信息要求重发信息码。反馈纠错主要有以下三类。

(1) 奇偶监督码。一般的奇偶监督码分两种,一种叫奇数监督,它的编码规则是在一个码组中使"1"的数目为奇数。在这种编码中,无论信息为多少位,监督码为 1 位,它使码组中"1"的个数为奇数。设码长为 n,则奇数监督编码应满足条件:

$$a_{n-1} \oplus a_{n-2} \oplus a_{n-3} \oplus \cdots \oplus a_1 \oplus a_0 = 1 \qquad (4.4.3)$$

其中,a_0 为附加的监督码位,如信息码中原"1"码为偶数,则 a_0 编为"1"码。例如,原码组共 14 位,原码组中"1"的个数为 6 个:10001011010010,如采用奇数监督码,则在 14 位后加一位 C_0 码,共 15 位:100010110100101,最后一位监督码为"1",使码组中"1"的个数为 7 个。在收端检验出码组为奇数个"1",判为正确,还原时去掉最后一位即可。

另外还有一种叫偶数监督，它与前一种完全相似，只不过使码组中"1"的位数为偶数。奇偶监督码只能检出一组码的错误，但不能确定哪一位发生错误。

(2) 行列监督码。行列监督码是在前面奇偶监督码基础上发展而来的。行列监督码是二维奇偶监督码，又称为矩阵码，它能用以纠正突发差错为目标的简单编码。矩阵码原理如图 4.22 所示。

图 4.22 矩阵码原理图

此矩阵中，×表示信息位，⊗表示监督位，它是以使每一行每一列"1"的个数为"奇数"或"偶数"的这种规律来进行检验的。

(3) 自动要求重发 ARQ(Antomatic Repeat Request)。自动要求重发是一种实用的反馈纠正方法，如图 4.23 所示。其纠错原理是在收端检验出有错码的情况下，自动通知发端重发(自动重发系统)。此种方法用在数据通信中，在光纤、微波、卫星等数字传输系统中采用。

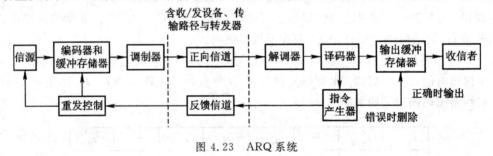

图 4.23 ARQ 系统

2) 前向纠错

前向纠错是在数字通信中采用某种特殊的编码方式，使其在接收端能检错并能纠正一定程度传输差错的、较复杂的编码方法。它不需要反馈信道也不需要反复重发来纠错，这对高速实时的数字信号传输有很大优越性，但技术和设备较复杂。前向纠错主要分为循环码和卷积码两类。

(1) 循环码。循环码是一种分组码，它是在严密的数学模型基础上建立起来的，它有三个主要的数字特征：

① 循环码的码组中，任意两个码组之和(模二加)必定为该码组集合中的一个码组。

② 循环码每个码组中，各码元之间存在一个循环依赖关系。

③ 循环码的码组之间具有循环性，即循环码中任一组循环一位(将最右端的码移至左端或反之)以后仍为该码组集合中的一个码组。如表 4.4 所示。

表 4.4 循环码示例

码组编号	信息位 a_6	a_5	a_4	监督位 a_3	a_2	a_1	a_0	码组编号	信息位 a_6	a_5	a_4	监督位 a_3	a_2	a_1	a_0
1	0	0	0	0	0	0	0	5	1	0	0	1	0	1	1
2	0	0	1	0	1	1	1	6	1	0	1	1	1	0	0
3	0	1	0	1	1	1	0	7	1	1	0	0	1	0	1
4	0	1	1	1	0	0	1	8	1	1	1	0	0	1	0

在循环码编码中，主要是通过选用生成多项式进行编码与解码，在卫星和移动通信中常用的是一种叫 BCH 的截短码，这里不作详细讲解。

（2）卷积码。卷积码又称连环码，它与上述的循环码（分组码）不同，这种编码也是在信码之中插入监督码元，但不实行分组监督，而是每一监督码元都要对前后的信息单元起监督作用。整个编/解码过程是一环扣一环连续地进行下去的，所以称连环码。这种码是由伊利亚斯（P. Elias）提出来的，至今已有 60 多年，经过实用证明，它的纠错性能一般优于循环码而且设备也不复杂，在卫星通信等数字通信系统中得到了越来越广泛的应用。

卷积码可分为代数译码和概率译码等，据有关资料介绍，对卷积码的分析至今还缺乏像对分组码那样有效的数学工具。一些特殊的卷积码要借助于计算机模拟，读者可参阅其他差错控制（纠错编码）技术的有关论著。

4. 数字加密技术

加密主要是为确保通信的安全而在现代通信系统中采取的一种数字信息处理技术。现代通信系统中的信息包括极其广泛的内容，如人们的日常工作、生活，人们的隐私，经济领域的市场竞争、商业行情、资本运作直到涉及国家的政治、经济、文化、意识形态等。

为了确保通信中的安全，就必须想法在技术上采取措施，克服失密和信息侵害，使通信系统的信息能安全传送和接收。此举措施就是我们所述的加密。从唯物论观点看，不管如何采取加密措施，绝对保证安全是不可能的，安全是相对的。

1）数字信号传输加密

在数字信息进入传输信道前进行加密处理，可以以很小的代价，换取对信息很大的安全保护。信息加密处理是由各种加密算法来实现的。普遍使用的有常规的密码算法和公钥密码算法。美国 IBM 公司研制的 DES 密码算法标准，是世界上最早被公认的实用的密码算法标准。DES 是采用 56 比特长的密钥，将 64 比特长的数据加密成等长的密文。DES 的解密过程与加密过程相似，只需将密钥的使用顺序进行颠倒即可。例如在 GSM 数字移动通信中，对无线信道的传输信号进行加密处理，就是采用的类似以上的加密技术。

当然，在实际应用中，人们通常将常规密钥和公钥密码结合在一起使用。比如用 DES 来加密信息，采用 RSA 来传递会话密钥。对于数字信息的加密技术的具体应用，读者可参阅有关专著，这里不再叙述。

2）数字终端加密技术

对于特殊用户的数字信号，如银行的数据信号、信用卡的数字信号以及其他终端的数字信号，在加密后传输，收端予以认证即可。这就要求终端有一个安全模块（SM），能存放个人识别码 IPN 密钥 K_i 和加密算法等信息，并带有 CPU，能执行加密算法和认证等功能。

由于网络的全球化，信息网络的安全技术成为专家们研究的重要课题。例如，计算机网络中的防火墙技术，Internet 中的 PGP 加密技术等。这里不再赘述，读者可参阅有关专著。

4.5　数字信号的调制与解调

4.5.1　数字信号的无线传输

数字信号通过空间以电磁波为载体传输到对方，称为无线传输。我们把要传送的数字信号称为数字基带信号。携带数字基带信号的电磁波为一振荡波，通常称为载波，最简单的就是正弦波或余弦波 $f(t)=A\sin(\omega t+\varphi)$。把数字基带信号变换为载波的过程称为调制。经过调制的数字信号称为数字频带信号，这种经调制的数字信号的传输称为数字频带传输。

4.5.2 数字信号的调制与解调

以上讲到的载波，实际上是携带数字信号的电磁波。可用正弦波 $f(t)=A\sin(\omega t+\varphi)$ 中的振幅 A、频率 ω 及相位 φ 三个参量来携带数字信号。

数字信号的调制与解调是数字无线通信的关键技术，这里只进行简单基本的分析。数字调制方式有三种基本方式：幅移键控 ASK、频移键控 FSK、相移键控 PSK。用这三种调制方式以及这些调制方式的组合和变异完成调制、解调任务的设备称为调制器、解调器。

1. 三种基本调制方式

1）幅移键控

幅移键控就是数字信号振幅调制。换句话说，是利用载波的振幅变化去携带信息，而载波的频率、相位都保持不变。最简单的例子就是用一载波幅度为 1 和 0，来携带数字信号"1"和"0"。

在微波通信中一般中频载波频率为 70 MHz。如图 4.24(a)所示，用乘法器作为二相幅移键控调制器(2ASK)，当有"1"码出现时，则输出为 70 MHz 的载波，为"0"时，则没有载波输出，其波形如图 4.25(a)所示。

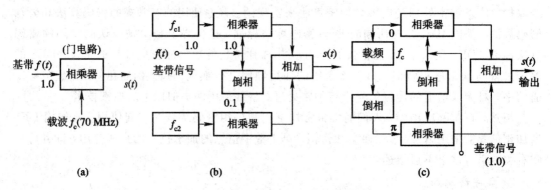

图 4.24 二进制基带码的三种调制方式

(a) 2ASK；(b) 2FSK；(c) 2PSK

2）频移键控

频移键控就是数字信号频率键控。换句话说，是利用已调波的频率变化去携带信息，而载波的振幅和相位不变。二相频移键控调制器(2FSK)如图 4.24(b)所示，图中的数字基带信号的"1"和"0"码分别在两个相乘器(调制器)中去键控各自的载波，用两种不同频率来表示数字信号"1"和"0"，其波形如图 4.25(b)所示。

3）相移键控

相移键控就是数字信号相位控制。换句话说，是利用已调载波信号的相位去携带数字信息，而载波的振幅和频率都不变化。二相相移键控调制器(2PSK)如图 4.24(c)所示，它只用两个相位来表征数字信号"1"和"0"。调相分为绝对调相和相对调相。对应于数字信号"1"和"0"相位不变(如"1"码对应 0 相位，数字信号"0"对应 π 相位)的相位调制方式称为绝对二相调制，其调制波形如图 4.25(c)所示。

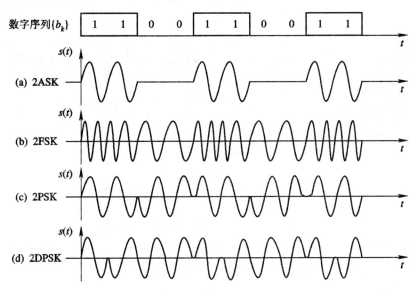

图 4.25　二进制基带信号的调制波形

　　对以上三种基本数字调制 ASK、FSK 和 PSK 信号，在收端要从中解调出原数字信号。在通信设备中，收端的信号还原，只要进行与发端相反的变换即可。

　　根据无线通信的种类，数字基带信号速率的高低以及传输的方式，空间信道的参数和环境等条件的差异，可采取多种不同的调制方式，但都是以此三种为基础的。下面讲述几种实用的数字调制与解调技术。

2. 二相相对调相与解调

　　在低速率的数字微波系统(数字基带信号，在 8 Mb/s 以下)中，采用比较简单的二相相对调相，记为 2DPSK。此种调相方式具有较好的抗干扰性能。

　　所谓相对调相，不是像绝对调相那样对应数字信号"1"和"0"以固定的相位关系，而是一种相对的关系，其调制规律为：当遇到基带信号"1"码时，载波的相位相对于前一个码元相位改变 π(即倒相)；当遇到"0"码时，载波的相位相对于前一个码元相位不变。此规律也可反用之。此相对调相的波形如图 4.25(d)所示。2DPSK 调制与解调原理方框图如图 4.26(a)、(b)所示。此种调制方式的实现较简单，只须将原二进码经过差分编码变换，变为相对码，再对相对码进行绝对调相即可。这种差分编码变换是由模二加电路来实现的。

　　2DPSK 收端的解调电路如图 4.26(b)所示，是一种常用的原理电路，叫做相干解调法。图中的相乘器就是解调器。相乘器中的相干载波，是从 2DPSK 信号中提取的。由图看出，此相干载波是以二分频器输出的，在二分频器中采用了触发电路，由于触发器初始状态不确定，使相干载波的相位可随机 0 或 π 相位。

　　假定相干载波起始相位为"0"，如解调器输出数字基带信号码是正确的，当二分频器触发状态改变时，使相干载波相位变为 π，这种现象称之为倒 π 现象，或称相位模糊。这

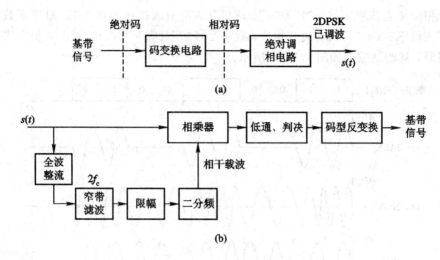

图 4.26 2DPSK 信号的调制与解调

(a) 调制器原理方框图;(b) 解调器原理方框图

时,采用绝对调相将会产生严重误码;若采用相对调相,则不会产生误码。基于以上原因,在实际应用中,无论是二相调相还是多相调相,均采用相对调相,其解调基本上都采用相干解调。

3. 四相相对调相与解调

(1) 四相相对调制(QPSK)方式。在数字微波通信中,PDH 系列的 8 Mb/s,34 Mb/s 等中等速率的数字基带信号,经常采用四相相对调制(QPSK)。采用 QPSK 调制方式可以降低速度,克服相位模糊,减少误码。在前面已讲述,在相对调相方式中一般是采用先对数字信号进行差分编码后,再进行绝对调相,这可简称为差分移相。

QPSK 采用"反射编码"(格雷码)相位逻辑编码方法,这种方法用得较多。图 4.27 是 QPSK 调制器的组成框图(图(a))和工作原理矢量图(图(b))。图 4.28 为 QPSK 相干解调方框图。

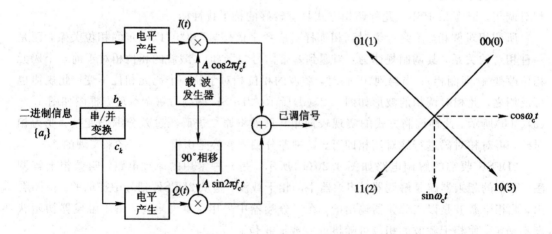

图 4.27 QPSK 调制器

(a) 4PSK 框图;(b) 矢量图

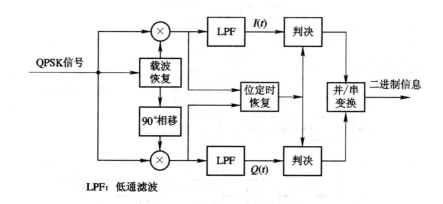

图 4.28　QPSK 相干解调器

在图 4.27 中，$\{a_i\}$ 为二进制数字信号，经过串/并变换为两路：$\{b_k\}$ 和 $\{c_k\}$ 数字信号。设串行数字码流如下：

原串行码流 $\{a_i\}$　1 0 0 1 1 1 1 0 1 1

并行　一路 $\{b_k\}$　1　0　1　1　1

　　　二路 $\{c_k\}$　　0　1　1　0　1

经过这样变换，显然两路信号的速率可降低，如 PDH 的三次群 34.368 Mb/s 分成两路后，则每路为 17.184 Mb/s 码流。

从矢量图中可看出其相位关系，如以前一码元相位为 0° 作为基准相位(也可以用 π/4 作为基准相位)，那么若传送消息为 00，则后一码元信号相位仍为 0°；若传送消息为 01，则后一码元相位旋转 π/2；若传送消息为 11，则后一码元相位旋转 π；若传送消息为 10，则后一码元相位旋转 3π/2。

(2) OK – QPSK 调制方式。在卫星通信中还使用一种 OK – QPSK 调制方式。

OK – QPSK 调制方式是偏移四相相移调制方式，主要在卫星通信中应用。它与 QPSK 不同的是，对相位矢量正交的两个载波调制的两路二进制序列，在时间上错开半个码的长度(如图 4.29 所示)，因而这种调相方式叫做偏移四相相移键控(OK – QPSK)，也称做参差四相相移键控(SQPSK)。采用这种调制方式后，前后码元之间只有 0°、90°、−90° 三种相位变化，从而克服了因 180° 相位变化带来的缺点。OK – QPSK 调制器、解调器的组成方框图如图 4.30 所示。

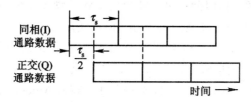

图 4.29　OK – QPSK 的码序列时间

从以上相干解调方框图可看出，QPSK 的解调即为 QPSK 调制的反变换。这里关键是从 QPSK 调制的信号中恢复载波(提取载波)，亦称为相干载波。

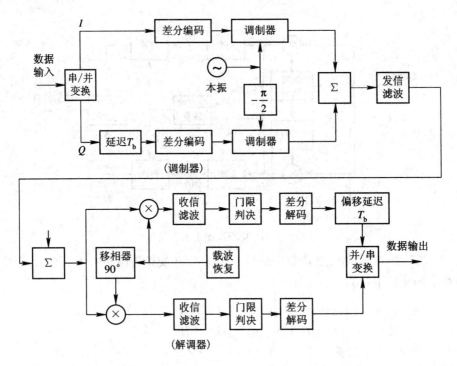

图 4.30 OK - QPSK 调制器、解调器的组成方框图

4.5.3 OFDM 调制技术

1. OFDM 技术概述及其发展史

OFDM(Orthogonal Frequency Division Multiplexing)即正交频分复用,被称之为"第四代移动通信技术"。OFDM 是一种无线环境下的高速传输技术。主要是在频域内将所给信道分成许多正交子信道,在每个子信道上使用一个子载波进行调制,且各个子载波并行传输。OFDM 特别适合于存在多径传播和多普勒频移的无线移动信道中传输高速数据,能有效对抗多径效应,消除 ISI,对抗频率选择性衰落,信道利用率高。OFDM 可视为一种调变技术及一种多任务技术,为多载波(Multicarrier)的传送方式。

OFDM 由多载波调制(MCM)发展而来。美国军方早在 20 世纪 50~60 年代就创建了世界上第一个 MCM 系统,在 1970 年衍生出采用大规模子载波和频率重叠技术的 OFDM 系统。但在以后相当长的一段时间,OFDM 迈向实践的脚步放缓。由于 OFDM 的各个子载波之间相互正交,故采用 FFT 实现这种调制,但在实际应用中,实时傅立叶变换设备的复杂度、发射机和接收机振荡器的稳定性以及射频功率放大器的线性要求等因素制约了OFDM 技术的实现。经过大量研究,在 20 世纪 80 年代,MCM 获得了突破性进展,大规模集成电路促进了 FFT 技术的实现,OFDM 逐步进入高速 Modem 和数字移动通信的领域。20 世纪 90 年代,OFDM 开始被欧洲和澳大利亚广泛用于广播信道的宽带数据通信、数字音频广播(DAB)、高清晰度数字电视(HDTV)和无线局域网(WLAN)。随着 DSP 芯片技术的发展,格栅编码技术、软判决技术、信道自适应技术等成熟技术的应用,OFMD 技术渐渐趋于完善。

2. OFDM 技术的基本原理

OFDM 技术的主要思想是将指配的信道分成许多正交子信道，在每个子信道上进行窄带调制和传输，信号带宽小于信道的相关带宽。OFDM 单个用户的信息流被串/并变换为多个低速率码流(100 Hz～50 kHz)，每个码流用一条载波发送。这样可以降低每个子载波的码元速率，增大码元的符号周期，提高系统的抗衰落和干扰能力，同时由于每个子载波的正交性，大大提高了频谱的利用率，因此非常适合移动场合中的高速传输。OFDM 采用跳频方式，选用的频谱即便混叠也能保持正交的波形，所以 OFDM 既有调制技术，也有复用技术。OFDM 增强了抗频率选择性衰落和抗窄带干扰的能力。在单载波系统中，单个衰落或干扰会导致整条链路不可用，但在多载波系统中，只会有一小部分载波受影响。纠错码的应用可以恢复一些易错载波上的信息。

OFDM 允许各载波间频率互相混叠，采用基于载波频率正交的 FFT 调制，由于各个载波的中心频点处没有其他载波的频谱分量，因此能够实现各个载波的正交。不通过很多带通滤波器来实现，而是直接在基带处理，这也是 OFDM 有别于其他系统的优点之一。OFDM 的接收机实际上是一组解调器，它将不同载波搬移至零频，在一个码元周期内积分，其他载波由于与所积分的信号正交，不会对这个积分结果产生影响。OFDM 的高数据速率与子载波的数量有关，增加子载波数目能提高数据的传送速率。OFDM 每个频带的调制方法可以不同，增加了系统的灵活性，OFDM 适用于多用户的高灵活度、高利用率的通信系统。

一个完整的 OFDM 系统原理如图 4.31 所示。

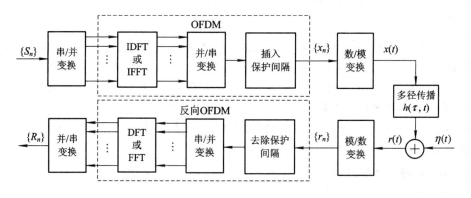

图 4.31　OFDM 系统原理图

3. OFDM 系统的关键技术

1) 时域和频域同步

OFDM 系统对定时和频率偏移敏感，特别是在实际应用中与 FDMA、TDMA 和 CDMA 等多址方式结合使用时，时域和频域同步显得尤为重要。在下行链路中，基站向各个移动终端广播式发同步信号，所以下行链路同步较易实现；在上行链路中，来自不同移动终端的信号必须同步到达基站，才能保证子载波间的正交性。基站根据各移动终端发来的子载波携带信息进行时域和频域同步信息的提取，再由基站发回移动终端，以便移动终端进行同步。

2）信道估计

在 OFDM 系统中，信道估计器的设计主要有两个问题：一是导频信息的选择，由于无线信道常常是衰落信道，需要不断地对信道进行跟踪，因此导频信息也必须不断地传送；二是信道估计器的设计应既有较低的复杂度又有良好的导频跟踪能力。

3）信道编码和交织

为了提高数字通信系统性能，信道编码和交织是通常采用的方法。对于衰落信道中的随机错误，可以采用信道编码；对于衰落信道中的突发错误，可以采用交织。实际应用中，通常同时采用信道编码和交织来进一步改善整个系统的性能。

在 OFDM 系统中，如果信道衰落不是太深，均衡是无法再利用信道的分集特性来改善系统性能的，因为 OFDM 系统自身具有利用信道分集特性的能力，但是 OFDM 系统的结构却为在子载波间进行编码提供了机会，形成 COFDM 方式。

4）降低峰均功率比

由于 OFDM 信号时域上表现为 N 个正交子载波信号的叠加，当这 N 个信号恰好均以峰值相加时，OFDM 信号也将产生最大峰值，该峰值功率是平均功率的 N 倍。尽管峰值功率出现的概率较低，但为了不失真地传输这些高峰均功率比 PAPR(Peak to Average Power Ratio)的 OFDM 信号，发送端对高功率放大器(HPA)的线性度要求很高且发送效率极低，接收端对前端放大器以及 A/D 变换器的线性度要求也很高，因此高的 PAPR 使得 OFDM 系统的性能大大下降。为了解决这一问题，人们提出了基于信号畸变技术、信号扰码技术和基于信号空间扩展等降低 OFDM 系统 PAPR 的方法。

5）均衡

在一般的衰落环境下，OFDM 系统均衡不是有效改善系统性能的方法。因为均衡的实质是补偿多径信道引起的码间干扰，而 OFDM 技术本身已经利用了多径信道的分集特性，所以在一般情况下，OFDM 系统不做均衡。但在高度散射的信道中，信道记忆长度很长，CP 的长度必须很长才能使 ISI 尽量不出现，而 CP 长度过长必然导致能量大量损失，尤其对子载波个数不是很大的系统，这时可以考虑加均衡器以使 CP 的长度适当减小，即通过增加系统的复杂性换取系统频带利用率的提高。

4. OFDM 技术的优缺点

OFDM 技术的优点如下：

(1) OFDM 技术的最大优点是对抗频率选择性衰落或窄带干扰。在单载波系统中，单个衰落或干扰会导致整个通信链路失败，但是在多载波系统中，仅有很小一部分载波会受到干扰，对这些子信道可以采用纠错码来进行纠错。

(2) 可以有效对抗信号波形间的干扰，适用于多径环境和衰落信道中的高速数据传输。当信道中因为多径传输而出现频率选择性衰落时，只有落在频带凹陷处的子载波以及其携带的信息受影响，其他的子载波未受损害，因此系统总的误码率性能要好得多。

(3) 通过各个子载波的联合编码，具有很强的抗衰落能力。如果衰落不是特别严重，则没有必要再加时域均衡器。通过将各个信道联合编码可使系统性能得到提高。

(4) 可以选用基于 IFFT/FFT 的 OFDM 实现方法。

(5) 信道利用率很高，这一点在频谱资源有限的无线环境中尤为重要。当子载波个数很大时，系统的频谱利用率趋于 2 Baud/Hz。

OFDM 技术存在两个缺陷：

(1) 对频率偏移和相位噪声很敏感。

(2) 峰值与均值功率比相对较大，比值的增大会降低射频放大器的功率效率。

习　题

1. 现在数字通信系统主要采用哪些传输信道？其主要特点是什么？

2. 有一数字传输系统，其在 125 μs 内传送 9720 个码字，若在 2 s 内有 5 个误码字块，其误码率为多少？

3. 什么叫抖动？抖动有无积累？为什么？

4. 什么是数字复接？PDH 系列一次群、二次群、三次群、四次群及 SDH 系列各采用什么复接方式？

5. 基群 PCM30/32 路(2 Mb/s 接口)及 STM-1 帧结构如何？

6. PDH 二次群每秒传送多少帧？STM-16 在 1 s 传送多少净负荷？

7. 在数字信道编码中有几种常用码型？试对下列 2 Mb/s 接口码型进行 HDB$_3$ 及 CMI 码变换，并画出波形。

　　　　传输二进码：1 0 0 0 0 1 1 0 1 0 0 0 0 0 0 0 0 1 1 0 0 0 0 1

　　　　HDB$_3$ 码：V$_+$

8. 什么叫扰码？在数字通信系统中有何主要作用？

9. 纠错编码的作用是什么？

10. 为什么要采用数字加密技术？

11. 什么叫数字调制？ASK、FSK、PSK 各表示什么意思？

12. 相对调相和差分调相有什么联系？

13. 试对下列二进制码流数字信号：

　　　　1 0 1 1 0 0 1 1 1 0 1 0 0 0 1 1

进行 2DPSK 和 FSK 调制，并画出调制波形。

第 5 章　数字光纤通信系统

5.1　数字光纤通信系统概述

5.1.1　数字光纤通信的基本概念

数字光纤通信，是以光波运载数字信号，以光导纤维为传输媒介的一种通信方式。1996 年，英籍华人"光通信之父"高锟(C. K. Kilo)博士根据介质波导理论提出了光纤通信的概念。光纤通信有如下的显著特点。

1. 线径细，重量轻

由于光纤的直径小，只有 0.1 mm 左右，所以制成光缆后与电缆比要细得多，因而重量轻，有利于长途和市话干线布放，而且便于制造多芯光缆。

2. 损耗极低

由于技术的发展，现在制造出的光纤介质纯度很高，因而损耗极低。现已制出的在光波导 1.55 mm 窗口的衰耗低于 0.18 dB/km。由于损耗极低，因此传输的距离可以很长，这就大大减少了数字传输系统中中继站的数目，既可降低成本，也可提高通信质量。

3. 传输的频带宽，信息容量大

由于光波频率高，因此用光来携带信号则信息量大。现在已经发展到几十千兆比特/秒的光纤通信系统，它可传输几十万路电话和几千路彩色电视节目。

4. 不受电磁干扰，防腐和不会锈蚀

因光纤是非金属材料，它不会受到电磁干扰，也不会发生锈蚀，具有防腐的能力。

5. 不怕高温，防爆、防火性能强

因光纤是石英玻璃材料，熔点高达 2000℃以上，所以不怕高温，有防火的性能。因而可用于矿井下、军火仓库、石油、化工等易燃易爆的环境中。

6. 光纤通信保密性好

由于光纤在传输光信号时向外泄漏小，不会产生串话等干扰，因而光纤通信保密性好。

由于光纤通信具有一系列突出的优点，随着科学技术的进步，光纤通信技术近年来发展速度之快、应用范围之广，出乎人们的预料，它是世界信息革命的一个重要标志，是现代通信技术的重要组成部分。可以说有了光纤通信，就为构筑信息高速公路打下了基础，光纤通信成为通向信息社会的桥梁。

5.1.2 数字光纤通信系统的组成

数字光纤通信系统与一般通信系统一样，它由发送设备、传输信道和接收设备三大部分构成。

现在普遍采用的数字光纤通信系统，是采用数字编码信号经强度调制-直接检波的数字通信系统。这里的强度是指光强度，即单位面积上的光功率。强度调制是利用数字信号直接调制光源的光强度，使之与信号电流成线性变化。直接检波，是指信号在光接收机的光频上检测出数字脉冲信号。光纤通信系统组成原理方框图如图 5.1 所示。

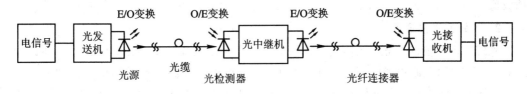

图 5.1 光纤通信系统组成原理方框图

在发送设备中，有源器件把数字脉冲电信号转换为光信号（E/O 变换），送到光纤中进行传输。在接收设备中，设有光检测器件，将接收到的光信号转换为数字脉冲信号（O/E 变换）。在其传输的路途中，当距离较远时，采用光中继设备，把信号经过中继再生处理后传输。

实用系统是双方向的，其结构图如图 5.2 所示。

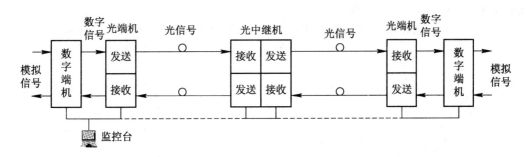

图 5.2 数字光纤通信传输系统结构方框图

图中，数字端机主要是把用户各种数字信号，包括数字程控交换机和数字接口，通过复用设备组成一定的数字传输结构（帧结构），不同速率等级的数字信号流送至光端机，光端机把数字端机送来的数字信号进行处理，变成光脉冲送入光纤进行传输，接收端进行相反的变换。

光端机主要由光发送、光接收、信号处理及辅助电路组成。在光发送部分完成电/光变换，在光接收部分主要完成光/电变换。信号处理，主要指把数字端机送来的数字脉冲信号再处理，以及各种码型变换，使之适应光传输及其他目的。辅助电路主要包括告警、公务、监控及区间通信等等。

光中继机的作用，主要是将光纤长距离传输后，受到的衰耗及色散畸变的光脉冲信号，转换为电信号后经放大整形、定时、再生还原为规则的数字脉冲信号。经过再调制光源，变为光脉冲信号送入光纤继续传输，达到延长传输距离的目的。

5.1.3　光纤和光缆

1. 光纤

光纤就是导光的玻璃纤维的简称，是石英玻璃丝，它的直径只有 0.1 mm，如同人的头发丝粗细。在通信中，它和原来传送电话的明线、电缆一样，是一种新型的信息传输介质，但它比以上两种方式传送的信息量要高出成千上万倍，可达到上百千兆比特/秒，而且衰耗极低。

2. 光纤的导光原理

光纤为什么能够导光，能传送大量信息呢？这要研究其传输理论，但其传输理论涉及的数学、物理知识面相当广，它要用到微分方程、场论等等高等数学知识及物理的微电子学、光学等高深理论。这里我们用简单的比喻，从物理概念上来说明，以加深对光纤传输信息的理解。

光纤是利用光的全反射特性来导光的。在物理中学习过光从一种介质向另一种介质传播，由于它们在不同介质中传输速率不一样，因此，当通过两个不同的介质交界面就会发生折射。若现在有两种不同介质，其折射率分别为 n_0、n_1，而且 $n_1 > n_0$，设界面为 XX'，折射率小的称光疏媒质，折射率大的称光密媒质。假定光线从光疏媒质射向光密媒质，其折射情况如图 5.3 所示。图中，入射角为 θ_0——入射光线与法线 YY' 夹角，折射角为 θ_1——折射光线与 YY' 夹角，由图可见，$\theta_1 < \theta_0$。

若使光束从光密媒质射向光疏媒质时，则折射角大于入射角，如图 5.4 所示。

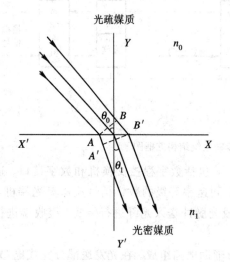

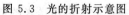

图 5.3　光的折射示意图

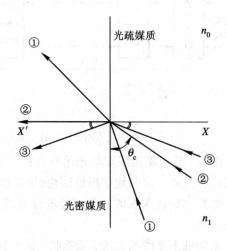

图 5.4　临界角和光线的全反射

如果不断增大 θ_0 可使折射角 θ_1 达到 $90°$，这时的 θ_1 称为临界角。如果继续增大 θ_1，则折射角会大于临界角，使光线全部返回光密媒质中，这种现象称为光的全反射。

当光线从光密媒质射向光疏媒质，且入射角大于临界角时，就会产生全反射现象，光纤就是利用这种全反射来传输光信号的。

　　根据这一原理，在制造光纤时，使光纤芯的折射率高，在外面涂上一包屏层，可使折射率低，当选择一定的角度 θ_0 时，射入纤芯的光束将会全部返回纤芯中。这就要制造一种像水管一样的光导管，在光导管壁及光纤芯包的边界使之形成光束的全反射，从而达到将光束都集中在光纤芯部传输而不向外泄漏，就似水管中的水流那样，使之永远在水管中流动。要做成这样的光导管，除了对光纤芯部的折射率有要求以外，还要使靠近纤芯与包层的边沿具有极小的光损耗，使能量都集中在光芯中传播。

　　当然，这就对光纤材料提出了很高的要求。由于石英玻璃质地脆、易断裂，为了保护光纤表面，提高抗拉强度，以便于实用，一般都在裸光纤外面进行两次涂覆而构成光纤芯线。光纤芯线结构如图 5.5 所示。

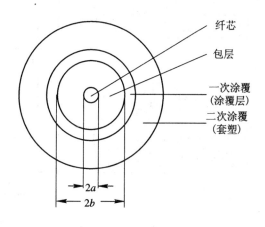

图 5.5　光纤芯线的剖面构造

　　光纤的芯线由纤芯、包层、涂覆层、套塑四部分组成。包层的外面涂覆一层很薄的涂覆层，涂覆的材料为硅铜树脂或聚氨基甲醚乙酯，涂覆层的外面套塑，套塑的原料大都采用尼龙、聚乙烯或聚苯烯等塑料。

3. 单模光纤及特性参数

　　根据波导传输波动理论分析，光纤的传播模式可分为多模光纤和单模光纤。

　　1）多模光纤

　　多模光纤即能承受多个模式的光纤，如图 5.6(a)、(b)所示。这种光纤结构简单、易于实现，接头连接要求不高，用起来方便，也较便宜。因而在早期的数字光纤通信系统(PDH 系列)中采用。

　　但这种光纤传输带宽窄、衰耗大、时延差大，因而已逐步被单模光纤代替。

　　2）单模光纤

　　单模光纤即只能传送单一基模的光纤，如图 5.6(c)所示。这种光纤从时域看不存在时延差，从频域看，传输信号的带宽比多模光纤宽得多，有利于高码率信息长距离传输。单模光纤的纤芯直径一般为 $4\sim10~\mu m$，包层即外层直径一般为 $125~\mu m$，比多模光纤小得多。

　　3）单模光纤的主要特性

　　光纤的特性参数及定义相当复杂。在一般数字光纤工程中，单模光纤所需的主要参数有：工作波长或截止波长、模场直径和衰减系数等。

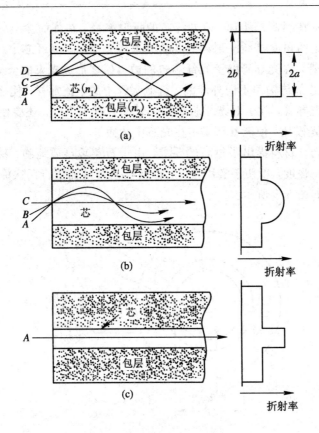

图 5.6　裸光纤结构示意图

(a) 阶跃型多模光纤(SI)；(b) 梯度型多模光纤(GI)；(c) 单模光纤(SM)

(1) 截止波长 λ。截止波长通常是判断光纤是否在单模工作的一个重要参数，只有当工作波长大于截止波长时才能保证光纤在单模工作。

(2) 模场直径 d。模场直径是单模光纤的一个重要参数。到目前为止，模场直径的确切定义还没有明确规定。从物理概念上我们可理解为，对于单模光纤，基模场强在光纤横截面近似为高斯分布，如图 5.7 所示。

通常将纤芯中场分布曲线最大值 $1/e$ 处所对应的宽度定义为模场直径，用 d 表示。

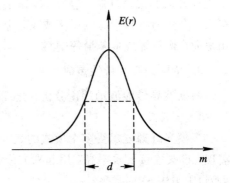

图 5.7　基模场强分布曲线

(3) 衰减系数 α。衰减系数是在工程上设计光纤通信系统时，必须要用到的一个重要参数。它是指沿光纤传播方向光信号的损耗，它是决定光纤中继段长度的重要因素。衰减量的大小通常用衰减系数 α 来表示，单位是 dB/km，其定义为

$$\alpha = \frac{10}{L} \lg \frac{P_i}{P_o}$$

式中，P_i 为光纤输入的光功率；P_o 为光纤输出的光功率；L 为光纤的长度(单位为 km)。

4. 光缆

为了使光纤能在工程中实用化，要求其能承受工程中拉伸、侧压和各种外力作用，还要具有一定的机械强度才能使性能稳定。因此，将光纤制成不同结构、不同形状和不同种类的光缆以适应光纤通信的需要。

根据不同的用途和条件，制成的光缆种类很多，但其基本结构是相同的。光缆主要由缆芯、加强元件和护层组成。

1）缆芯

缆芯是由光纤芯组成的，它可分为单芯和多芯两种。单芯型缆芯和多芯型缆芯结构的比较如表 5.1 所示。

表 5.1　缆芯结构

结　　构		形　　状	结构尺寸及光纤数
单芯型	充实型 ① 2 层结构 ② 3 层结构	 二次涂覆 一次涂覆 光纤 缓冲层	外径：0.7～1.2 mm 缓冲层厚度： 50～200 μm
	管　型	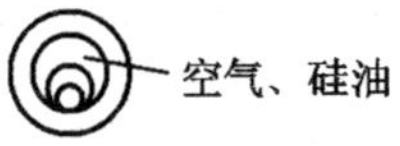 空气、硅油	外径：0.7～1.2 mm
多芯型	带　状	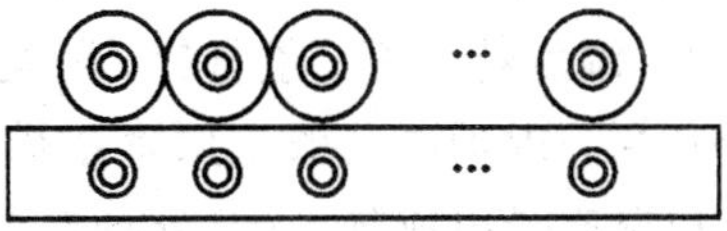	节距：0.4～1 mm 光纤数：4～12
	单位式	 光纤 缓冲套管 二次涂覆 光纤 中心加强构件	外径：1～3 mm 光纤数：6

单芯型由单根二次涂覆处理后的光纤组成。

多芯型由多根经二次涂覆处理后的光纤组成，它又分为带状结构和单位式结构。

目前国内外对二次涂覆主要采用下列两种保护结构：

(1) 紧套结构。如图 5.8(a)所示，在光纤与套管之间有一个缓冲层，其目的是为了减少外面应力对光纤的作用。缓冲层一般采用硅树脂，二次被覆用尼龙口。这种光纤的优点是：结构简单，使用方便。

(2) 松套结构。如图 5.8(b)所示，将一次涂覆后的光纤放在一根管子中，管中充油膏，形成松套结构。这种光纤的优点是：机械性能好，防水性好，便于成缆。

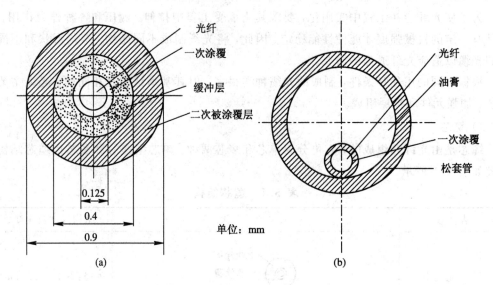

单位：mm

图 5.8 紧套和松套光纤结构示意图

（a）紧套光纤结构示意图；（b）松套光纤结构示意图

2）加强元件

由于光纤的材料比较脆，容易断裂，为了使光缆便于承受敷设安装时所加的外力等，在光缆内中心或四周要加一根或多根加强元件。加强元件的材料可用钢丝或非金属的纤维——增强塑料（FRP）等。

3）护层

光缆的护层主要是对已形成的光纤芯线起保护作用，避免受外部机械力和环境损坏。因此，要求护层具有耐压力、防潮、湿度特性好、重量轻、耐化学侵蚀、阻燃等特点。

光缆的护层又分内护层和外护层，内护层一般采用聚乙烯或聚氯乙烯等，外护层可根据敷设条件而定，如采用由钻带和聚乙烯组成的 LAP 外护套加钢丝铠装等。

4）光缆的种类

在公用通信网中用的光缆结构如表 5.2 所示。

表 5.2 公用通信网中的光缆结构

种 类	结 构	光纤芯线数	必 要 条 件
长途光缆	层绞式 单位式 骨架式	<10 10～200 <10	低损耗，宽频带，可用单盘盘长的光缆来敷设，骨架式有利于防侧压力
海底光缆	层绞式 单位式	40～100 40～100	低损耗，耐水压，耐张力
用户光缆	单位式 带状式	<200 >200	高密度，多芯和低、中损耗
局内光缆	软线式 带状式 单位式	2～20	重量轻，线径细，可挠性好

　　下面介绍几种有代表性的光缆结构形式。

　　(1) 层绞式光缆。它是将若干根光纤芯线以强度元件为中心绞合在一起的一种结构，如图 5.9(a)所示。特点是成本低，芯线数不超过 10 根。

　　(2) 单位式光缆。它是将几根至十几根光纤芯线集合成一个单位，再由数个单位以强度元件为中心绞合成缆，如图 5.9(b)所示，其芯线数一般适用于几十芯。

　　(3) 骨架式光缆。这种结构是将单根或多根光纤放入骨架的螺旋槽内，骨架中心是强度元件，骨架上的沟槽可以是 V 型、U 型或凹型，如图 5.9(c)所示。由于光纤在骨架沟槽内具有较大空间，因此当光纤受到张力时，可在槽内做一定的位移，从而减少了光纤芯线的应力应变和微变，这种光纤具有耐侧压、抗弯曲、抗拉的特点。

　　(4) 带状式光缆。它是将 4～12 根光纤芯线排列成行，构成带状光纤单元，再将多个带状单元按一定方式排列成缆，如图 5.9(d)所示。这种光缆的结构紧凑，采用此种结构可做成上千芯的高密度用户光缆。

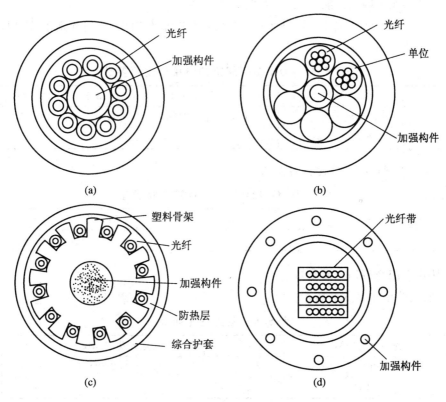

图 5.9　光缆的基本结构

(a) 层绞式；(b) 单位式；(c) 骨架式；(d) 带状式

5.2　PDH 数字光纤传输系统

　　在第 4 章，对 PDH 系列的帧结构组成已经讲述，这里主要讲述 PDH 数字系列的光纤传输系统及其网络接口。

PDH 数字光纤通信传输系统方框图结构如图 5.2 所示。系统终端设备由数字端机和光端机组成，对其 PDH 系列来说，主要是指在方框图中的电端机的 PCM 一、二、三、四次群(PCM 高次群)。它是根据系统业务容量来确定 PCM 高次群的等级的。正如第 4 章中所讲述的，它是以 PCM30/32 路基群即 2 Mb/s 速率接口为基础，采用按码位异步复接方式，按一定帧结构进行逐级复接而成。在发端为复接，在接收端为分接，从高次群中分接出低次群数字信号。随着数字集成技术的发展，PDH 系统设备已把数字端机、光端机集成在一个物理体中，体积很小(窄架)，这些设备根据不同用户、不同用途，把复接的数字码进行 PDH 系列光传输码型的变换(线路编码)，组成如 4B1H、1B1H 等不同帧结构系统的传输设备。随着光通信技术的发展，按国家组网的有关规定，近年来，PDH 系列设备只在公网中用作市话网的中继传输系统，但是，在许多专用信息传输系统中它也得到广泛应用。在我国公用电话网及数据网中，PDH 系列的数字结构，主要用于数字网络接口标准，特别是 2 Mb/s 速率的接口，在数据、卫星、移动通信系统中普遍采用。

1. PDH 系统电接口主要参数

CCITT 在 G.703 协议中，对以 2.048 Mb/s 为基础的 PDH 系列规定了接口特性、速率、码型，如表 5.3 所示。

表 5.3 PDH 系列规定的电接口主要参数

接口速率/(Mb/s)	2.048	8.448	34.368	139.264
接口码型	HDB$_3$	HDB$_3$	HDB$_3$	CMI
光纤衰减/dB	0~8	0~8	0~2	0~12

G.921 规定的标称比特容差如表 5.4 所示。

表 5.4 G.921 规定的标称比特容差

标称比特速率/(Mb/s)	2.048	8.448	34.368	139.264
容差/×10^{-6}	±50	±30	±20	±15

2. PDH 系统光接口主要参数

系统发光功率如表 5.5 所示。

表 5.5 系统发光功率

光源类型(SM)	S 点平均发送光功率/dB$_m$
LD	≥-9、(-6)、(-3)
LED	≥-30

系统光接收灵敏度，当 BER=1×10^{-10} 时所需的最低接收光功率如表 5.6 所示。

表 5.6 系统光接收灵敏度

标称速率/(Mb/s)	标称波长/nm	光检测器 PIN	接收灵敏度 S_r/dB$_m$
8.448	1310	PIN - FET	-50(-46)
34.368	1310	PIN - FET	-42
139.264	1310	PIN - FET	-38

5.3　SDH 光同步数字传输系统

光纤大容量数字传输目前都采用同步时分复用(TDM)技术,复用又分为若干等级,先后有两种传输体制:准同步数字系列(PDH)和同步数字系列(SDH),本节重点讲述 SDH 技术。

5.3.1　SDH 光同步数字传输系统的基本概念和特点

1. SDH 系统的基本概念

随着通信网的发展和用户的需求,基于点对点传输的准同步(PDH)系统暴露出一些固有的、难以克服的弱点,已经不能满足大容量高速传输的要求。为了适应现代通信网的发展,产生了高速大容量光纤技术和智能网技术相结合的新体制——同步数字系列(SDH)。

SDH 是一个将复接、线路传输及交换功能融为一体的、并由统一网管系统操作的综合信息传送网络,可实现诸如网络的有效管理、开通业务时的性能监视、动态网络维护、不同供应厂商之间的互通等多项功能,它大大提高了网络资源利用率,并显著降低了管理和维护费用,实现了灵活、可靠和高效的网络运行与维护,因而在现代信息传输网络中占据重要地位。

2. SDH 系统的特点

SDH 系统的核心理念是要从统一的国家电信网和国际互通的高度来组建数字通信网,它是构成综合业务数字网(ISDN),特别是宽带综合业务数字网(B - ISDN)的重要组成部分。SDH 系统的优势主要体现在以下几个方面:

(1)有全世界统一的网络节点接口(NNI),包括统一的数字速率等级、帧结构、复接方法、线路接口、监控管理等,实现了数字传输体制上的世界标准及多厂家设备的横向兼容。

(2)采用标准化的信息结构等级,其基本模块是速率为 155.520 Mb/s 的同步传输模块第一级(记作 STM - 1)。更高速率的同步数字信号(如 STM - 4,STM - 16,STM - 64)可简单地将 STM - 1 进行字节间插同步复接而成,大大简化了复接和分接。

(3)SDH 的帧结构中安排了丰富的开销比特,使网络的管理和维护功能大大加强,而且适应将来 B - ISDN 的要求。

(4)SDH 采用同步复用方式和灵活的复用映射结构,利用设置指针的办法,可以在任意时刻,在总的复接码流中确定任意支路字节的位置,从而可以从高速信号一次直接插入或取出低速支路信号,使上下业务十分容易。

(5)SDH 确定了统一新型的网络部件,这些部件有 TM、ADM、REG 以及 DXC,这些部件都有世界统一的标准。此外,由于用一个光接口代替大量的电接口,可以直接经光接口通过中间节点,省去了大量电路单元。

(6)SDH 对网管设备的接口进行了规范,使不同厂家的网管系统互联成为可能。这种网管不仅简单而且几乎是实时的,因此降低了网管费用,提高了网络的效率、灵活性和可靠性。

(7)SDH 与现有 PDH 完全兼容,体现了后向兼容性。同时 SDH 还能容纳各种新的业务信号,如高速局域网的光纤分布式数据接口(FDDI)信号、异步传递模式(ATM)信元等,体现了完全的前向兼容性。

SDH 体系并非完美无缺,其缺陷主要表现在三个方面,即频带利用率低、指针调整机理复杂、软件的大量使用使系统容易受到计算机病毒的侵害。

5.3.2　SDH 的速率与帧结构

1. SDH 的速率

SDH 具有统一规范的速率。SDH 信号以同步传输模块(STM)的形式传送。SDH 信号最基本的同步传输模块是 STM-1,其速率为 155.520 Mb/s。更高等级的 STM-N 信号是将 STM-1 经字节间插同步复接而成。其中,N 是正整数。目前 SDH 仅支持 N=1,4,16,64。

ITU-T G.707 建议规范的 SDH 标准速率如表 5-7 所示。

表 5.7　SDH 标准速率

等　级	STM-1	STM-4	STM-16	STM-64
速率/(Mb/s)	155.520	622.080	2488.320	9953.280

2. SDH 帧结构

SDH 帧结构已在 4.3.3 节中作过介绍,在此不再赘述。

5.3.3　SDH 的基本网络单元

SDH 传输网是由不同类型的网元设备通过光缆线路的连接组成的,通过不同的网元完成 SDH 网络的传送功能,SDH 常见的网元设备类型有终端复用器(TM)、分/插复用器(ADM)、再生中继器(REG)和数字交叉连接设备(DXC)等。

1. 终端复用器(TM)

TM 终端复用器如图 5.10 所示,用在网络的终端站点上,例如一条链的两个端点上,它是具有两个端口的设备。将 PDH 支路信号复用进 SDH 信号中,或将较低等级的 SDH 信号复用进高等级 STM-N 信号中,以及完成上述过程的逆过程。

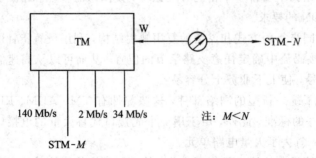

图 5.10　终端复用器

2. 分/插复用器(ADM)

ADM 分/插复用器如图 5.11 所示,用于 SDH 传输网络的转接站点处,例如链的中间节点或环上节点，是 SDH 网上使用最多、最重要的一种网元设备，它是一种具有三个端口的设备。

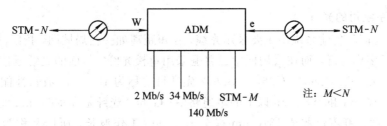

图 5.11　分/插复用器

分/插复用器将同步复用和数字交叉连接功能综合于一体，利用内部的交叉连接矩阵，不仅实现了低速率的支路信号可灵活地插入/分出到高速的 STM - N 中的任何位置，而且可以在群路接口之间灵活地对通道进行交叉连接。ADM 是 SDH 最重要的一种网元设备，它可等效成其他网元，即能完成其他网元设备的功能(例如，一个 ADM 可等效成两个 TM 设备)。

3. 再生中继器(REG)

REG 再生中继器如图 5.12 所示，其最大特点是不上下(分/插)电路业务，只放大或再生光信号。REG 的功能就是接收经过长途传输后衰减了的、有畸变的 STM - N 信号，对它进行放大、均衡、再生后发送出去。实际上，REG 与 ADM 相比仅少了支路端口的侧面，所以 ADM 若不上/下本地业务电路时，完全可以等效一个 REG。

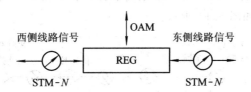

图 5.12　再生中继器

4. 数字交叉连接设备(DXC)

DXC 数字交叉连接设备如图 5.13 所示，具有一个或多个 PDH 或 SDH 信号接口，可以在任何接口之间对信号及其子速率信号进行可控连接和再连接的设备。DXC 的核心部件是高性能的交叉连接矩阵，其基本结构与 ADM 相似，只是 DXC 的交叉连接矩阵容量比较大，接口比较多，具有一定的智能恢复功能，常用于网状网节点。DXC 可将输入的 m 路 STM - N 信号交叉连接到输出的 n 路 STM - N 信号上，图 5.13 表示有 m 条输入光纤和 n 条输出光纤。

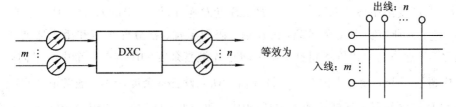

图 5.13　数字交叉连接设备 DXC

5.3.4 SDH 光传输系统中的光缆和中继长度计算

1. 传输系统用的光纤

在 SDH 光同步传输系统中主要采用光缆，在短距离如一些局域网、校园网、企业内部网络还采用了多模光纤，而在公用网中已普遍采用单模光纤。目前的光纤通信中广泛采用的是 G.652、G.653、G.654、G.655。G.652 光纤目前称为 1310 nm 波长性能最佳单模光纤，适用于 1310 nm 和 1530 nm 以下的单通路中；G.653 光纤是在 1550 nm 波长性能最佳的单模光纤，此光纤零色散从 1310 nm 移至 1530 nm 工作波长，所以又称为色散移位光纤，也主要用在 SDH 系统中；G.654 光纤，称为截止波长移位的单模光纤，主要用于海底光纤通信。

2. SDH 光传输系统的中继长度估算

在设计光纤传输再生中继段距离长度时，通常采用的方法是最坏值设计法，此方法是将所有参数值都按最坏值选取。这种设计方法不存在先期失效问题。在排除人为和自然界破坏因素后，按最坏值设计的系统，在其寿命终结，富余度用完，且处于极端温度条件下仍能 100% 地保证系统性能要求。

光纤传输中继距离的长短是由光纤衰减和色散等因素决定的。不同的系统，由于各种因素的影响程度不同，中继距离的设计方式也不同。在实际的工程应用中，设计方式分为两种情况：第一种情况是衰减受限系统，即中继距离根据 S 和 R 点之间的光通道衰减决定；第二种情况是色散受限系统，即中继距离根据 S 和 R 点之间的光纤色散决定。光缆线路工程施工范围示意图如图 5.14 所示。

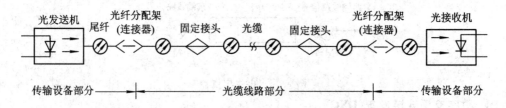

图 5.14 光缆线路工程施工范围示意图

1) 衰减受限系统

衰减受限系统中继段距离可用下式估算：

$$L = \frac{P_s - P_r - P_p - M_c - M_e - \sum A_c}{A_f + \frac{1}{L_f} A_s}$$

式中，L：衰减受限中继段长度(km)；P_s：S 点发送光功率(dBm)；P_r：R 点接收灵敏度(dBm)；P_p：光通道功率代价(dB)，因反射、码间干扰、模分配噪声和激光器啁啾而产生的总退化，光通道功率代价不超过 1 dB；M_c：光缆富余度(dB)，在一个中继段内，光缆富余度不应超过 5 dB，设计中按 3～5 dB 取值；M_e：设备富余度(dB)，通常取 3 dB；$\sum A_c$：表示 S 和 R 点之间所有活动连接器损耗(dB)之和，如 ODF 架上的短接光纤连接设备连接器衰减，FC 型连接器平均 0.8 dB/个，PC 型平均 0.5 dB/个；A_c 表示每个活动连接器损耗

(dB/个)；A_f：光纤损耗系数(dB/km)，设计中通常取厂家报出的中间值；A_s：光缆固定接头平均衰减(dB/个)，与光缆质量、熔接机性能、操作水平有关。工程中一般取 $A_s/L_f =$ 0.05～0.04 dB/km；L_f：光缆每盘长度(km)。

2) 色散受限系统

根据 ITU - T 建议，色散受限系统中继段距离可用下式估算：

$$L = \frac{\varepsilon \times 10^6}{D \times \Delta\lambda \times B}$$

式中，L：色散受限中继段长度(km)；ε：当光源为多纵模激光器时取 0.115，单纵模激光器时取 0.306；B：线路信号比特率(Mbit/s)；$\Delta\lambda$：光源的谱宽(nm)；D：光纤色散系数(ps/nm/km)。这里需要说明的是低速率线路信号，在单模光纤传输时，一般可不考虑色散受限中继段距离。

5.4　光波分复用系统

为进一步挖掘光纤传输的频带资源，以满足多种宽带业务(会议电视、高清晰度电视等)对传输容量的要求，克服传统的点到点单个波长的光纤通信方式的局限性，现已将波分复用系统投入了商用。它使光纤上单个波长(一个波长为一个光信道)的传输变为多个波长同时传输(多个光信道)，从而大大提高了信息传输容量。通过世界上一些发达国家前几年的研究、现场试验，目前，波分复用系统商用产品已达到 32×10 Gb/s，40×10 Gb/s (400 Gb/s)，在实验室已达到 132×20 Gb/s(2.64 Tb/s)。现在，我国已建成了多个 WDM 系统及 WDM 网络。

5.4.1　光波分复用系统的基本概念

1. 光波分复用系统组成

光波分复用系统的组成如图 5.15 所示。首先，在光终端设备中通过波长转换，将传输信号标准波长转换为波分复用系统使用的系列工作波长，然后，多路光信号通过光复用器耦合到一根光纤上，经放大后在光纤线路中传输。

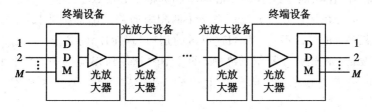

图 5.15　光波分复用系统组成

在一定距离后设置光纤放大器，对衰减后的光信号进行光中继放大。当到达接收端后，将放大的光耦合信号解复用为多路光信号，然后通过波长转换，将每路的光信号的工作波长再转换为标准波长。

2. 光波分复用传输原理

光波分复用传输系统 WDM 传输原理图如图 5.16 所示。

图 5.16(a)中是在一根光纤中同时单向传输几个不同波长的光波信号。首先，把信号通过光源变为不同波长的光波信号；然后，通过光波分复用 WDM 耦合到一根光纤中传输，如图中的 λ_1，λ_2，$\cdots$，λ_n；最后，当光信号到达收端时，把光耦合信号解复用，通过光检测器取得多波长(λ_1，λ_2，$\cdots$，λ_n)光信号。

图 5.16(b)所示为双向传输光波分复用原理图，其过程与单向传输相同。

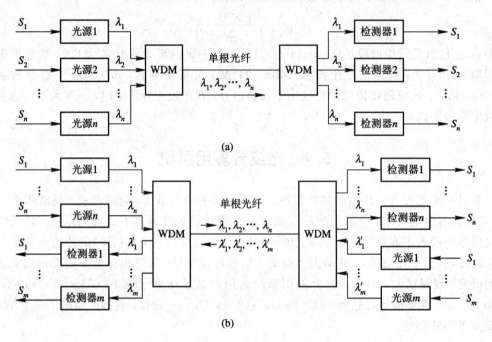

图 5.16　WDM 传输原理图
(a) 单向 WDM 传输原理图；(b) 双向 WDM 传输原理图

3. 光波分复用波长区通路划分

在光波分复用系统中，是以波长来表述其通路的，如 $\lambda_1 \sim \lambda_8$ 即为 8 通路，有 8 个波长，称为标称中心波长或标称中心频率。各通路间的频率间隔一般有 50 GHz、100 GHz、200 GHz 等。随着间隔的不同，标称中心频率和标称中心波长也不同。

通路间隔：主要是指在光波分复用系统中两相邻通路间的标称波长(频率)之差。通路间隔可以均匀相等，也可以不等，我们这里讲的是均匀等间隔的系统。

标称中心波长：在光波分复用系统中，每个信号通路所对应的中心波长称为标称中心波长，或称为标称中心频率。目前国际上一般以 193.1 THz 为参考频率，标称波长为 1552.52 nm。

目前所开发的光纤在 1310 nm 和 1550 nm 窗口，世界上研究的 NZ-DSF 非零色散移位光纤，其工作波长可移至 1520 nm 或 1570 nm。在实验室实验的 2.64 Tb/s 的光波分复用系统总带宽达 1529～1564 nm。

实用的光波分复用系统，至少应提供 16 波长的通路，根据需要也可以是 8 通路、4 通路等。下面列出 16 通路和 8 通路中心频率和中心波长，如表 5.8 所示。

表 5.8   16 通路和 8 通路 WDM 系统中心波长(频率)

波长序号	中心频率/THz	波长/nm	波长序号	中心频率/THz	波长/nm
1	192.10	1560.61 *	9	192.90	1554.13 *
2	192.20	1559.79	10	193.00	1553.33
3	192.30	1558.98 *	11	193.10	1552.52 *
4	192.40	1558.17	12	193.20	1551.72
5	192.50	1557.36 *	13	193.30	1550.92 *
6	192.60	1556.55	14	193.40	1550.12
7	192.70	1555.75 *	15	193.50	1549.32 *
8	192.80	1554.94	16	193.60	1548.51

注: * 为 8 通路。

5.4.2   光波分复用系统的结构

光波分复用系统(WDM)主要由光发射机、光接收机、光中继放大、光纤(光缆)、光监控信道和网络管理系统 6 大部分组成。其结构示意图如图 5.17 所示。

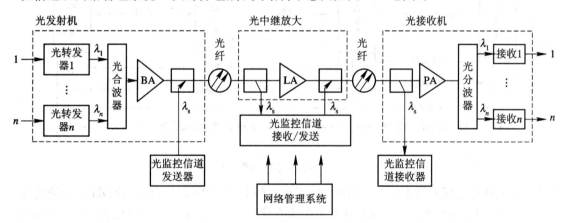

图 5.17   WDM 系统结构示意图

如图 5.17 所示,光波分复用系统的简单工作过程为:首先把终端 SDH 端机的光信号送到光发射端,经光转发器(OTU)把符合 ITU - IG.957 协议的非特定波长的光信号转换成具有特定波长的光信号,再利用合波器合成多通路的光信号,经功率放大器(BA)放大后,送入光纤信道传输,同时插入光监控信号。经过一段距离(可达上万里)需要对光纤信号进行光信号放大。现在,一般使用掺铒光放大器(EDFA),由于是多波长工作,因此要使 EDFA 对不同波长光信号具有相同的放大增益(采用放大增益平担技术),还要考虑多光信道同时工作情况,保证多光信道增益竞争不会影响传输性能。放大后的光信号经过光纤(光缆)传输到接收端,经长途传输后衰减的主信道弱光信号经 PA 放大后,利用分波器从主信道光信号中分出特定波长的光信号。对主接收机的主要要求为:

（1）要满足光信号接收的灵敏度；

（2）要符合过载功率的要求；

（3）能承受一定的光噪声信号；

（4）有足够 O/E 的电带宽特性。

光监控部分主要用以监控系统内各信道的传输情况。在发送端，插入本节点产生的波长（1510 nm）光监测信号（其中包含有光波分复用的帧同步用字节、公务字节和网管所用的开销字节等），与光信道的光信号合波输出。在接收端要从光合波信号中分出光监控信号（1550 nm）和业务光信道信号。

光波分复用系统管理：主要经过光监控信道传送的开销字节及其他节点的开销字节对 WDM 系统进行管理。

5.4.3　WDM 系统的功能描述

对于一个完整的 WDM 系统，可用如图 5.18 所示的 WDM 系统功能结构图来描述。根据光信号传送的距离远近，WDM 系统可分为两类：其一为无线路光放大器的传输系统，其二为有线路光放大器的传输系统。

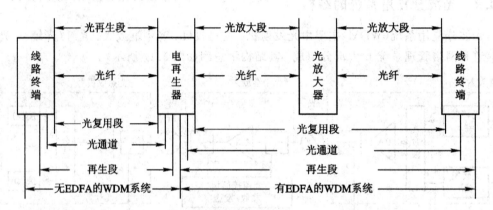

图 5.18　WDM 系统功能结构图

在光波分复用系统中的传输线路，特别是在要下载 SDH 信号和再上 SDH 信号的情况下，要用电再生器。因此，在 WDM 系统中应有此功能，在需要时就设立电再生器，否则不加。功能结构中有、无线路光放大器的 WDM 系统的参考配置应有所差异，如图 5.19、图 5.20 所示。

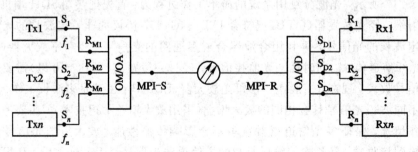

图 5.19　无线路光放大器的 WDM 系统

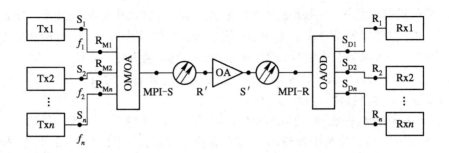

图 5.20　有线路光放大器的 WDM 系统

以上两种线路配置图中，Tx1…Txn 为不同波长的光发射器；Rx1…Rxn 为不同波长的光接收器；OM/OA 为光合波器与光放大器的集成；OA/OD 为光前置放大器与光分波器的集成；OA 为光放大器。

图中所示各参考点的定义如表 5.9 所示。

表 5.9　各参考点的定义

参考点	定　义
$S_1, \cdots, S_n$	通道 $1 \sim n$ 在发射机不同波长的光输出连接器的光纤参考点
$R_{M1}, \cdots, R_{Mn}$	通道 $1 \sim n$ 在 OM/OA 的光输入连接器的光纤参考点
MPI - S	OM/OA 在光输出连接器后面光纤上的参考点
R'	线路光放大器的光输入连接器前面光纤上的参考点
S'	线路光放大器的光输出连接器后面光纤上的参考点
MPI - R	在 OA/OD 的光输入连接器前面光纤上的参考点
$S_{D1}, \cdots, S_{Dn}$	通道 $1 \sim n$ 光接收机输出连接器处光纤上的参考点
$R_1, \cdots, R_n$	通道 $1 \sim n$ 光接收器输入连接器处光纤上的参考点

在有线路光放大器的 WDM 系统中，放大器设置情况与通路的波长数目有关，分两种情况：一种为长距离区段，其目标距离一般为 80 km；另一种为很长距离区段，其目标距离一般为 120 km。

在无线路光放大器的 WDM 系统中，标称距离与通路波长数目有关，分三种距离区段：其一为长距离，目标距离为 80 km；其二为很长距离，目标距离为 120 km；其三为超长距离，目标距离为 160 km。

5.4.4　光波分复用系统的主要设备

在前面我们已经讲了光波分复用系统的主要结构，如图 5.17 所示。该系统的主要设备有：光转发器(OTU)、光合波器/分波器、光纤放大器，这里主要介绍这几种关键的设备器件。

1. 光转发器

在光波分复用系统中，首先要把从客户来的光信号，转换成标准波长光信号后，再送入合波器。对于开放式的 WDM 系统，允许不同厂商的 SDH 光接口的非标准波长进入，如图 5.19 中的 $S_1, \cdots, S_n$ 波长光信号，然后通过光转发器转换为标准波长。

光转发器（OTU）即为波长转换器，其功能是实现把非标准的波长转换为 ITU - T 所规范的标准波长，即要符合 G.692 要求的光接口。

目前，商用的仍然是光/电/光（O/E/O）的转换方式，此种方式技术上较成熟，易于实现，由于在转换中进行了电再生处理，信号质量得到了改善。从发展来看，采用光/光（O/O）变换极其有利于集成，这种波长转换器目前尚无商用介绍，但是在研制中的却不少。在研制中的技术主要有基于半导体光放大器的交叉增益调制（XCM）、交叉相位调制（XPM）、四波混频调制（FWM）以及布拉格反射器和双稳型 LD 等方法构成的全光波长变换器等。

当转发器（OTU）在发送端使用时，其作用是使 SDH 设备的光信号与波分复用的光信号之间完成接口转换。在接收端使用时，主要实现其反变换，把波分复用的光信号恢复为开放的 SDH 系列的光信号。在有再生中继器的 WDM 系统中也同样要经 OTU 转换。这几种 OTU，随着在系统中应用场合情况不同，其主要参数要求也不相同，如表 5.10 所示。

表 5.10　光转发器接口参数

主要参数项目		接口参数			
		发送端 OTU	中继器 OTU	输出端 OTU	
输入端 S_n 点	接收机灵敏度/dBm	−18	−25	−25	
	接收机反射/dB	>27	>27	>27	
	过载功率/dBm	0	−9	−9	
	输入信号波长区/nm	1280～1565	1280～1565	1280～1565	
输出端 S_n 点				远距离	局内
	平均发送功率最大/dBm	0	0		
	平均发送功率最小/dBm	−10	−10	−9 −18	+3 −2
	最小消光比/dB	+10	+10	8.2	

2. 光波分复用器和解复用器

光波分复用器和解复用器如图 5.20 中的合波器和分波器。能将不同光源波长的光信号合在一起，经一根光纤输出传输的器件叫合波器，又称复用器；反之，将经一根光纤送来的多波长光信号分解为不同波长分别输出的器件叫分波器，又称解复用器。从原理上讲，此器件是互易的（双向可逆），因而，复用器和解复用器是相同的，复用器的输出端反过来就是解复用器。

光波分复用器和解复用器对系统传输质量起着决定性影响。对它们的主要要求是：

（1）损耗及其偏差要小；

（2）信道间的干扰要小；

（3）通道损耗要平坦；

（4）偏振的相关性要低。

光波分复用器和解复用器主要有介质膜滤波器、各种光栅型和星型耦合器等多种结构形式。这里简单介绍一种光栅型光波分复用和解复用器，其结构示意图如图 5.21 所示。

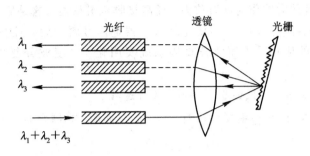

图 5.21　光栅型光波分复用器结构示意图

光栅型光波分复用器与棱镜分光作用一样。它是在一块能够投射或反射的平面上刻划平行且等距的沟痕，形成许多具有相同间隔的狭缝，当含有多波长的光信号通过光栅时产生衍射，不同成分的光信号将以不同的角度出射。

光栅型光波分复用器种类较多，图 5.21 为闪耀光栅型。它主要由透镜和光栅组成，一般用体积较小的自聚焦透镜，为使器件紧凑，将光栅直接刻划在透镜端面形成。当光纤阵列的光信号输入光纤后，经透镜准直，以等根数的平行光束射向闪耀光栅，由于光栅的衍射作用，不同波长的光信号以方向略有差异的各种平行光束返回透镜传输，再经透镜聚焦后以一定规律分别注入输出光纤中。

另外还有阵列波导光栅（AWG）型光波分复用器，它主要采用半导体加工工艺构筑光波导结构，如图 5.22 所示。

图 5.22 为 1×8 波分复用器。它是根据光波导之间的功率耦合与波长、间隔、材料等特性有关，采用半导体加工工艺制造出来的光波分复用器。这种结构可以实现数十个乃至上百个波长复用与解复用。AWG 型光波分复用器具有波长间隔小，信道数多，通道平坦等优点，适合超高速、大容量的光波分复用系统使用，它是目前研制、开发和应用的重点。

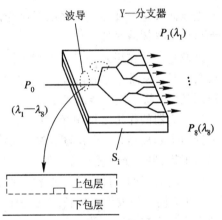

图 5.22　1×8 波分复用器

3. 掺铒光纤放大器（EDFA）

在光波分复用系统中，光纤放大器是关键设备，它是将光波信号直接放大的一种器件。如光纤中掺铒（三阶稀土元素）而形成的掺铒光纤放大器件，还有掺镨、掺钕等元素的光纤放大器。现在已经实用化而且用得较多的是掺铒光纤放大器。

1）掺铒光纤放大器（EDFA）

在石英光纤的芯层中掺入铒（Er）三价稀土元素，形成一种特殊光纤，在泵浦光源的激励下可放大光信号，因此称为掺铒光纤放大器（EDFA）。其主要特点是高增益、高输出、宽频带、低噪声。其增益特性与偏振无关，对传输的数据比特率与格式透明。在波分复用中，利用光纤放大器技术,可以把该波段内的所有波长衰减的光信号同时放大。在 WDM 的发送端用光纤放大器作功率放大器,提高进入光纤线路放大器的功率;在 WDM 的接收端解复用之前,设置光纤放大器作为前置放大,提高接收机灵敏度,这是原来再生中继器无能为力的。特别对于光纤接入网,更需要光纤放大器把信号放大后才能分支到各用户终端。由于有光纤放大器的应用,才使波分复用系统实用化,也使波分复用接入网技术成为可能。

2) 掺铒光纤放大器(EDFA)基本结构及工作过程

掺铒光纤放大器(EDFA)主要由掺铒光纤、光泵浦源、光耦合器、光隔离器等组成,如图 5.23 所示。

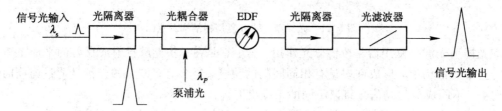

图 5.23　EDFA 的基本组成

掺铒光纤:这里采用工作波长 1550 nm 的光纤(掺铒元素),掺杂的浓度根据光纤放大器的光纤长度而定,长度越长,掺杂浓度越小(如长度 10 m 掺杂浓度为 330×10^{-6},长度为 $60 \sim 90$ m 掺杂浓度为 30×10^{-6})。

光泵浦源是一种能量较强的激励光源,在此光激励下才能增强光能,光泵浦源功率可用大功率半导体激光器提供。

光耦合器的作用是将光信号和泵浦源合在一起,当较弱的信号光与较强的泵浦源进入掺铒光纤时,泵浦光激活铒粒子。在信号光子的感应下,铒离子受激辐射,产生能级跃迁,跃迁到基层,将一模一样的光子注入信号光中,完成放大作用。

光隔离器的作用是抑制光反射,以确保光纤放大器工作稳定。要使隔离大于 40 dB,一般配置两个隔离器,一个在输入端,以消除上段因放大的(自发)发射光信号反向传输可能引起的干扰;另一个在输出端,保护器件免受下级的逆反射。

光纤放大器的特性主要有增益特性、输出功率和噪声特性。增益特性表明该放大器的放大能力,同一般放大器增益定义一样,是输出与输入功率之比,通常为 $15 \sim 40$ dB。它的增益大小与许多因素有关。

改变掺杂成分可改善 EDFA 的增益特性平坦度;采用隔离器吸收最大增益点峰值功率,可使增益均衡,扩大 EDFA 的带宽。

还有其他类型的光纤放大器,如掺镨光纤放大器(PDFA)(它对改造现有光纤通信扩容升级有现实意义),掺铅、掺钇、掺氟化物等光纤放大器,现在正开发并逐步得到应用的还有半导体光纤放大器(SOA)。还有一些光纤放大器及其特性功能可参阅有关专著。

5.4.5　光波分复用线路光纤

1. G.652、G.653、G.654、G.655 光纤

在目前的光纤通信中广泛采用的是 G.652、G.653、G.654、G.655。G.652 光纤目前

称为 1310 nm 波长性能最佳单模光纤，适用于 1310 nm 和 1530 nm 以下的单通路中；G.653 是在 1550 nm 波长性能最佳的单模光纤，此光纤零色散从 1310 nm 移至 1530 nm 工作波长，所以又称为色散移位光纤，也主要用在 SDH 系统中；G.654 光纤，称为截止波长移位的单模光纤，主要用于海底光纤通信；G.655 光纤称之为非零色散移位单模光纤，它使零色散技术不在 1550 nm，而将移至 1570 nm 及 1510～1520 nm 附近，主要用于 1530 nm 工作波长源，在较长距离的波分复用中应用。

2. 非零色散单模移位光纤(NE - DSF)

在 WDM 系统中的上述光纤，由于在长途传输时采用了光纤放大器(EDFA)，这可能引起非线性效应，会出现回波混频效应(FWM)，以致会引起信道回串扰。为有效抑制 FWM(回波混频效应)，引出了另一种新型光纤——非零色散单模移位光纤(NE - DSF)，它属于 G.655 光纤改进型，此种光纤除零色散点移动外，其余特性与 G.655 等常用光纤相同。根据理论分析，NE - DSF 光纤传输率至少可达 80 Gb/s 以上，而且色散距离达数百公里，还可保持最小色散系数。

目前，世界上一些著名通信公司对 NE - DSF 光纤的研究开发工作很感兴趣。另外，还有色散补偿光纤、色散平坦光纤等新型光纤还在研制和试验，这将会使光波分复用光纤传输技术更加成熟。

5.4.6　光波分复用的主要技术

1. 光源技术

在光通信中，光信号是由光源产生的，因此在光波分复用系统中光源占有重要的位置。系统中所用的光源称做激光器，WDM 系统对光源的发光波长要求精确而且稳定性要好；激光器集成芯片的成本要低。对光源的波长要进行精确的设定和控制，必须有配套的波长监测与稳定技术。目前采用的方法主要有两种：一种是温度反馈控制技术，它是通过激光器芯片所在的热沉上的温度检测控制相应的温控电路，达到控制波长和稳定波长的目的；另一种是波长反馈控制法，它是通过输出端检测光波长，利用相应的输出电压与标准参考电压的差值来控制激光器的温度，形成闭环控制，使之锁定在中心波长上。

2. 滤光技术

由于通信中光波分复用系统是以光波长(频率)为载体，因而也有类似频分复用那样的滤波技术，这里称为滤光技术。此技术在 WDM 系统及全光通信系统中得到了广泛应用。允许特定波长(频率)的光信号通过的器件称为滤光器。如果通过滤光器的波长可调整改变，则称该滤光器为波长可调谐滤光器。

3. 色散补偿技术

在 SDH 光通信系统中，传输距离主要受衰减限制，而在波分复用系统中，采用了光纤放大器之后，衰减限制问题得以解决。然而，传输距离增加，光纤色散却也随之增加，所以，现在又提出色散问题。例如，G.655(1550 nm)光纤在光中继传输时的距离(2.5 Gb/s)为 4528 km，而受色散限制，在速率为 10 Gb/s 时传输距离为 283 km，当传输速率增加为 40 Gb/s 时，色散增加，此时传输距离下降到 18 km。

在已建立的 SDH 光通信系统中，大量采用了常规 G.652 单模光纤。由于光纤放大器 EDFA 工作在 1530 nm，使 1530 nm 窗口成为长距离、大容量光纤通信优先窗口，而 G.652 光纤在 1530 nm 工作时色散较大，为充分利用现有资源，在波分复用系统中仍利用此窗口。因此，必须采取措施解决色散问题，其中方法之一就是采用色散补偿技术。

色散补偿又称光均衡，其基本原理是，当光脉冲信号经过长距离光纤传输后，由于色散的影响，会使信号发生畸变。这时，可用一段色散补偿光纤来修正，以消除畸变。例如在 1530 nm 波段，利用具有大的负波长色散补偿光纤（DCF）来进行有效的色散补偿，即在已建好的 1310 nm 单模光纤中，每隔一定距离，插入长度调整好的色散补偿光纤，对色散进行补偿，使整个光传输线路的总色散为零。人们通常把这段特殊的具有负色散的光纤称为色散补偿光纤。为克服色散影响，还可采用如色散管理技术、色散支持传输技术以及特殊的光调制技术等。

4. 光纤放大器的增益平坦技术

光纤放大器技术的实用化促进了 WDM 系统的发展，但对于 EDFA，有一个特殊的要求——增益平坦。一般的 EDFA 在其工作波段内有一定的增益平坦，常用带内增益平坦度 GF 表示，它是指在整个通带内最大增益与最小波长点的增益之差。当然在 WDM 系统中，GF 越小越好，否则由于增益的波动，特别在多个 EDFA 级联后，这种增益会产生线性积累，当信号到达接收端时，增益高的波长信道可使接收机过载，而增益低的波长信道信噪比低又达不到要求，使整个系统不能正常工作。因此对 WDM 系统的每个 EDFA，规定其宽带的增益平坦度（GF）不能超过 1 dB。为了保证在 WDM 系统中各个 EDFA 增益平坦，采取了一些特殊技术，如选用在 EDFA 的增益平坦区域的波长区工作；采用增益均衡技术；采用光电反馈环的增益控制；利用激光器辐射的全光控制；利用双芯有源光纤控制等。

5. 系统的监控技术

设置光纤放大器的 WDM 系统与常规的 SDH 光同步传输系统不同，在 EDFA 的光中继器上，业务信号不能作上、下话路传输，也无电接口接入，只有光信号放大功能。在 SDH 系统中的开销字节也没有安排对 EDFA 进行控制和监控的字节，因而需增加一个电信号对 EDFA 工作状态进行控制。另外，也要完善对 WDM 系统工作的监控、管理技术，如对部件故障的故障告警、故障定位、运行中的质量参数监控以及线路中断时备用线路的控制等。一般采用的监控技术有以下几种：

(1) 带外波长监控技术；

(2) 带内波长监控技术；

(3) 带内、带外混合波长监控技术等。

监控信道的一般物理接口符合 G.703 要求，信道速率为 2.048 Mb/s（其通路帧结构中 32 时隙）。可根据不同情况设计时隙作用与字节安排，其监控信道接口参数如表 5.11 所示。

表 5.11 监控信道接口参数表

监控参数名称	监控参数
监控波长	1510 nm
监控速率	2.048 Mb/s
信号码型	CMI 码
信号发送功率	(0～-7 dBm)
光谱类型	MLMLD
最小接收灵敏度	-48 dBm
误码性能	1×10^{-11}

5.5　IP over WDM（全光因特网）

随着 Internet 技术的发展，IP 业务的实用化技术研究进展神速。IP over ATM 已经商用，我国的 IP over SDH 技术协议标准（武汉光通信研究院制订）已被 ITU－T 采纳为国际 IP over SDH 标准。美国在 1998 年就宣布建设"IP over DWDM"光因特网，目前已实现了美国提出的全球基础设施 GII 战略。为解决全球 Internet 宽带业务，IP over WDM 将大大改变世界的通信面貌。

IP over WDM 称为光因特网或优化光互联网，这是新一代的 WDM 系统，如图 5.24 所示。它是 IP 数据网与 WDM 全光网的结合，是以高性能路由器通过光分插复用器（OADM）或光分复用器（WDM）直接接入 WDM 全光网中，以实现 IP 数据包直接在多波长光路上的传输。全光网（IP over WDM）的分层模型如图 5.25 所示，大体上分为应用层、网络层、物理层。其中，应用层一般指 IP 多媒体业务；物理层都是用成熟的光纤为媒介；网络层完成把多媒体信号都集中到 IP 数据包中，再以 IP 的格式适配进入 WDM 物理层。在光纤上直接运行 IP 数据包，省去了中间的 ATM 及 SDH 设备，可以与 IP 的不对称业务量特性相匹配。这样可以充分利用宽带，大大节省网络运营成本，从而间接地降低了用户使用多媒体 IP 业务的费用。这是一种发展中的最直接、最简单、最经济的 IP 网络体系结构，特别适用于超大型的 IP 骨干网。

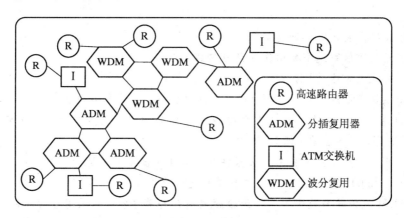

图 5.24　光互联网结构

图 5.25　IP over WDM 分层模型

光互联网的发展是全球性的，必须要由 ITU–T 判定其技术规范和各种接口标准。如光网络物理层传输接口包括：比特率、不同数据格式的成帧结构以及同步、光纤特性、光网络与数据网络层中间的配置；中间层的保护/恢复、会话管理、计费、安全等。

全光互联网是一个发展中的全新技术，它与现行的 SDH 网、WDM 系统和 WDM 的联系是不能割断的。由用户 IP 的光信号至整个网络的传送，涉及的领域很广泛，因此，IP 进入光网的分层是可以重叠的。下面为 IP 进入光传输层的实现过程：

由 IP→ATM→SDH→光网

由 IP→SDH→光网

由 IP→光网

由上可见，技术的发展不是跳跃式的，而是逐渐地弃旧迎新，发展到由 IP 直接进入光网，与原来的网络会共存一段时间。但由于 IP 直接进入光网将大大降低成本、降低用户费用，这个竞争筹码促使世界各大公司都对此开展研究，特别是光通信领域的光器件受限是要首先研究的难题，目前具有光功能的光器件还不能达到微电子器件的同等效能。其中急需解决的问题有全光交换机、全光分插复用、光交叉连接、各种光接口，以及网络的生存，全光网的管理及光集成技术领域等最新技术。

习　题

1. 为什么要发展数字光纤通信？
2. 数字光纤通信系统主要由哪几部分构成？
3. 光纤的导光原理是什么？
4. 光缆是如何形成的？它可分为哪几大种类？结构形式有几种？
5. PDH 光纤传输系统的光端机主要由哪几部分构成？光接口为什么要经码型变换？光纤接口码型 5B6B 码编码规律如何？
6. 光发送和光接收主要采用什么器件？其各自的重要参数是什么？
7. 什么是 SDH 光传输系统，其主要特点是什么？
8. 在 SDH 光传输系统中再生中继段距离有几种算法？一般采用什么算法？
9. IP over WDM 是什么意思？它的发展前景如何？

第 6 章　数字微波与卫星通信系统

6.1　数字微波通信系统概述

6.1.1　微波通信的基本概念

1. 微波通信的频段及特点

微波通信是依靠空间电磁波来传递信息的一种通信方式。无线电磁波是以频率或波长来分类的，波长与频率的关系如下：

$$\lambda = \frac{C}{f} \tag{6.1.1}$$

式中，λ 为电磁波波长（m）；C 为电磁波传播速度 3×10^8（m/s）；f 为电磁波频率（Hz）。

无线电频段的划分如表 6.1 所示。由表可知，微波频段在较高频段，通常人们所说的微波是指频率在 $0.3 \sim 300$ GHz 范围的电磁波，利用此频段的电磁波来传递信息，就称之为微波通信。电磁波频率不同，波长不同（频率越低，波长越长），其空间传播的特性也不一样，因而用途也有不同。

表 6.1　电磁波频谱分类

频段名称		频率范围	波长范围
长波		$30 \sim 300$ kHz	$10000 \sim 1000$ m
中波		$300 \sim 3000$ kHz	$1000 \sim 100$ m
短波		$3 \sim 30$ MHz	$100 \sim 10$ m
超短波（特高频）		$30 \sim 300$ MHz	$10 \sim 1$ m
微波	分米波	300 MHz~ 3 GHz	$100 \sim 10$ cm
	厘米波	$3 \sim 30$ GHz	$10 \sim 1$ cm
	毫米波	$30 \sim 300$ GHz	1 cm~ 1 mm
红外线（光波）		>300 GHz	<1 mm

长波绕射能力最强，靠地波传播，常用于长波电台进行海上通信。中波较稳定，主要用于短距离广播。短波利用了电离层反射进行远距离传播，主要用于短波通信和短波广播。在短波传输时，由于电离层的变化，信号起伏变化较大，接收信号时强时弱，晚上电离层较稳定，因此传播效果较好，信号也较稳定，在听无线电广播时人们能体会到这一特性。

微波波长短，接近于光波，是直线传播，这就要求两个通信点（信号转接点）间无阻挡，即所谓的视距通信。微波通信除此之外，还有以下特点：

（1）工作的微波频段（GHz级别）频率高，不易受天电、工业噪声干扰及太阳黑子变化等影响，因此，通信可靠性高。由于波长短，因而天线尺寸可做得很小，通常做成面式天线，增益高，方向性强。特别在 1～10 GHz 频段（称为无线电窗口的微波频段），衰减、干扰，以及自然条件等影响都比较小。因此在微波通信以及在卫星通信中首先采用，而且使用范围一般为 C 波段（4/6 GHz 频段）。

（2）微波通信又称接力通信或视距通信。这里视距是指要"看得见"对方，天线的两站间的通信，距离不会太远，一般为 50 km。为了远距离传送信号，微波通信就像人们进行接力赛那样，把信号一段一段地往前传送，所以又称为微波接力通信。

（3）微波频带宽，传输信息容量较大。

2. 数字微波通信系统组成及工作过程

1）微波通信系统组成

数字微波通信系统由两个终端站和若干个中间站构成，如图 6.1 所示，它由发端站、中间站和收端站组成。

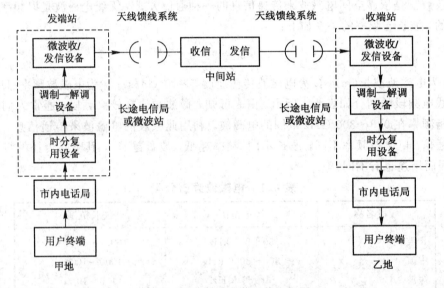

图 6.1　数字微波通信系统方框图

工作过程从图 6.1 可知，如从甲地发端站送来的数字信号，经过数字基带信号处理（数字多路复用或数字压缩处理）后，经数字调制，形成数字中频调制信号（70 MHz 或 140 MHz），再送入发送设备，进行射频调制变成为微波信号，进而送入发射天线向微波中间站（微波中继站）发送。微波中间站收到信号后经再处理，使数字信号再生后又恢复为微波信号向下一站再发送，这样一直传送到收端站，收端站把微波信号经过混频、中频解调恢复出数字基带信号，再分路还原为原始的数字信号。

2）微波通信设备的特殊天馈系统

无线通信是通过天馈系统来发射和接收信号的，微波通信也不例外。由于微波频率高，波长短，因此使用的天线一般都采用面式天线，有喇叭天线、抛物面天线、卡塞格伦天线等。如图 6.2 所示，微波天线常用双反射面的抛物面天线（或卡塞格伦天线）。其主反射面似一口大锅的抛物面，其抛物面中心（锅底）底部置馈源，作为发送和接收电磁波信号的门户。其馈线系统,一般由波导和同轴电缆(工作频段在 2 GHz 以下时)组成。由图 6.2 中可看出,天线馈源与馈线是直接相连的,微波信号天馈系统中还要通过滤波、极化分离、极化旋转等多次变换,这些滤波器、极化器、匹配器等一般都是特殊的波导器件,不同于传统的电子器件。

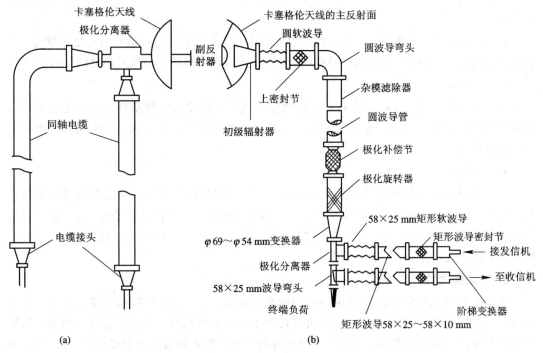

图 6.2　天线馈线系统

(a) 同轴电缆天线馈线系统;(b) 圆波导天线馈线系统

6.1.2　微波传输线路

1. 微波接力通信系统组成

"微波接力"是目前广泛使用于视距微波的通信方式。由于地球是圆的,使得地球上两点(两个微波站)间不被阻挡的距离有限,为了可靠通信,一条长的微波中继线路就要在线路中间设若干个中继站,采用接力的方式传输信息。具体来说,一个完整的长途传输的微波接力通信系统由终端站、枢纽站、分路站及若干中继站所组成,如图 6.3 所示。

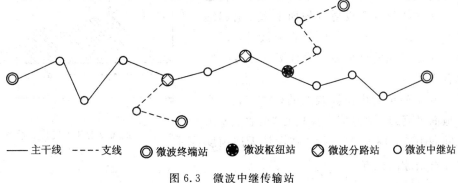

——— 主干线　----- 支线　◎微波终端站　●微波枢纽站　◇微波分路站　○微波中继站

图 6.3　微波中继传输站

1）终端站

处于线路两端或分支线路终点的站称为终端站。对于向若干方向辐射的枢纽站，就其某个方向上的站来说也是终端站。在此站可上、下传输全部支路信号，可配备 SDH 数字微波的 ADM 或 TM 设备，可作为集中监控站或主站。

2）枢纽站

位于干线上的、两条以上的微波线路交叉的站称为枢纽站。除对信号的再生中继外，枢纽站可以从几个方向分出或加入话路或电视信号，实现两条链路上信号或部分信号的交换。

3）分路站

在长途线路中间，分路站除具有对接收信号放大、转发的中继站功能外，还能将信道上传送的多路信号中的部分话路分离出来，并插入相同路数的新话路，以实现长距离传输系统的区间通信。

4）中继站

微波中继站是微波传输线路的中间转接站。其作用是接收相邻甲站发来的微弱微波信号，进行再生、功率放大后，再转发给下一个相邻乙站，以确保传输信号的质量。也可以接收乙站发来的微波信号，经再生、功率放大后转发给甲站。中继站不上（插入）下（抽出）话路，仅负责转接，起中继、接力的作用。

2. 微波传播的电波特性

在两个微波站间的电波传播我们称为微波信道或微波线路（两站间的接力通道、接力线路）。它们之间存在衰减，这种衰减可以按自由空间天线辐射能量的衰落进行计算，但其实际传播情况与两站内所处的环境、自然现象等有关。如地面或山地的反射波，雨、雾、雪等对电波的吸收和散射、折射，这些情况会引起电波的快衰落与慢衰落，使对方实际收到的电平要低十几至几十分贝。这些衰落还与频率高低有关，一般在无线电窗口（1～10 GHz）范围电波特性较好（电波自由空间传播衰耗见卫星通信中的 L_P 计算公式）。

3. 微波信号传输线路中的余隙概念

收、发两微波站间的电波传播，受到电离层、对流层及环境的大气压力、温度、湿度等参数变化的影响。在空间不同高度的波束，其传播速度会发生变化，当上层比下层传播快时，则电波射线往下弯曲，当下层比上层传播快时，则电波射线往上弯曲，如图 6.4 所示。从图中看出，在传输线路上，有一部分波会投射到地面上来，引起地面波的反射，这样在收端除收到直射波外，还会收到满足反射条件的反射波。此时接收信号的电波即为合成波。

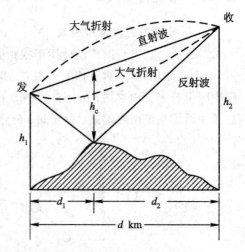

从图 6.4 中可看出微波线路的余隙概念，它是指从地面最高点（设为信号反射点）至收、发天线连线间的距离，用 h_c 来表示。在设计天线高度时一定要有余隙的计算。

图 6.4　地面反射和大气折射示意图

余隙的计算与等效地球半径系数 k 和第一菲涅尔区半径(F_1)有关。其中，k 主要随气象变化而受影响；F_1 与电波反射波长、地面反射点距两微波天线距离等有关，其计算公式为

$$F_1(\text{m}) = 31.6 \sqrt{\frac{\lambda(\text{m})d_1(\text{m}) \cdot d_2(\text{km})}{d(\text{km})}} \tag{6.1.2}$$

其中，λ 为微波工作波长；d_1 为反射点离发射天线距离；d_2 为反射点离接收天线距离；d 为收、发天线间距离($d = d_1 + d_2$)。

余隙计算如下：

(1) 当地面反射系数较小时，线路(山区、丘陵、城市、森林等地区)天线不能太低，否则会使大气折射电波向下弯曲，这时 $k = 2/3$，$h_c \geqslant 0.3F_1$。

(2) 当地面反射系数较大时，线路(如水面、湖面、稻田等地区)余隙不能太小。这时，余隙标准为 $k = 4/3$(标准大气)，$h_c \geqslant 1.0F_1$。

(3) 当 $k = \infty$(余隙较大)时，$h_c \leqslant 1.35F_1$。因此

$$h_c = \begin{cases} \geqslant 0.3F_1 & (k = 2/3) \\ \geqslant 1.0F_1 & (k = 4/3) \\ \leqslant 1.35F_1 & (k = \infty) \end{cases} \tag{6.1.3}$$

4. 数字微波信道的干扰和噪声

微波线路的干扰主要来自天馈系统和空间传播引入，一般有回波干扰、交叉极化干扰、收发干扰、邻近波道干扰、天线系统同频干扰及其他微波系统、雷达等干扰。

噪声主要来自设备，如收、发信机热噪声以及本振源的热噪声等。

6.2　卫星通信系统

卫星通信是地面微波中继通信的发展，是随航天技术的发展而发展起来的现代通信方式。我们可以这样来定义：卫星通信是指利用人造地球卫星作为中继站，转发无线电信号，在多个地球站之间进行信息交流的通信方式，如图 6.5 所示。

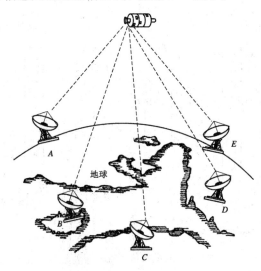

图 6.5　卫星通信的示意图

6.2.1 卫星通信系统的组成及特点

我们这里主要讲同步卫星通信系统，它由两大部分，即通信部分和保障部分组成。

1. 卫星通信系统组成及工作过程

卫星通信部分主要包括发端地面站、收端地面站、上行线路、下行线路和通信卫星等五大部分，如图 6.6 所示。

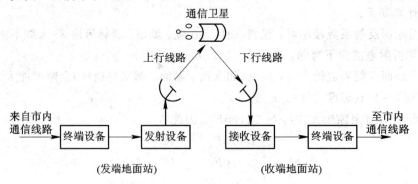

图 6.6　卫星通信线路的组成

在地面站要构成双工通信，既要向卫星发射信号，也要接收从卫星转发其他地面站送给本站的信号。在实际地面站要完成双向通信的过程如图 6.7 所示。

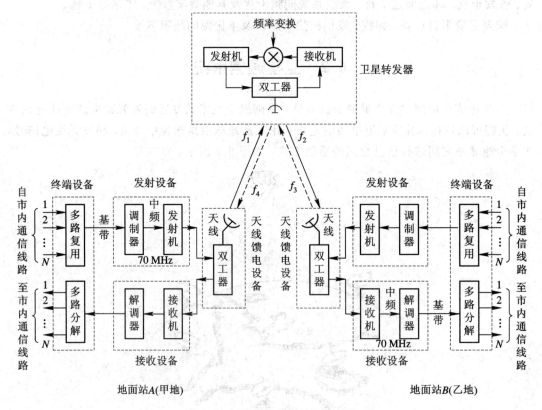

图 6.7　卫星通信系统的工作过程

当甲地一些用户要与乙地的某些用户通话时，甲地首先要把本站的信号组成基带信号，经过调制器变换为中频信号(70 MHz)，再经上变频变为微波信号，经高功放放大后，由天线发向卫星(上行线)。卫星收到地面站的上行信号，经放大处理，变换为下行的微波信号。乙地收端站收到从卫星传送来的信号(下行线)，经低噪声放大、下变频、中频解调，还原为基带信号，并分路后送到各用户。这就完成了甲端到乙端地面站信号的传输工作过程。乙地终端站发向甲地的信号过程与此相同，只是上行线、下行线的频率不同而已。

2. 卫星通信的保障部分

卫星通信的保障部分主要由地面话音的监控管理及卫星通信系统的监控、管理维护等组成。

在一个地面站要设立监控台，具有控制、监视、监测、维护及倒换等功能，有计算机及人工两种控制方式。

卫星通信控制系统，包括星上控制、卫星通信网络的管理和控制。主要控制：卫星运行的轨道、定点，通信过程中各地球站发射的频率、功率，以及卫星转发器的工作性能监测、控制等。这可由专门设立的卫星监控站完成，也可由与某一地面站共用的控制通信主站来完成。

3. 卫星通信的特点

与其他长途通信系统相比，卫星通信具有以下特点：

(1) 覆盖面积大，通信距离远。一颗静止卫星最大可覆盖地球表面三分之一，三颗同步卫星可覆盖除两极外的全球表面，从而实现全球通信。

(2) 设站灵活，容易实现多址通信。

(3) 通信容量大，传送的业务类型多。

(4) 卫星通信一般为恒参信道，信道特性稳定。

(5) 电路使用费用与通信距离无关。

(6) 建站快，投资省。

其不足主要表现为：

(1) 要求卫星严格，有高可靠性、长寿命。

(2) 通信地面站设备较复杂、庞大。

(3) 卫星传输信号有延迟。

6.2.2　卫星通信传输线路的性能参数

在卫星通信系统中(如图 6.7 所示)，信号从发端地面站到收端地面站，经过了信号发射、上行线、卫星转发、下行线和收端接收这一系列的传输过程。在整个传输过程中，信号会受到各种干扰、衰耗、噪声及本身信道频率特性等影响，使波形失真，从而使信号质量恶化。因此，我们必须规定所传输的信号要达到的质量标准、基本要求和限度。这就必须对传输线路的各参数进行一系列规范(原 CCIR 及现在 ITU - R 的建议标准)。在这里只对卫星传输的几个主要参数进行介绍，其他有关参数性能及线路计算请参阅有关专著。

1. 全向有效辐射功率(EIRP)

全向有效辐射功率表示天线对着目标方向所辐射的电波强度(一般用 dBW 来表示)：

$$\mathrm{EIRP} = \frac{P_\mathrm{T}}{L_\mathrm{T}} G_\mathrm{T} \tag{6.2.1}$$

式中：P_T 为设备发送功率(W)；L_T 为发射部分天馈系统损耗；G_T 为发射天线增益，且有

$$G_\mathrm{T} = \left(\frac{\pi D}{\lambda}\right)^2 \cdot \eta \tag{6.2.2}$$

式中：D 为天线直径(m)；λ 为发射电波波长(m)；η 为天线效率。

EIRP 有两个含义：其一，是指地面站天线向着卫星接收方向辐射的电波强度，用 $\mathrm{EIRP_E}$ 表示；其二，是指卫星转发器天线向接收地面站方向所辐射的电波强度，用 $\mathrm{EIRP_S}$ 表示。

2. 传播衰耗

传播衰耗表示电波在自由空间(恒参信道)传播的衰耗，又称故有衰减(卫星与地面站两天线间传输衰耗)，用 L_P 表示：

$$L_\mathrm{P} = \left(\frac{4\pi d}{\lambda}\right)^2 \tag{6.2.3}$$

式中：d 为卫星与地面站之间的距离(m)；λ 为电波的波长(m)；L_P 为传播衰耗。

3. 传播方程

接收端的信号强度(P_R)表示卫星通信系统接收信号的能力。它与对方的全向有效辐射功率成正比，与传播衰耗成反比，与接收天线增益成正比，即

$$P_\mathrm{R} = \frac{\mathrm{EIRP}}{L_\mathrm{P}} \cdot G_\mathrm{R} \tag{6.2.4}$$

式中，EIRP 为发送端的全向有效辐射功率(它可以是 $\mathrm{EIRP_S}$，也可为 $\mathrm{EIRP_E}$)；G_R 为接收天线有效增益(这已经排除了天馈系统的损耗，称有效增益)；L_P 为传播衰耗(它可以是上行线，也可以是下行线的传播路途的衰耗)。

4. 接收地面站性能指数

接收地面站性能指数是卫星通信系统中的特有参数：

$$[G/T] = 10\lg\frac{G_\mathrm{R}}{T} = 10\lg G_\mathrm{R} - 10\lg T \tag{6.2.5}$$

式中：G_R 表示天线的有效增益(可以是卫星上天线，也可以是地面站天线的增益)；T 为接收系统的等效噪声温度。

注：这里的 T 要折合到信号输入端进行计算。

从 $[G/T]$ 值来看，接收天线增益越大越好，从 T 来看，接收部分的等效噪声越小越好，这就直观反映了接收端的性能优劣，所以一般称为地面站或者卫星接收机的性能指数。

世界卫星组织规定了 A 级卫星地面站性能指数

$$[G/T] \geqslant 40.7 + 20\lg f/4 \ (\mathrm{dB/k^6})$$

这里 f 的单位为千兆赫(GHz)。

5. C/T 值与 S/N 值

载噪比(C/N)和载波噪声温度比(C/T)是衡量卫星线路未经解调前送入接收设备的重要参数。因为

$$N = KTB \tag{6.2.6}$$

所以

$$\frac{C}{N} = \frac{C}{KTB} \tag{6.2.7}$$

式中，N 为噪声功率；K 为波尔前罗常数；T 为系统等效噪声温度；B 为接收机带宽。

这里，C/N 和 C/T 的区别在于 C/T 中没有宽带因素。

S/N 是指卫星传送信号经解调后的输出信噪比，它是随传送信号种类，如图像、话音、数据等业务不同而有区别的。

6. 门限电平

卫星通信系统中，在接收端恢复出的信号的质量一般用 S/N 来表示，以此表示信号优劣。在数字系统中，一般用误码率来表示，也可以等效为 S/N。当设备已经确定时，卫星通信系统的 $C/N(C/T)$ 与 S/N 的关系，可用门限电平来表示，如图 6.8 所示。

门限效应：当卫星接收机解调器输出端的 S/N 与系统输入端的 C/N 之间的关系如图 6.8 所示，如 C/N 小于某一数值时，S/N 会急剧下降的这种现象，称为门限效应。产生门限效应的这一 C/N 值称为门限电平。

门限电平的含义是：为保证接收到的话音、图像、数据等信号的质量，或者说为使接收系统对接收到的信号进行解调后，能有起码的信噪比或误比特率时，

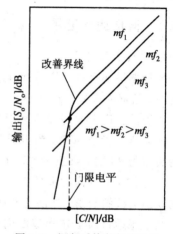

图 6.8　调频系统的门限电平

接收系统必须得到的最小载噪比值。由于在卫星通信系统中有些不确定因素，如电子设备性能变化，天线定向偏差，气候条件变化等都会引起传输衰耗增大和噪声增加，使 C/N 下降。为保证卫星通信线路不至于工作在门限电平以下，一般都留有一定的余量，此余量称为门限余量(E)。在传输线路总体设计时就必须考虑门限余量(E)。

7. 卫星传输信号的几种信号处理技术

除在前面已讲述过的数字信号基带处理的纠错编码技术和扰码处理技术外，还有以下几种信号处理技术。

1）能量扩散技术

由于卫星转发器是在多载波工作，而转发器的变频器件为非线性器件，因而会产生交流干扰，特别对于有些载波未调制和负担少的情况，载波功率大就会对其他载波带来严重干扰。为此，对未调制的载波，外加一个信号，使其能量扩散。外加信号称为能量扩散信号，一般为 20～150 Hz 的三角波，它可在接收端用高通滤波去掉。

2）预加重

由于收端解调器对多路信号调频波解调时，噪声也在其中，解调后的高端信号 S/N 比低端的 S/N 低。为解决这一问题，在基带处理时加一个预加重网络，使频带内信噪比均匀，在接收端进行相反处理，用去加重网络恢复原信号。

3）加权

加权主要是对人的视觉和听觉频率特性而言的。人们对噪声的敏感程度和实际上存在

的噪声之间有差别,为使 S/N 的实际情况和人的感觉器官协调,特采用了修正值,这个修正值称为加权值。加权在传输中没有实际意义,而是改善了人们在接收信号时的感觉。采用了加权、加重以后使人们感觉到 S/N 提高了。

6.3 通信卫星

自从 1957 年苏联把第一颗人造地球卫星送上太空,就使卫星通信成为可能。在卫星通信系统中,通信卫星是核心,没有现代的空间技术把卫星送到预定空间轨道,就不可能实现现代的卫星通信。

6.3.1 同步通信卫星

1. 地球卫星轨道

地球卫星都有自己的运行轨道,这种轨道有圆形,也有椭圆形,轨道所在的平面称为轨道面,轨道面都要通过地心。

当卫星轨道平面与赤道平面的夹角为 0°时,称卫星的轨道为赤道轨道。当卫星轨道平面与赤道平面的夹角为 90°时,称卫星的轨道为极轨道。当卫星轨道平面与赤道平面的夹角在 0~90°之间时,称卫星的轨道为倾斜轨道,如图 6.9 所示。

当卫星运行轨道在赤道面内时,称卫星的轨道为赤道轨道,如轨道呈圆形,此轨道离地面高度为 35 786.6 km 时,此轨道称为同步轨道。同步轨道只有一个,是宝贵的空间资源。

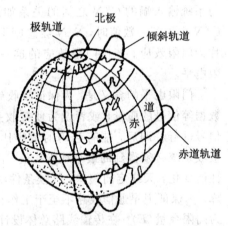

图 6.9 地球卫星的几种轨道

2. 同步通信卫星

在同步轨道上运行的卫星,卫星运行方向与地球自转方向相同,由西向东做圆周运动,卫星运行周期为恒星日(23 小时 56 分 4 秒),一般称为 24 小时。它的匀速运动速度 $v=3.07$ km/s,这时卫星相对于地球表面呈静止状态,在地球上观察卫星时,此卫星是静止不动的,人们把这个卫星叫做同步卫星或叫静止卫星。这个轨道也称为静止轨道。

利用同步卫星(静止卫星)来转发无线电信号组成的通信系统就称为卫星通信系统,作为通信用的这个卫星就叫做同步通信卫星。我们这里主要讲述的就是同步卫星通信。

3. 影响同步卫星通信的因素

1)摄动

在空中运行的卫星,受到来自地球、太阳、月亮的引力以及地球形状不均匀,太阳辐射压力等影响,使卫星运行轨道偏离预定理想轨道,这种现象称为摄动。

2)轨道平面倾斜效应

当静止卫星受到某些因素影响而发生相对于赤道平面向上、向下的固定偏离时,就使卫星的视在位置及星下点发生改变,这就称为倾斜效应。

卫星的摄动及倾斜效应会引起卫星的位置发生变化，偏离原来的经度、纬度。对于**静止卫星**通信系统就必须采取措施，使卫星稳定在预定的位置，这就称为位置控制。在卫星上有许多喷嘴，当发生位置偏离时，控制其喷射气体燃烧，推动卫星回到原位置。

3）星蚀与日凌中断

当静止卫星和地心及太阳在一条直线上，且地球挡住太阳使卫星处于阴影区时，就称此为星蚀。星蚀一般发生在每年春分和秋分前后 23 天，当地的午夜时间前后，持续时间大约 1 小时。这时，卫星上太阳能电池不能供电，只能依靠星载蓄电池或化学电池供电，也可以适当调整卫星位置。

在这一直线上的另一种情况是，当太阳正对着卫星，地面站天线对准太阳时，因太阳黑子产生的强大的太阳噪声干扰，会使通信短暂中断，这种现象称为日凌中断。这种现象发生在每年春分、秋分前后各 6 天左右，每次持续时间大概为 6 分钟，因此在通信中要尽量避免。

4）卫星姿态的保持与控制

前面讲到卫星的位置要控制，使之保持在预定位置，但这还不够，还必须使卫星的天线波束指向覆盖区中心，使卫星上太阳能电池板正对太阳。这就要求卫星相对于地球保持一定的姿态，使之达到上述两项要求。使卫星姿态保持的控制方法主要有：角度惯性控制（自施稳定法）和三轴稳定法。后者采用较多，因后者具有控制精度较高，可节省燃料，太阳能电池板可以做得较大，电能供给功率较大等优点。

6.3.2　通信卫星的组成

同步通信卫星主要由控制系统、通信系统、遥测指令系统、电源系统、温控系统等组成，如图 6.10 所示。

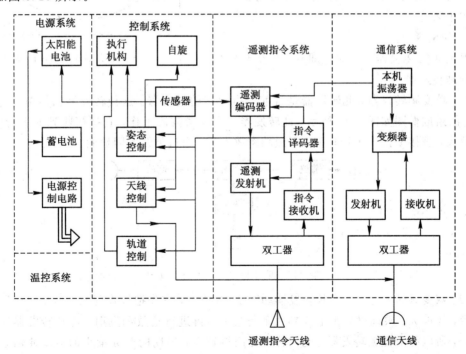

图 6.10　通信卫星的组成

1. 控制系统

控制系统主要由各种可控的调整装置、驱动装置（喷气抵进器）及各种转换开关等组成。它在地面遥控指令下，主要完成对卫星姿态、位置、工作状态，主、备用设备切换等控制功能。

2. 通信系统

通信系统是通信卫星的关键，通信转发任务全落在它身上，因此责任重大。它主要由天线和转发器两大部分组成。

1）天线

卫星上使用的天线要求严格：体积小、重量轻、馈电方便、易折叠、易展开；电器特性好、增益高、效率高、宽频带等。其种类有：

（1）全方向性天线。此天线是完成遥测和指令信号的发送、接收功能的。

（2）通信天线。卫星上的通信天线，主要是接收、转发地面站的通信信号。通信天线要对准所覆盖的区域，按其覆盖面大小可分为以下4类。

① 球波束天线：覆盖地球表面面积最大，如图 6.11 所示。一般可达地球表面的1/3。

② 覆球波束天线（区域波束天线）：覆盖的地球通信区域为一特定的区域，如为一个国家国土等。

③ 半球波束天线：是球波束天线覆盖的1/2。

④ 点波束天线：此波束很窄，覆盖地面某一限定的小区。

2）转发器

卫星通信转发器有三种，即双、单变频转发器和处理转发器。

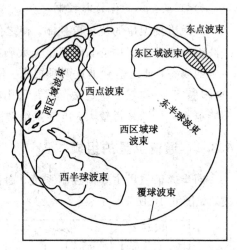

图 6.11 IS-Ⅴ太平洋覆盖区的波束配置

（1）单变频转发器。此转发器是目前用得较多的转发器。这种转发器较简单，实现容易，它的组成框图如图 6.12 所示。此转发器一直在微波段工作，它把接收到的上行信号，经过放大，直接变换为下行频率，再经功率放大后，通过天线发回地面。

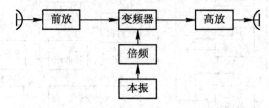

图 6.12 单变频转发器组成方框图

（2）双变频转发器。双变频转发器如图 6.13 所示，它先把接收到的上行信号经下变频为中频，经放大、限幅以后再上变频为下行信号，再进行功放和发射。这种转发器经过两次变频，所以称双变频转发器。此种转发器用得较少，早期的业务量小的卫星通信系统采用过。

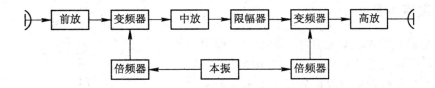

图 6.13　双变频转发器组成方框图

（3）处理转发器。处理转发器主要具有处理信号的功能，它的组成框图如图 6.14 所示。在卫星上的信号处理主要指经下变频后，对信号进行解调后的处理，然后重新调制、上变频、功放后发向地面站。

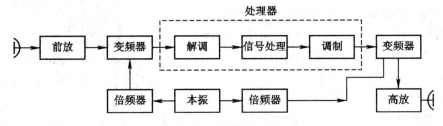

图 6.14　处理转发器组成框图

卫星上的信号处理一般分三种情况：一种是对数字信号进行判决、再生，使噪声不积累；第二种是多个卫星天线之间的信号交换处理；第三种为更复杂的星上处理系统，它包括了信号的变换、交换和处理等。

3. 遥测指令系统

遥测指令系统分两部分：遥测部分和遥控指令部分。

1）遥测部分

遥测部分主要收集卫星上设备工作的数据，如电流、电压、温度、传感器信息、气体压力指令证实等信号。这些数据经处理后送往地面监测中心站。

2）遥控指令部分

地球上收到卫星遥测的有关数据时，要对卫星的位置、姿态进行控制。设备中的部件转换，大功率电源开关等，都要由遥控指令来进行。地面控制中心把指令发向卫星，在卫星上经处理后送往控制设备，控制设备根据指令的准备、指令、执行几个阶段来完成对卫星上各部分设备的控制和备用部件的倒换等。

4. 电源系统

卫星上设备工作的能源主要由太阳能电池提供，辅助以原子能电池和化学电池。对电池的要求高，除要求体积小、重量轻、高效率、高可靠性外，还要求提供电能的时间长而稳定。为保证卫星上的设备供电，在卫星上特别设置了电源控制电路，在特定情况下进行电源的控制。

5. 温控系统

通信卫星里的设备都是在密闭环境下工作的。电器设备工作，特别是行波管功率放大器产生的热量及卫星受太阳照射等使温度会发生变化，而工作要求，特别是本振设备，要求温度恒定，因此就必须对星上温度进行控制。在卫星上的温度传感器，随时监测卫星的温度并把信号送回监控站，如发生异常，地面通过遥控指令进行控制，以恢复保持预定的温度。

6.3.3 观察参量

卫星地面站的天线要与卫星上的通信天线对准，才能接收和发送通信信号。如何才能使两者对准呢? 主要由地面站对卫星的几个观察参量来决定。

这几个观察参量是指地球站天线轴线指向静止卫星的方位角、仰角和距离三个参数。

同步卫星的观察参量如图 6.15 所示。同步卫星的位置，只要有了经度就能确定(因在同步轨道上由经度定点)，地面站位置由经度和纬度确定。利用以上的条件和卫星高度(35 786 km)，即可用公式(工程用)计算出来。

图 6.15 中，S 表示静止卫星，D 表示地球站，O 为地球中心。S 与 O 连线在地表面交点为 M，叫做星下点。D 与 S 连线叫直视线，直视线的长度就是地球站至卫星的距离 d。D 所在的水平面称地球站平面，SD(直视线)在地面的投影称方位线。直视线与方位线所确定的平面称方位面，由图可见，SM 在此方位面内。

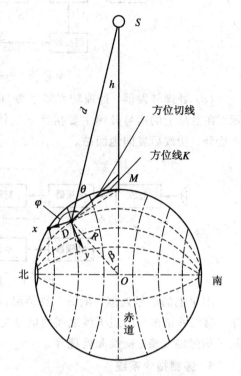

图 6.15 静止卫星的观察参量

方位角: 用 φ 来表示，定义为地面站所在正北方向(经线正北方向)，按顺时针方向旋转与方位线的夹角。

可证明:

$$\varphi = 180° - \arctan\left(\pm\frac{\tan\lambda}{\sin\rho}\right) \tag{6.3.1}$$

$$d = R_0 \sqrt{(K^2+1) - 2K\cos\lambda \cdot \cos\rho} \tag{6.3.2}$$

地球指向卫星的仰角用 θ 表示。θ 定义为地球站方位线与直视线之间的夹角:

$$\theta = \arcsin\left[\frac{(K\cos\lambda \cdot \cos\rho - 1)R_0}{d}\right] \tag{6.3.3}$$

式中，R_0 为地球半径，为 6378 km; $K = (R_0 + h/R_0)$; h 为卫星离地面高度 35 786.6 km; $\lambda = \lambda_1 - \lambda_2$，$\lambda_1$ 为卫星所在位置经度，λ_2 为地面站所在位置经度; ρ 为地面站所在位置纬度。

6.4 卫星通信系统的多址方式

多址方式是指在卫星覆盖区内的多地球站，通过一颗卫星的转发信号，建立以地球站为站址的两址或多址间的通信。这里的多址是指在卫星转发器频带的射频信道的复用。

6.4.1 频分多址(FDMA)方式

所谓频分多址，是指按地面站分配的射频不同来区别地球站的站址，如图 6.16 所示。

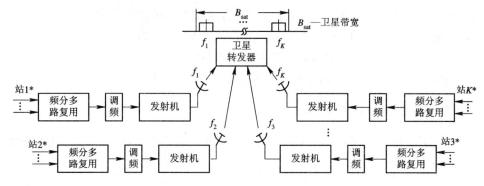

图 6.16　频分多址方式示意图

　　各地球站的地址频率，在卫星转发器频带内不发
生重叠，而且还要留有保护频带，如图 6.17 所示。在
这种多址方式中，要注意防止多载波间的互调干扰
（交调干扰）。卫星转发器和地球站的高功率射频信号
由行波管或速调管放大，并同时放大多个载波信号。
由于器件的输入、输出非线性以及调幅/调相的非线
性，会使输出信号中产生多种组合频率成分。这些组

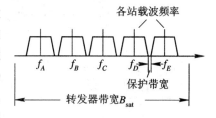

图 6.17　频分多址方式的频率配置

合频率成分，特别是三阶组合频率成分，可能与有用载波频率相同，会对原信号载波（地址
频率）产生干扰，这就是交调干扰（三阶干扰最为严重）。为防止和克服交调干扰，采取了一
系列的措施，如在设计地址频率时，对某些频率进行限制，注意发射功率控制，加能量扩
散信号等（克服交调干扰的最根本办法是采用诸如 FDMA、TDMA 等其他多址方式）。

　　频分多址又可分为多种：

　　(1) SCPC/FDMA 方式。这种方式用在小容量卫星通信系统中，它的含义是每站路一
个载波，所以又称为单路单载波，这在早期的卫星通信中采用较多。这种方式有很多优点：
可扩大转发器容量；便于实现信道的按申请分配或按需分配（SPADE 方式）。在这种多址
方式下的数字话音编码或数据信号，一般都控制在低速率 64 kb/s 以下，因此话音采用压
缩编码，如 56 kb/s 或 DPCM、ADPCM CVSD 等的压缩编码数字信号。SCPC/FDMA 系统
的信号终端如图 6.18 所示。在 SCPC 系统中还采用话音激活技术。

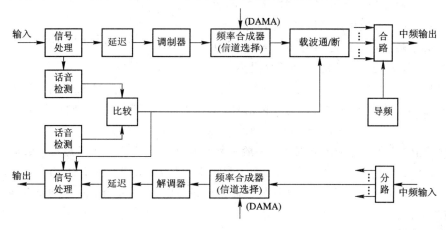

图 6.18　SCPC 系统方框图

（2）PCM/TDMA/PSK/FDMA 方式。这种方式是先把话音进行 PCM 编码（64 kb/s），然后进行多路复用，变为 PDH 系列的数字信号（或者 SDH 系列的数字信号），再进行相移键控，最后进行 FDMA，根据载波频率不同来区别站址。

现在我国广泛采用的 IDR 属于其中一种类型的 FDMA 方式。

6.4.2　时分多址（TDMA）方式

时分多址就是指用时间的间隙来区别地球的站址，各地球站的信号只在规定的时隙通过卫星转发器，如图 6.19 所示。

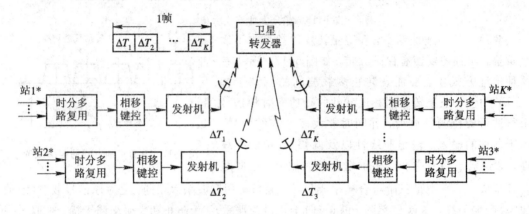

图 6.19　卫星 TDMA 方式示意图

由图 6.19 中可看出，各地面站在一定时间间隔内轮流发射一次信号，发射一次信号所占的时间称为时隙。每个地面站都轮流一次的时间间隔称为 TDMA 帧。时分多址系统组成如图 6.20 所示。

为实现各地球站的信号按指定的时隙通过卫星转发器，必须要有一个时间基准。因此，就安排某个地球站作为基准站，它周期性地向卫星发射脉冲射频信号，经卫星"广播"给各地面站，作为该系统内各地球站共同的时间基准。各地球站以此为基准，按分配时隙发射载波通过卫星转发器，这就是通常说的数字系统同步。

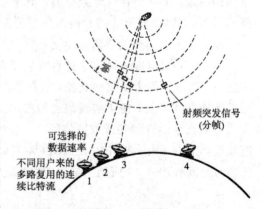

图 6.20　时分多址系统的组成

由图 6.20 中可看出，在一帧中一个系统的每个地球站所占时隙分别为 ΔT_1，ΔT_2，ΔT_3，…，ΔT_K。这各个时隙又称为分帧信号，设一帧信号时间为 T_S，则一帧长：

$$T_S = \Delta T_1 + \Delta T_2 + \Delta T_3 + \cdots + \Delta T_K \qquad (6.5.1)$$

在数字卫星通信 TDMA 方式中，一般一帧时间 $T_S = 125\ \mu s$，或者是其整数倍。

时分多址方式的具体实现方法有多种，常采用的是 PCM/TDM/PSK/TDMA 方式。

PCM/TDM/PSK 的信号变换过程与前面讲到的 FDMA 基本相同，主要区别在 TDMA 的多址技术的帧结构。

6.4.3　空分多址(SDMA)方式

空分多址是以卫星天线指向地面的波束来区别站址的,即利用波束的方向性来分割不同区域地球站电波,使各地球站发射电波在空间不互相重叠,即使在同一时间,不同区域站使用同一频率工作,它们之间也不会形成干扰。这样,频率、时间都可再用,可容纳更多用户,减少干扰,这就对天线波束指向提出了更高的要求。

空分多址方式一般都是与时分多址方式相结合而构成所谓 TDMA/SS/SDMA 的。这里的卫星转发器应有信号处理功能,相当于一个电话自动交换机。

在空分多址系统工作中,特别要注意以下几个同步问题:

(1)因空分多址实际上是 TDMA/SS/SDMA,是在时分多址基础上进行工作的,所以上行的 TDMA 帧信号进入卫星转发器时,必须保证帧内各分帧的同步,这与时分方式帧同步相同。

(2)在转发器中,接通收、发信道和窄波束天线的转换开关的动作,分别与上行 TDMA 帧和下行 TDMA 帧保持同步,即每经过一帧,天线波束转换一下,这是空分多址方式的特有同步方式。

(3)每个地球站的相移键控调制和解调必须与各分帧同步。

6.4.4　码分多址(CDMA)方式

所谓码分多址,就是用码型来区别地球站站址。码分多址方式属拓宽频带、低信噪比的工作方式,利用了扩展频谱的方法,使在 C/N 较小的条件下,仍然能得到相同的通信质量。它一般用于用户容量小,但地球站站址多的系统,由于有抗干扰、保密、隐蔽、机动、灵活分配信道及多址的特点而广泛用于军事、公安、国防等要害部门。此技术在移动通信中已广泛应用。

有关扩展频谱的通信原理,所采用的伪随机序列扩频或时频编码等方式来实现的方法在 CDMA 移动通信中再进行讲述。

6.5　卫星地球站

在卫星通信系统中,我们主要是用地球站来完成信号的组装与分路。

地球站分许多类型,有固定的、移动的、可拆卸的站,有大型的 A 级、B 级国际国内大城市内的通信站,也有各种小型的用于小城市和特殊用途的地球站。

根据地球站用途可分为民用、军用、广播、航海、气象、通信、探测等多种地球站。

按天线大小不同分为 30 m,10 m,5 m,3 m,1 m 等站。还可按业务不同来分类,分为通信、数据、广播、跟踪、遥测等。这里只对一般的通信地球站的组成作简单介绍。

6.5.1　地球站的组成

对于不同的地球站,其组成有区别,但是一般地球站的信号都要经过大体相同的处理过程,其流程在前节已讲过。我们这里以国际国内大型站 A 级、B 级地面站的组成进行简单地讲述。图 6.21 为通信的标准地球站,它主要由天馈系统、发射系统、接收系统、终端接口与通信控制系统、电源系统等组成。

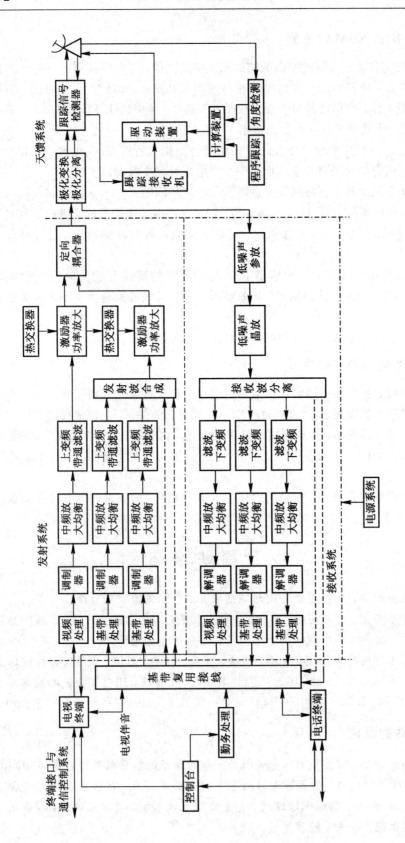

图 6.21　地球站的总体方框图

6.5.2　地球站分系统

1. 天馈系统

地球站天馈系统主要由天线和馈线以及伺服跟踪等几部分组成。其天线主要为卡塞格伦天线，由馈源、抛物主反射面、双曲副反射面构成，如图 6.22 所示。它利用了光的反射原理而使光线聚集起来，使收到的信号投射入馈源喇叭。另一方面把发出去的信号通过馈源经两次反射由主反射面以一束平行光射向卫星。

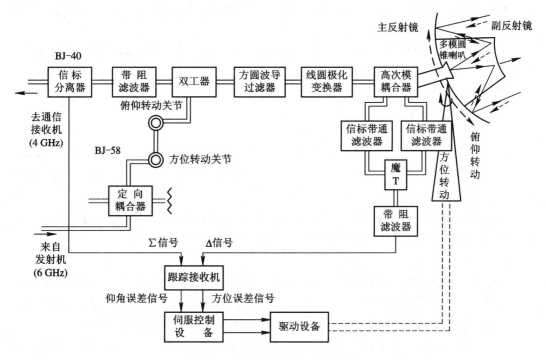

图 6.22　天线和馈线部分的组成

卡塞格伦天线有很多优点，有助于形成指向准确的高增益的窄波束天线，地面噪声不容易进入馈源形成干扰，噪声温度低。

馈源的信号经极化变换，输入的信号经圆极化转换为线极化，输出信号由线极化转换为圆极化。另一方面是双工变换（来去信号分隔开）、阻抗变换等。多种变换后进入天线发射并由馈线进入接收机（低噪声接收机）。

在天馈系统中还有庞大的伺服跟踪部分。由于静止卫星有一定漂移和摄动，姿态也会发生变化，为了使通信能正常进行，要使地球站天线始终瞄准卫星天线，因此，就需要有跟踪伺服的能力。

伺服跟踪卫星主要是控制观察参量、方位角、仰角等。一般采用的方法有三种：一种是手动跟踪；第二种为程序跟踪（半自动）；第三种为自动跟踪。现在大型的地面站采用自动跟踪。现在一般的直播卫星电视小站采用手动跟踪或半自动跟踪。

2. 发射系统

发射系统主要由上变频器、自动功率控制电路、发射波合成装置、激励器和大功率放大器等组成。其组成方框图如图 6.23 所示。

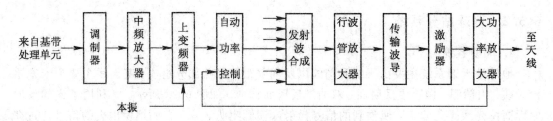

图 6.23　发射系统的组成

对地球站发射机的要求是比较高的,因为它发射和传输信号的路径很长,接近 4 万公里,因此对发射机部分要求如下:

(1) 发射机功率要大,一般都要求 $EIRP_E$ 大,它取决于卫星转发器的 G/T 值、输入功率密度 W_s、地球站用户容量和天线增益等。

(2) 频带宽度要大。

(3) 载频的精度要高。

(4) 放大器的线性要好,增益要稳定。

发射系统的功率放大器使用行波管或速调管,一般都工作在微波段。在大型的地面站很少用半导体的放大器件。为减小交调干扰,在多载波工作时,采取输入/输出补偿,使其不工作在饱和点附近。

上变频器一般都采用参量变频器,主要是噪声小,而且有一定增益。由于变频在微波段进行,本机振荡器一般是采用微波固体振荡器,而且频率稳定度要高。

3. 接收系统

由于卫星转发器功率小(几瓦或几十瓦),天线也不可能做得很大,因此增益也不高,下行信号线经过 4 万公里的长距离传输其衰减相当大,到达地面的信号非常弱,甚至被淹没在噪声中。因此,地球站的接收系统必须是低噪声接收系统才能正常工作。

低噪声接收系统主要由低噪声放大器、下变频器、本机振荡器等组成,对其要求比较严格:

(1) 噪声温度要低,一般噪声温度为几十开。

(2) 工作频带要宽,一般要求 500 MHz 带宽。

(3) 增益要稳定。

因为在接收系统的低噪声放大器要求低噪声、高增益、宽频带,所以在卫星接收系统的低噪声放大器都采用参量放大器。在初期使用冷参(用液氮冷却使降至零下几十甚至负上百度以保证低噪声温度为几十开),现在大量采用常温参量放大器,有低噪声晶体管放大器、场效应管放大器等。一般采用砷化镓场效应管放大器和体效应管为多。现在器件的噪声温度可做到 50 K 以下。

经低噪声放大后的信号送入下变频器变为中频信号。有的变频器经过两次变频,有的只经过一次变频,视其地球站设备的用途和制造商的情况而定。卫星直播电视接收站在第一次变频后主要用于选择卫星节目(第几套),然后再解调出卫星基带信号。这一点将在后面直播卫星系统中讲述。

4. 通信终端部分

卫星通信的终端部分主要分为上行和下行两部分,这两部分工作在中频(70 MHz)以下。在数字卫星通信中的信号处理包括了数字基带信号处理以及数字调制处理等，这已在数字卫星通信及 TDMA 多址方式中作了简单介绍，在下节有关数字卫星系统中将再作讲述。

5. 通信控制部分和电源部分

1）通信控制部分

一个完整的通信地球站相当复杂和庞大。为了保证通信正常进行，使设备各部分正常工作，就要对各部分设备的有关参数、现象等进行测试、监视和控制。在一个地球站把这几部分都集中在一个控制室内（中央控制室），控制系统主要由监视设备、控制设备和测试设备等组成。这些部分都安装在中央控制台上，分别进行测试、监视和控制。

2）电源部分

地球站电源系统要满足整个卫星地球站的所有供电，特别是大型地球站（国际、国内卫星网站）。由于市电的定期停电或偶然断电对地球站的影响很大，特别是对于大功率发射机，如果断电超过 60 秒钟则不能重新自动工作，因而要求地球站的供电必须是定电压、定频率、高可靠、不间断的。为满足其要求，通常设有两种电源设备，即应急电源和交流不间断电源。

（1）对于市电，一般都要求可由几条供电线路供电，或者由不停电的专网供电。

（2）应急电源设备，当市电发生重大事故或供电不足等情况时，在地球站特配两台全自动控制的并联运行的柴油发电机，并辅助以高压配电房和并联控制等设备，保证充足供电。

（3）蓄电池，平时储存稳定的电能以备万一停电或补充电力不足。

（4）交流不间断电源，这里主要指向地球站，特别是向大功率发射机提供定频率、定电压、不间断的、稳定性的电源设备。

6.6　数字卫星通信系统范例

6.6.1　卫星电视广播系统

卫星电视广播是由设置在赤道上空的地球同步卫星接收卫星地面站发射的电视信号，把它转发到地球上指定的区域，再由地面接收设备接收，供电视机收看。

1. 卫星电视广播的特点

（1）在它的覆盖区内，可以有很多条线路，直接和各个地面站发生联系，传送信息。

（2）它与各地面站的通信联系不受距离的限制，其技术性能和操作费用也不受距离远近的影响。

（3）卫星与地面站的联系，可按实际需要提供线路，因为卫星本身有许多线路可以连接任何两个地面站。

2. 卫星电视广播系统的组成

卫星电视广播系统主要由上行地球站、广播卫星、卫星电视接收站、卫星测控站四个主要部分组成。卫星电视广播系统的组成如图 6.24 所示。

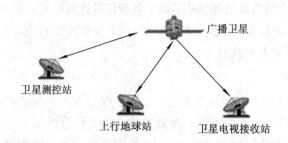

图 6.24　卫星电视广播系统组成

1）上行地球站（简称上行站）

上行地球站的主要任务是把电视广播中心的广播电视信号加以信号处理，并经过调制、上变频，然后对输出信号的功率进行放大处理，再通过定向发射天线向卫星发送上行微波信号。同时也接收卫星下行微弱的微波信号，以监测卫星转播节目质量。

通常将地面发送到卫星的信号称为上行信号，把卫星传送到地面的信号称为下行信号。上、下行信号的载波频率是不一样的，这样就避免了上行信号和下行信号之间的相互干扰。上行地球站可以是一个或多个。

2）广播卫星

广播卫星相当于设在地球赤道上空的转播台，其作用是接收设置在地球上的上行站发射的电视信号，并将该信号进行频率变换和功率放大处理后，再向所服务的覆盖区域转发。为了实现广播电视信号的正常转发，要求卫星保持精确的姿态和轨道位置。并且卫星相对于地球是静止的，以便地面卫星接收站准确地接收卫星传送的信号。

3）卫星电视接收站

卫星电视接收站主要用来接收广播卫星转发的电视节目，为用户服务。接收站可分为个体接收者、集体接收站、无线接收站、有线电视收转站等四种类型。

4）卫星测控站

卫星测控站的主要任务是测量卫星内部各种设备的技术参数和环境参数，进行设备的切换，测控卫星的姿态和轨道。

6.6.2　VSAT 卫星通信系统

VSAT 是 Very Small Aperture Terminal 的简称，直译为甚小口径卫星终端站，所以也称为卫星小数据站（小站）或个人地球站（PES），这里的"小"字指的是 VSAT 卫星通信系统中小站设备的天线口径小，通常为 1.2～2.4 m。

对于一般的卫星通信系统，用户在利用卫星通信的过程中，必须要通过地面通信网汇接到地面站后才能进行，使一些用户感到不太方便，他们希望能自己组建一个更为灵活的卫星通信网络，并且各自能够直接利用卫星来进行通信，把通信终端直接延伸到办公室或个人家庭，面向个人进行通信，这样就产生了 VSAT 卫星通信系统。

利用 VSAT 系统进行通信具有灵活性强、可靠性高、使用方便及小站可直接装在用户端等特点，利用 VSAT 用户数据终端可直接和计算机联网进行单向或双向的数据传递、文件交换、图像传输等通信任务，从而摆脱了远距离通信地面中继站的问题。使用 VSAT 作为专用远距离通信系统是一种很好的选择。

1. VSAT 系统的特点

(1) VSAT 卫星通信系统，是卫星通信技术演变的产物，是一系列先进技术综合运用的结果，这些技术包括了调制解调技术、处理模块以及维比特译码器阵列的数字技术的通信控制器和处理器。

(2) VSAT 系统一般采用 C 波段(6/4 GHz)或 Ku 波段(14/11 GHz)以及扩频通信技术。

(3) VSAT 系统综合了诸如分组信息传输与交换、多址协议以及频谱扩展等多种先进技术，可以进行数据、语音、视频图像、图文传真等多种信息的传输。

(4) VSAT 卫星通信地球站设备结构简单，全固态化，尺寸小，耗能低，系统集成与安装方便。地面(远端)站天线的直径小，一般在 2 m 以下，目前采用较多的是 1.2～1.8 m。

(5) VSAT 的组网优点主要包括：成本低，体积小，易于安装维护，不受地形限制；组网方便，通信效率高；性能质量好，可靠性高，通信容量自适应且扩容简便等。

VSAT 系统在商业、服务业、医疗、金融业、教育、交通能源、政府、新闻、科研等部门都能方便组成自己独立的卫星网，可开通的业务有低速随机数据传输业务、批量数据传输业务、实时性要求较高的业务等。

VSAT 网络可作为较经济的专用通用网，在网络寿命期间能灵活地满足网络业务增长的要求。此网络无需地面公用交换网的支持，对网络的故障诊断和维护较为容易。

2. VSAT 的网络结构

典型的 VSAT 卫星通信网络主要由主站、卫星和许多远端小站(VSAT)三部分组成。从网络结构上分为星型网、网状网和混合网三种，如图 6.25(a)、(b)、(c)所示。

星型网又称之为卫星通信的单(双)跳形式，如图 6.25(a)所示，此种通信方式是各远端的站(VSAT 站)与处于中心城市的枢纽站间通过卫星建立双向通信信道，这里通常把远端站(PC)通过卫星到枢纽站(计算中心)叫做内向信道，反之称为外向信道。在这种方式中，各远端站之间不能直接进行通信，称之为单跳方式，只经卫星一次转发。另一种情况为双跳，当各小站内要进行双向通信时，必须首先通过内向信道与枢纽站联系，通过主站再向另一小站通过外向信道联系，即小站→卫星→枢纽站→卫星→另一小站，以"双跳"方式完成信号传送过程，这是 VSAT 系统最典型的常用结构，其核心部分是枢纽站，或称主站。它通过卫星数字基带处理器及通信控制器与各子网的主计算机或交换机接口，通过网络控制中心对全网的运行状态进行监测管理，此种通信一般用于数据通信和计算机通信。

网状网如图 6.25(b)所示，这种结构为全连接网形式，各站可通过单跳直接进行相互通信，为此，对各站的 EIRP、G/T 值均有较高的要求。此种系统虽然不经过枢纽站进行双向通信，但必须有一个控制站来控制全网，并根据各站的业务量大小分配信道。此种系统的地球站设备技术复杂一些，成本较高，但延时小，可开展话音业务。

混合网兼顾了星型网和网状网的特性，如图 6.25(c)所示，它可实现在某些站间以双跳形式进行数据、录音电话等非实时业务，而在另一些站内进行单跳形式的实时话音通信，它比网状网的成本低。此种形式可以收容成千上万个小站，组成特殊的 VSAT 卫星通信系统。

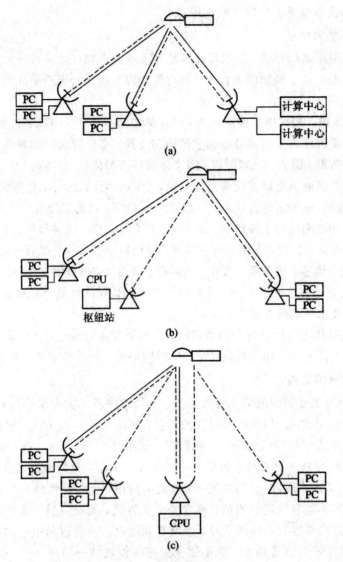

图 6.25　VSAT 网络结构

(a) 星型网；(b) 网状网；(c) 混合网

3. VSAT 地球站终端设备

VSAT 系统一般都由主站(枢纽站)和许多远端小站构成，从终端设备来看，它具有与普通地球站相同的硬件设备结构。在这里主要就 VSAT 终端的特殊点作一介绍。

1) 主站设备

在 VSAT 系统中，主站是 VSAT 网的心脏，在卫星通信中使系统可靠性达 99.5% 以上，一般主站设一个备份。从降低成本出发，一个系统采用一个主站，那么在公共通路部分要采用 1∶1 热备份，并具有自动切换功能。基带单元可采用 1∶N 冷或热备份。

主站设备包括了大型的天馈系统、高功放(HPA)、低噪声放大器(LNA)、上/下变频器、调制解调器及数字接口设备、基带设备以及监控设备等。主站主要设备的有关参数如表 6.2 示。

表 6.2　主站主要设备参数

设　　　备	参　　　数
天线口径	3.5～8 m/Ku 频段；7～13 m/C 频段
LNA 噪声温度	180 K/Ku 频段，55 K/C 频段
HPA 输出功率	6 W～1 kW

2) VSAT 小站设备(Ku 频段)

VSAT 小站一般由小口径天馈系统、室外单元和室内单元组成，其结构如图 6.26 所示。VSAT 天馈系统具有尺寸小、重量轻、性能好、易于安装的特点，一般采用前馈式抛物面天线。VSAT 小站的室外单元主要包括发射在内的射频电路，它主要由功率放大器、低噪声放大器，上/下变频器、本振及正交模式转换器等组成。为减少高频馈线的噪声温度，一般把这部分电路安装在室外，称之为室外单元，使之与馈源的连接馈线最短，如图 6.27 所示，要求这部分设备密闭性能好，稳定、可靠。

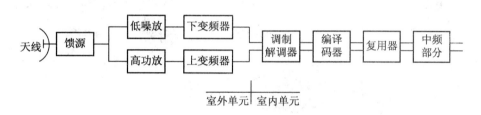

图 6.26　VSAT 小站组成框图

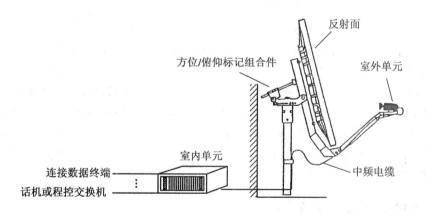

图 6.27　VSAT 站的基本结构

VSAT 小站的室内单元包括了两个功能块，即中频调制解调部分(IF/MODEM)和基带处理器(BBP)。中频调制解调器直接与室外单元相连，BBP 与用户数据终端相连。

6.6.3　海事卫星通信系统

目前海事卫星(INMARSAT)系统是世界上能对海、陆、空中的移动体提供静止卫星通信的唯一系统。它使用 L 波段，是集全球海上常规通信、遇险与安全通信、特殊与战备通信于一体的实用性高科技产物。

此系统由地球段和空间段组成,系统的操作中心设在伦敦,卫星的控制中心设在华盛顿和达姆斯特。另外还有跟踪、遥测和指令地球站,通信网络控制地球站和数量庞大的船舶地球站,如图 6.28 所示。系统的空间部分由分布在大西洋、印度洋、太平洋三个区域上空的卫星(大西洋上 26°W 卫星,印度洋上 63°E 卫星,太平洋上 180°E 卫星)所组成,以形成覆盖全球的通信网。卫星都有两个以上转发器,卫星上天线采用 C 波段覆球波束,波束边缘增益可达 16 dB。一般采用 SCPC 方式,按需分配的频分多址,此类系统的地球站可分为 A、B、C、D 四种船舶标准站。

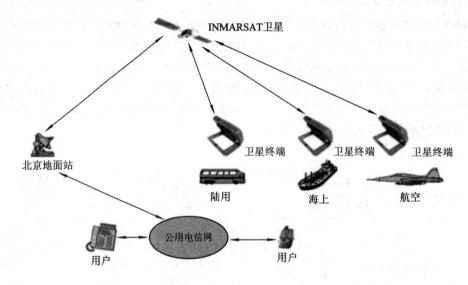

图 6.28　海事卫星通信系统

海事卫星组织原是一个提供全球范围卫星移动通信的政府间合作机构,即国际移动卫星组织,国内习惯简称为海事卫星。海事卫星组织现已发展为世界上唯一能为海、陆、空各行业用户提供全球化、全天候、全方位公众通信和遇险安全通信服务的机构。海事卫星系统提供了电话、传真、电报、数据、遇险呼救、紧急安全通信及现代的多媒体通信等。我国已申请加入了这一系统,在北京开通了海事卫星地球站,属于海事卫星 A 型标准站。目前,我国的这种系统中已有 350 多台移动终端,为航行在世界各地的中国远洋船队提供全天候的通信服务。在有些飞机上(如 747 客机)也配备了移动终端,实现国际航线上的移动卫星通信。

6.6.4　IDR 卫星通信系统

所谓 IDR 系统,是国际卫星组织(INTELSAT)引入的一种综合性的数字卫星通信系统。

IDR 是一种频分多址方式,采用 TDM/QPSK/FDMA 制式。这里的 TDM 不同于 SCPC 的单路数字话音信号(即低速 56 kb/s),这里的 TDM 为 64 kb/s~45 Mb/s 的数字多路信息速率信号。

1. IDR 特点

IDR 主要是数字基带信号,是专为广大中、小容量用户设计的公众业务,它包括了数字话音、数据、数字电视等多种数字业务，以及计算机通信和其他新业务，此种系统投资省，是 SCPC 数字系统的扩展。它与时分多址 TDMA 系统相比，设备简单，在开通路数不多的情况下较经济。

IDR 利用了 DCME 技术来降低空间段的租费，IDR 通过 DCME 信道复用，复用度可为 1∶5、1∶7 甚至可达 1∶10 以上，提高了信道的使用效率，这样每信道可降低几倍的资费。

IDR 卫星系统技术比较成熟，设备规范比较完善，比 TDMA 系统简单，成本较低。在当前或今后一个时期内，中小容量用户需求比较突出，特别适合于包括中国在内的发展中国家组成 IDR 卫星通信系统，我国目前许多省会城市都建立了 IDR 卫星通信系统地球站。

2. IDR（数字卫星通信终端的）数字基带信号

数字卫星通信的数字基带信号在前面已经讲述过，对输入的原数字单路信号（数据信号）经 TDM 处理后，还要进行帧的变换，加入辅助帧。

IDR 通过加入辅助帧的方式来提供（ESC）公务及告警通道，辅助帧速率为 96 kb/s。主要用于信息速率为 1.544～44.736 kb/s 的数据信号，如 2.048 kb/s、34.36 kb/s 信号等。通过辅助帧与输入信息数据帧复接后构成新的 IDR 帧结构，每个 IDR 帧的帧长为 125 μs。

6.6.5　GPS 定位及差分原理

由于全球卫星导航定位系统具有全能（陆地、海洋、航空和航天）、全球性、全天候、连续性和实时性等特点，因此，在信息、交通、安全防卫、环境监测等方面具有其他手段无法替代的重要作用。目前已经成为移动设备（智能手机、平板电脑等）的标配。而在定位导航技术中，目前精度最高、应用最广泛的为 GPS，尤其是 GPS 在汽车导航中的应用前景非常可观。下面简单介绍一下 GPS 卫星定位系统的基本原理。

GPS（Navigation Satellite Timing And Ranging/Global Position System，导航星测时与测距/全球定位系统），简称全球定位系统，是由美国建立的一个卫星导航定位系统。GPS 定位实际上就是通过四颗已知位置的人造卫星来确定 GPS 接收器的位置，如图 6.29 所示。

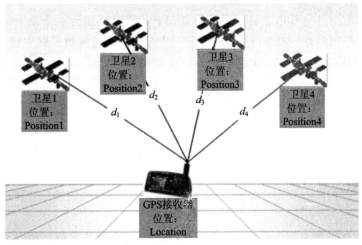

图 6.29　GPS 定位

1. GPS 系统

GPS 卫星向广大用户发送的信号采用 L 频段做载波，采用扩频技术来传送卫星导航电文。

GPS 系统主要由三大部分构成：空间部分（GPS 卫星星座）、控制部分（地面监控系统）、用户部分（GPS 信号接收机），如图 6.30 所示。

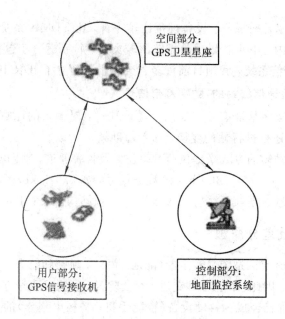

空间部分：
GPS卫星星座

用户部分：
GPS信号接收机

控制部分：
地面监控系统

图 6.30　GPS 系统的构成

1）空间部分

GPS 的空间部分由 GPS 卫星组成，它们作为"天文"参考点，向空间发射精准的定位信号。空间卫星星座由 21 颗工作卫星和 3 颗在轨备用卫星组成。24 颗卫星均匀分布在 6 个轨道平面内（每个轨道面 4 颗），轨道平面的倾角为 55°，卫星的平均高度为 20 200 km，运行周期为 11 h 58 min。卫星用 L 波段的两个无线电载波向广大用户连续不断地发送导航定位信号，导航定位信号中含有卫星的位置信息，使卫星成为一个动态的已知点。在地球的任何地点、任何时刻，在高度角 15°以上，平均可同时观测到 6 颗卫星，最多可达到 9 颗，因此，GPS 是一个全天候、实时性的导航定位系统。

2）控制部分

地面控制部分由 1 个主控站、5 个全球监测站和 3 个地面控制站组成。

监测站均配装有精密的铯钟和能够连续测量到所有可见卫星的接收机。监测站跟踪视野内的所有卫星，获得卫星观测数据，包括卫星之间的距离、电离层和气象数据等，经过初步处理后，传送到主控站。

主控站从各监测站收集跟踪数据，计算出卫星的轨道和时钟参数，然后将结果送到 3 个地面控制站。

地面控制站在每颗卫星运行至上空时，把这些导航数据及主控站指令注入卫星。这种注入对每颗 GPS 卫星每天至少 3 次，如果某地面站发生故障，那么在卫星中预存的导航信息还可用一段时间，但导航精度会逐渐降低。

3）用户部分

用户部分即 GPS 信号接收机。其主要功能是能够捕获到按一定卫星截止角所选择的待测卫星，并跟踪这些卫星的运行。当接收机捕获到跟踪的卫星信号后，即可测量出接收天线至卫星的伪距离和距离的变化率，解调出卫星轨道参数等数据。根据这些数据，接收机中的微处理计算机就可按定位解算方法进行定位计算，计算出用户所在地理位置的经纬度、高度、速度、时间等信息。

用户设备包括接收机硬件、软件以及 GPS 数据的后处理软件包。GPS 接收机的结构分为天线单元和接收单元两部分。目前各种类型的接收机体积越来越小，重量越来越轻，便于携带使用。

2. GPS 定位原理

24 颗 GPS 卫星在离地面约 2 万公里的高空上，以 12 小时的周期环绕地球运行，使得在任意时刻，在地面上的任意一点都可以同时观测到 4 颗以上的卫星。

GPS 定位的原理实际是根据 GPS 接收机与其所观察到的卫星之间的距离，应用三维坐标中的距离公式，利用 3 颗卫星，就可以组成 3 个方程式，解出观测点的位置 (x, y, z)。考虑到发出信息时刻的轨道偏差、电离层与对流层的延迟效应、卫星时钟和接收机时钟与统一的时间基准之间的偏差等因素的影响，造成卫星与接收机之间时钟的误差，实际上有 4 个未知数，x、y、z 和钟差，因而需要引入第 4 颗卫星，形成 4 个方程式进行求解，从而得到观测点的经纬度和高程。

如图 6.31 所示，假设 t 时刻在地面待测点上安置 GPS 接收机，可以测定 GPS 信号到达接收机的时间 Δt，再加上接收机所接收到的卫星星历等其他数据，可以确定以下 4 个方程式

$$\left[(x_i - x)^2 + (y_i - y)^2 + (z_i - z)^2\right]^{\frac{1}{2}} + cv_{t_0} + c(v_{\Lambda_i} - v_{t_i}) = d_i \quad (i = 1, 2, 3, 4)$$

上述方程式中，待测点坐标 x、y、z 和 v_{t_0} 为未知参数。

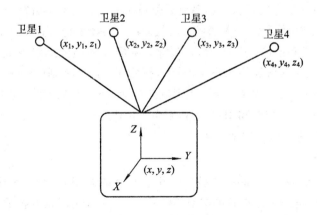

图 6.31　GPS 定位原理

$d_i (i = 1, 2, 3, 4)$ 分别为卫星 1、卫星 2、卫星 3、卫星 4 到接收机之间的距离。c 为 GPS 信号的传播速度（即光速）。4 个方程式中各个参数意义如下：

x、y、z 为待测点坐标的空间直角坐标。

x_i、y_i、$z_i (i=1,2,3,4)$ 分别为卫星 1、卫星 2、卫星 3、卫星 4 在 t 时刻的空间直角坐标，可由卫星导航电文求得。

$v_{t_i} (i=1,2,3,4)$ 分别为卫星 1、卫星 2、卫星 3、卫星 4 的卫星钟的钟差，由卫星星历提供；v_{A_i} 为传播延时误差；v_{t_0} 为接收机的钟差。

由以上 4 个方程即可解算出待测点的坐标 x、y、z 和接收机的钟差 v_{t_0}。

事实上，接收机往往可以锁住 4 颗以上的卫星，这时，接收机可按卫星的星座分布分成若干组，每组 4 颗，然后通过算法挑选出误差最小的一组用作定位，从而提高精度。

由于卫星运行轨道、卫星时钟存在误差，大气对流层、电离层对信号的影响，以及人为的 SA 保护政策，使得民用 GPS 的定位精度只有 100 米。为提高定位精度，可采用差分 GPS(DGPS)技术，建立基准站(差分台)进行 GPS 观测，利用已知的基准站精确坐标，与观测值进行比较，从而得出一修正数，并对外发布。接收机收到该修正数后，与自身的观测值进行比较，消去大部分误差，得到一个比较准确的位置。实验表明，利用差分 GPS，定位精度可提高到 5 米。

3. 差分 GPS

随着生活水平的进步，无线通信技术和全球卫星定位系统(GPS)技术越来越多地应用于日常生活的方方面面。无论是在汽车定位、寻找儿童或老年人，还是在智力残疾人士的安全监控等方面，无线通信(GSM)和差分全球定位系统(DGPS)技术都发挥了重要作用。

差分 GPS 的出现，能实时给定载体的位置，精度为米级，满足了引航、水下测量等工程的要求。根据差分 GPS 基准站发送的信息方式，可将差分 GPS 定位分为三类，即：位置差分、伪距差分和载波相位差分。这三类差分方式的工作原理是相同的，即都是由基准站发送修正数，由用户站接收并对其测量结果进行修正，以获得精确的定位结果。所不同的是，发送修正数的具体内容不一样，其差分定位精度也不同。

1) 位置差分

这是一种最简单的差分方法，任何一种 GPS 接收机均可改装和组成这种差分系统。安装在基准站上的 GPS 接收机观测 4 颗卫星后便可进行三维定位，解算出基准站的坐标。由于存在着轨道误差、时钟误差、SA 影响、大气影响、多径效应以及其他误差，解算出的坐标与基准站的已知坐标是不一样的，存在误差。基准站利用数据链将此修正数发送出去，由用户站接收，并且对其解算的用户站坐标进行修正。最后得到的修正后的用户坐标已消去了基准站和用户站的共同误差，例如卫星轨道误差、SA 影响、大气影响等，提高了定位精度。以上先决条件是基准站和用户站观测同一组卫星的情况。位置差分法适用于用户与基准站间距离在 100 km 以内的情况。

2) 伪距差分

伪距差分是目前用途最广的一种技术。几乎所有的商用差分 GPS 接收机均采用这种技术。国际海事无线电委员会推荐的 RTCM SC-104 也采用了这种技术。在基准站上的接收机要求得到它至可见卫星的距离，并将此计算出的距离与含有误差的测量值加以比较，利用一个滤波器将此差值滤波并求出其偏差；然后将所有卫星的测距误差传输给用户，用户利用此测距误差来修正测量的伪距；最后，用户利用修正后的伪距来解出本身的位置，就可消去公共误差，提高定位精度。与位置差分相似，伪距差分能将两站公共误差抵消，但随着用户到基准站距离的增加又出现了系统误差，这种误差用任何差分法都是不能消除的。用户和基准站之间的距离对精度有决定性影响。

3）载波相位差分

载波相位差分技术又称为 RTK 技术（Real Time Kinematic），是建立在实时处理两个监测站的载波相位基础上的。它能实时提供观测点的三维坐标，并达到厘米级的高精度，是更加精密的测量技术。

与伪距差分原理相同，载波相位差分由基准站通过数据链实时将其载波观测量及站坐标信息一同传送给用户站，用户站接收 GPS 卫星的载波相位与来自基准站的载波相位，并组成相位差分观测值进行实时处理，能实时给出厘米级的定位结果。

实现载波相位差分 GPS 的方法分为两类：修正法和差分法。前者与伪距差分相同，基准站将载波相位修正量发送给用户站，以修正其载波相位，然后求解坐标。后者将基准站采集的载波相位发送给用户站，进行求差，解算坐标。前者为准 RTK 技术，后者为真正的 RTK 技术。

6.6.6 量子卫星通信系统

量子通信是指利用量子纠缠效应进行信息传递的一种新型的通信方式，是近二十年发展起来的新型交叉学科，是量子论和信息论相结合的新的研究领域。高效安全的信息传输日益受到人们的关注。量子通信基于量子力学的基本原理，具有高效率和绝对安全等特点，是国际量子物理和信息科学的研究热点。

1. 量子通信发展现状

1993 年，美国科学家 C. H. Bennett 提出了量子通信（Quantum Teleportation）的概念。量子通信是由量子态携带信息的通信方式，它利用光子等基本粒子的量子纠缠原理实现保密通信过程。量子通信概念的提出，使爱因斯坦的"幽灵"（Spooky）——量子纠缠效益开始真正发挥其威力。

我国在量子通信方面起步比较晚，但发展很快。1995 年，中国科学院物理所在国内首次完成了自由空间 BB84 量子密钥分发协议的演示实验。

1997 年，在奥地利留学的中国青年学者潘建伟与荷兰学者波密斯特等人合作，首次实现了未知量子态的远程传输。这是国际上首次在实验上成功地将一个量子态从甲地的光子传送到乙地的光子上。实验中传输的只是表达量子信息的"状态"，作为信息载体的光子本身并不被传输。

2003 年，韩国、中国、加拿大等国学者提出了诱骗态量子密码理论方案，彻底解决了真实系统和现有技术条件下量子通信的安全速率随距离增加而严重下降的问题。

2006 年夏，中国科学技术大学教授潘建伟小组、美国洛斯阿拉莫斯国家实验室、欧洲慕尼黑大学与维也纳大学联合研究小组各自独立实现了诱骗态方案，同时实现了超过 100 公里的诱骗态量子密钥分发实验，由此打开了量子通信走向应用的大门。

2009 年 9 月，潘建伟的科研团队正式在 3 节点链状光量子电话网的基础上，建成了世界上首个全通型量子通信网络，首次实现了实时语音量子保密通信。这一成果在同类产品中位居国际先进水平，标志着中国在城域量子网络关键技术方面已经达到了产业化要求。

2012 年，中国科学家潘建伟等人在国际上首次成功实现百公里量级的自由空间量子隐形传态和纠缠分发，为发射全球首颗"量子通信卫星"奠定了技术基础。

2. 量子通信的类型

经过二十多年的发展，量子通信这门学科已逐步从理论走向实验，并向实用化发展，主要涉及的领域包括量子密码通信、量子隐形传态和量子密集编码等。

1）量子密码通信

量子密码技术是用我们当前的物理学知识来开发不能被破获的密码系统，即如果不了解发送者和接收者的信息，该系统就完全安全。量子密码技术与传统的密码系统不同，它依赖于物理学作为安全模式的关键方面，而不是数学。实质上，量子密码技术是基于单个光子的应用和它们固有的量子属性开发的不可破解的密码系统，因为在不干扰系统的情况下无法测定该系统的量子状态。

2）量子隐形传态

量子隐形传态(Quantum Teleportation)，也称为量子远程通信、量子离物传态，是企图表现一种信息的无须直接通过一个通道的隐形传送过程，即先提取原物的所有信息，然后传送到接收地点，接收者根据这些信息复制出原物的复制品。量子隐形传态应用量子力学的纠缠特性，将携带信息的光量子与纠缠光子对之一进行贝尔态测量，将测量结果发送给接收方，基于两个粒子具有的量子关联特性建立量子信道，可以在相距较远的两地之间实现未知量子态的远程传输。

在量子隐形传态过程中，原物并没有被传送给接收者，它始终停留在发送者处，被传送的仅仅是原物的量子态。在传输过程中，发送者不需要知道原物的这个量子态。接收者将另一个光子的状态变换成与原物完全相同的量子态。在传输过程结束以后，原物的这个量子态由于发送者进行测量和提取经典信息而坍缩损坏。

3）量子密集编码

量子密集编码(Dense Coding)是指在纠缠通道中通过传输一个量子比特而传输两个比特的经典信息，发送方实际传送给接收方的信息量小于接收方真正得到的信息量。量子密集编码是目前量子信息科学中保密性非常强的一种通信技术，它的理论依据是量子理论中纠缠态的非局域性。

量子纠缠在量子信息学中起着非常重要的作用。在量子隐形传态、量子密集编码和量子密钥分配等领域有着很重要的应用。自 1992 年 Bennett 等提出利用 ERP 对实现量子密集编码方案以来，量子密集编码在理论和实验上都取得了很大的进展。量子密集编码已经由两方之间推广到多方之间，所利用的量子通道也由二级能级纠缠态推广到多能级粒子纠缠态，密集编码在实验室中也得到了证实。

3. 量子通信系统

1）量子通信模型

量子通信模型包括量子信源、信道和量子信宿三个主要部分，其中信道包括量子传输信道、量子测量信道和辅助信道三个部分。图 6.32 中的密钥信道是通信者之间最终将获得的密钥对应的信道，是量子密钥分配协议的最终目标，该信道不是量子密钥分发过程中的组成部分，图中用虚线表示。辅助信道是指除了传输信道和测量信道外的其他附加信道，如经典信道，图中用虚线表示。

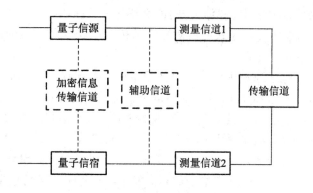

图 6.32　量子通信模型

2）量子误码率

量子误码率（Quantum Bit Error Rate，QBER）是指承载信息的光量子波包中，能用来使发送和接收双方进行有效通信的那部分信息的误码率。由于信道的损耗和接收机探测器的效率等原因，使得发送的大部分光子不能得到有效的计数，而实际通信系统中只保留双方认可的那部分比特值。

3）通信速率

量子通信系统的速率随通信的样式不同而不同。在量子保密通信系统中，除了加密数据传输的经典通信速率外，更重要的是密钥产生速率。衡量不同 QKD 系统性能时，往往用密钥产生率（Key Rate），其含义是发送一个光脉冲，它能形成最后密钥的概率。在间接量子通信系统和量子安全直接通信系统中，通信速率指传输经典信息（用经典比特表示的信息）或量子信息（用量子态表示的信息）的传输速率。

4）通信距离

由于量子信号不能放大，而且量子中继器还处在实验室研究阶段，所以通信距离是一个重要指标。由于量子信道的损耗，随着通信距离的增加，量子通信的速率（不是加密后的经典数据）迅速下降，所以实际应用时往往要在两者之间进行权衡。

5）量子中继

不同于近距离通信，在经典或者量子通信中，要保证远距离通信的进行，必须有中继的传输保证。信号在传输过程中由于受到外界环境的影响，会发生衰减，中继将对信号进行能量补充，以保证更远距离的传输。量子中继设备的研究对于实现全球空间量子通信网络有着举足轻重的作用。

一般来说，量子通信的物理传输模式有两种：直接传输和间接传输。所谓直接传输模式，就是将量子信号在通信协议的控制下，直接从发送方传送到接收方。所谓间接传输模式，就是需要传送的量子比特不直接在量子信道中传输，而是利用量子信道的量子特征间接地将量子比特发送到接收方。如果直接传输，或者采用隐形传态的模式传输量子信号，只能在几十公里至一百公里左右的范围内传输。为了在实际通信网络系统中实现量子通信，需要解决不受距离限制的量子信号传输问题。针对这个问题，经典量子通信系统中采用的方法是中继和放大技术，在量子通信系统中同样需要这些技术。

由于环境和噪声的影响，通信中信号的衰减与损耗不可避免，为了使通信信号稳定地传输，中继技术成为通信系统中长距离传输的必要手段。例如，在光纤通信系统中，由于吸收、散射等现象，需要每隔一定长度后对光纤中传输的光信号进行能量补充，以便能够传输更长的距离。

与经典信道不同，量子通信中信息的载体是量子，它具有特殊的量子特性，传输和最终检测的核心部分不是能量而是信号的某种量子状态。研究表明，量子信号的状态同时受到经典噪声和量子噪声的影响，这些噪声会导致量子比特的消相干现象的发生，从而导致信息丢失，使得量子通信不能正常进行。另一方面，经典噪声（色散、吸收等）使得量子信号的传输特性不断衰减，导致量子信号不断变弱，最终难以检测。因此，量子中继应该具有两方面的功能：一方面，通过补充量子信号的能量实现量子信号的稳定传输；另一方面，在补充量子信号能量的同时，保证量子信号携带的量子比特不会发生改变。显然，量子中继技术比经典中继技术要难实现一些。

4. 量子卫星通信

量子通信技术的实际应用分为三个阶段：一是通过光纤实现城域量子通信网络；二是通过量子中继器实现城际量子通信网络；三是通过卫星中转实现可覆盖全球的广域量子通信网络。

陆地量子通信基于光纤传输，但光纤存在固有的光子损耗，与环境的耦合会使纠缠品质下降，因此光量子传输难以通过光纤向远距离拓展；近地面自由空间通道会受地面障碍物、地表曲率、气象条件的影响，光量子传输难以在地面自由空间中向远距离拓展。

卫星通信的优势在于：克服了地表曲率、没有障碍物的阻碍；大气对某些波长的光子吸收非常小；只有 5～10 公里的水平大气等效厚度；大气能保持光子极化纠缠品质；外太空无衰减和退相干。以上特质，使得卫星通信成为远距离光量子传输的必由之路。

量子信号从地面上发射并穿透大气层，卫星接收到量子信号并按需要将其转发到另一特定卫星，量子信号从该特定卫星上再次穿透大气层到达地球某个角落的指定接收地点。

由于量子信号的携带者光子在外层空间传播时几乎没有损耗，如果能够在技术上实现纠缠光子再穿透整个大气层后仍然存活并保持其纠缠特性，人们就可以在卫星的帮助下实现全球化的量子通信。图 6.33 示意了卫星向两个地面站发出一对纠缠光子。

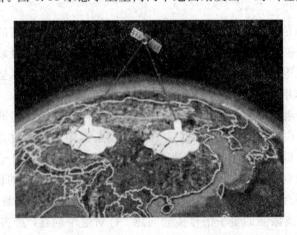

图 6.33　卫星向两个站发出一对纠缠光子

星地量子通信不受地形地貌限制,具有覆盖面广、机动性好、生存能力强等优点,同时,外层空间传输损耗和退相干效应很小,能够显著拓展量子密钥分发的组网距离。量子态的传输损耗和退相干效应随距离呈指数增长,真正意义上的量子通信广域组网必须借助量子中继技术。现阶段,量子态的控制存储和纠缠纯化等技术尚不成熟,量子中继短期内难以突破。

星地量子通信通过发射近地空间量子卫星,在星地之间进行量子纠缠对分发或量子密钥传输,能够为广域量子通信提供量子纠缠源和密钥中继,成为下一阶段广域量子通信组网的可行技术方案。在前期大量自由空间量子通信研究和实验验证的基础上,世界各国都在准备或已经开展了星地量子通信计划,其中包括美国 NASA 的"PhoneSat 计划"、奥地利研究机构联合欧空局开展的"Space-QUEST 实验计划"等。

在国内,2013 年中科院设立战略先导专项"量子科学实验卫星计划",由中科大、中科院多家院所和航天八院共同攻关,于 2016 年 8 月 16 日发射了全球首颗量子通信实验卫星"墨子号",初步构建了我国广域量子通信体系。中国将完成和投入使用全球最大的量子通信网络,从北京绵延至上海长达 2000 公里。到 2030 年,中国的量子通信卫星网将扩展至全球。

5. 量子通信的前景

量子通信系统将由专网走向公众网络,目前大多数实验量子通信系统均是针对专门的应用,对量子信号的传输需要单独采用一根光纤,这样一方面成本较高,另一方面应用范围受限。为了将量子通信推广使用,如何利用现有的光纤网络同时传输量子信号与数据信号,克服强光信号对单光子信号的影响,是最近实验和研究的热门课题,已经有了实际的实验结果。

量子通信网络向覆盖全球发展,实现长距离量子通信的一种方法是借助于量子中继器,需要采用量子纠缠交换和纠缠纯化,由于纠缠交换成功的概率性使得建立两个远程终端之间的纠缠的时延较长;另一种方法是基于卫星的量子通信,随着"墨子号"量子卫星的发射,我国已经具备开展基于卫星的实验条件,量子通信网络覆盖全球指日可待。

量子计算技术的发展将会大大促进量子通信的发展,随着量子存储能力的突破和量子计算技术的发展,量子纠错编码、量子检测等技术的应用,量子通信系统的性能将会得到很大的提高。

6.6.7 非同步卫星通信系统

1. 低轨道卫星通信系统(LEO)

低轨道卫星通信系统(LEO)一般都由多频卫星组成卫星通信网。卫星离地面高度在 1000 km 左右,其运转周期一般为几小时。卫星天线波束覆盖地面小区,在地球表面飞速移动,一个用户看到每颗卫星的时间只有几分钟或十几分钟,因此存在信号越区切换的问题,这与地面蜂窝移动通信小区切换相似。但是,由于轨道不同,如极轨道卫星,当卫星通过赤道上空时卫星离地面的高度最低,覆盖面积小,为解决小区切换必须多开放一些小区;当卫星通过两极时,卫星离地面的高度较高,卫星所形成的覆盖小区面积增大,这时会出现小区重叠,在切换时要关闭一些小区。这样,对卫星工作的控制变得较为复杂。低轨道卫星通信使用的卫星体积小，重量轻，发射也较容易，成本低，便于及时更换，如已经启动的铱卫星通信系统（在卫星移动通信中讲述）等。

2. 高轨道全球卫星通信系统（GFO）

在 2000 年开通的阿斯特罗全球宽带卫星通信系统就是高轨道全球卫星通信系统。它是由美国、意大利的洛克希德-马丁公司等同意大利电信公司合作投资的新一代卫星通信系统，它由 9 颗新一代的高轨道全球卫星通信系统组成。向全球提供多媒体、因特网高速接入以及私人公司的数据网络接入业务。美国还在本国推出了高轨道的移动卫星通信系统，称之为 GEO 的 Qualcomm 系统。

3. 中轨道卫星通信系统（MFE）

中轨道卫星通信系统的轨道高度在 10 000 km 左右，发射 10 多颗卫星，就可构成全球通信。为了提高对地面的辐射功率，卫星上采用了多波速覆盖和频率再用技术。如美国公司（TRW）提出的 Qbyssey 系统以及前面介绍的 INMARSAT 系统。

卫星移动通信系统也是未来发展的主流，此技术将在下章主要介绍。

习　题

1. 什么是微波通信？它有什么特点？使用频段如何？
2. 微波传输线路中余隙的概念是什么？
3. 如果某微波中继段为大片稻田区，反射点距发端 20 km，距收端 30 km，工作频率为 6 GHz，求在不同气象条件下的天线余隙标准（要求算出具体数值）。

（参考答案：当 $k=2/3$ 时，$h_c \geqslant 5.69$ m；当 $k=4/3$ 时，$h_c \approx 18.96$ m；当 $k=\infty$ 时，$h_c < 26$ m）

4. 在实际应用中，SDH 数字微波和数字卫星通信中采用了什么样的数字调制技术？
5. 微波接力通信系统由哪几部分组成？各起什么作用？
6. 简述卫星通信系统的组成及工作过程。
7. 什么叫卫星通信的全向有效辐射功率 EIRP？传播方程与 EIRP 有什么关系？
8. 对下题作简单计算：

（1）一卫星通信系统地球站，发射天线增益为 6000 dB，$f_\bot=6$ GHz，发射功率为 41.5 dBm，卫星接收功率为 1 pW（1 pW $=10^{-12}$ W $=10^{-9}$ mW），求卫星接收天线增益 G_R 为多少？

（参考答案：$G_R=29.85$ dB）

（2）已知某同步卫星通信系统，地球站发射机输出功率 P_T 为 3.5 kW，发射馈线系统损耗 L_{FT} 为 0.5 dB，发射天线的增益 G_T 为 1.8×10^5；上行线的频率 F_R 为 6 GHz，上行线传播距离 d 为 4×10^4 km；卫星转发器天线增益 G_R 为 5 dB，接收馈线损耗 L_{FR} 为 1 dB。其他附加损耗不考虑，试问：卫星接收机低噪声放大器输入端的信号功率为多少 dB？

（参考答案计算：$[R_R]=[P_T]+[G_T]-[L_{FT}]+[F_R]+[L_{FR}]+10\lg\left(\frac{\lambda}{4\pi d}\right)^2 \approx -98.55$ dBW）

（3）一卫星地球站接收系统主要框图如图 6.34 所示，图中，各设备电平已标注，求 b、

c、d、e、f 各接口电平以及中频放大 G_3。

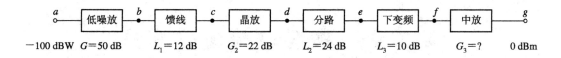

图 6.34　题 8 图

9. 什么叫同步卫星通信？

10. 什么叫卫星的姿态保持和位置控制？

11. 通信卫星天线波束主要有哪几种？

12. 同步卫星的观察参量有哪些？如何定义的？试计算东方红三号卫星（E125°）在北京和你所在地的观察参量。

（答案提示：北京：$\varphi=166.62°$，$\theta=42.87°$，$d=37\ 640$ km）

13. 在某 TDMA 系统组网中，共有 7 个站，同步分帧为 2 μs，保护时间为 0.32 μs，系统传码率为 44.735 Mb/s，报头占用时间 82 bit，求帧效率 η。

（答案提示：$\eta=86.4\%$）

14. 已知工作于 6 GHz 的某 A 型标准地球站，若发射天线增益 $G_T=37.8$ dB，该站天线的等效噪声温度应为多少？

（答案提示：标准站 A 型 $[G/T]\geqslant 40.7+20\lg\dfrac{f}{4}$，$f$ 为 GHz）

15. 数字卫星地球站主要由哪几部分构成？

16. 标准卫星通信地球站的天馈系统主要由哪几部分构成？各起什么作用？

17. 卫星通信地球站的发射部分和接收部分的主要组成有哪些？

18. VSAT 小站的基本组成分几部分？

19. 海上卫星通信系统（INMARSAT）一般有几种类型的地面站？我国是否加入了此系统？

20. 卫星通信的发展前景如何？

第7章 数字移动通信系统

7.1 移动通信概述

7.1.1 移动通信的概念及特点

1. 移动通信的概念

移动通信就是指通信的双方至少有一方在移动中进行信息的交流。这里的信息应是广义的,它包括了话音、数据、传真、图像和多媒体信息业务。这里的双方,可以是固定点与交通工具之间,或者人与机器之间,或者人与人之间的信息交流,如图7.1所示。

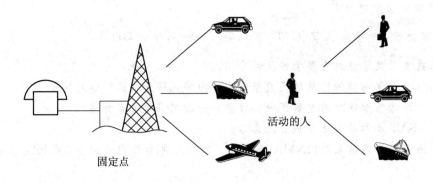

活动的人

固定点

图 7.1 移动通信

从技术角度看,移动通信指通信双方至少有一方是利用便携无线终端(可移动)通过无线传输方式接入网络与其他终端用户进行通信的一种方式。

按照移动体所处的位置不同,移动通信可分为陆地移动通信系统、海上移动通信系统和卫星移动通信系统。其中陆地移动通信系统又包括蜂窝系统、集群系统、无绳电话系统、无线电传呼系统等。蜂窝系统是覆盖范围最广的陆地公用移动通信系统。本章以蜂窝移动通信系统为例进行分析。

2. 移动通信的特点

根据移动通信的定义及其无线电波传播特性可知,陆地移动通信有以下特点:

1) 电波传播条件恶劣

由于移动体来往于地面的建筑群和各种障碍物之中,根据电波传播的特性会发生直射、折射、绕射等各种情况,从而使电波传播的路径不同,使接收端收到的信号是这些信号的合成波。移动体(汽车)在不同位置、不同方向接收到的合成波信号强度会有起伏,而且相差很大，可达 30 dB 以上。图 7.2 所示的这种现象称为衰落，它严重地影响着通话质量。

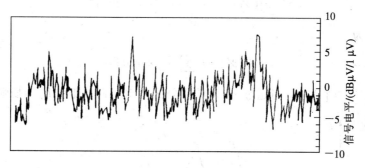

图 7.2　移动通信场强实测记录

电波传播引起信号变坏的例子很多，如接收差转电视时，在接收天线的不同位置，图像质量会发生很大差别，有的位置图像清晰，有的位置雪花点严重，有的位置图像模糊不清，有的位置出现许多重影等等。这就是由于电波通过传播，到室内天线时，已经过了电波直射、折射，到家庭中时，又经过房屋四壁反射，这些不同强度相位波的叠加就形成了上面的多种现象。这种现象我们称之为多径衰落。多径衰落直接影响了电视图像质量，如图 7.3 所示。以上的例子只是对于固定于室内的电视机而言，而对于移动通信系统来讲，情况就复杂多了。因一方在经常移动，要保证通信质量，就必须使移动通信设备有一定抗衰落能力和储备。在设计移动通信系统时就要进行这方面的考虑。

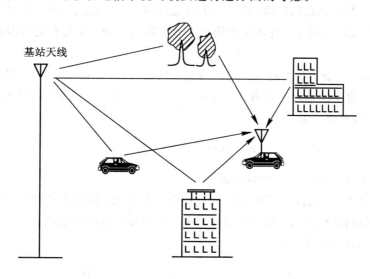

图 7.3　多径传播

在移动通信中，接收信号的强弱值称为场强。为了表征电波传播的特性，特用统计分析的方法，采用统计的数字特征来描述。

（1）场强中值。具有 50% 概率的场强值称为场强中值，这是一个统计平均值，如图 7.4 所示。在图中，场强变化曲线高于规定电平值的持续时间占统计时间一半时，则所规定的那个电平值即为场强中值。图中的 T 为统计时间，规定电平值为 E_0。在周期 T 内，高于

E_0 的值的时间段有 t_1, t_2, t_3。如果统计时间 T 足够长，则在 T 时间内超过 E_0 的概率为

$$P(\%) = \frac{t_1 + t_2 + t_3}{T} \times 100\% \qquad (7.1.1)$$

用一般式表示为

$$P(\%) = \sum_{i=1}^{n} \frac{t_i}{T} \times 100\% \qquad (7.1.2)$$

在上式统计时间 T 内，当超过 E_0 值的百分比为 50% 时，即称 E_0 为场强中值。

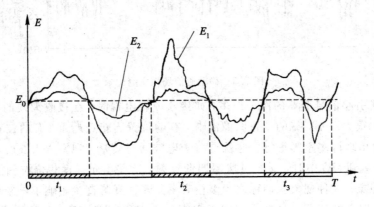

图 7.4　场强中值的确定

依次类推，当概率超过 50% 时，称 80% 或 90% 概率场强值。在实际的应用中，场强中值恰好等于接收机的最低门限值，即通信的可通率为 50%，这就是说只有 50% 能维持正常通信。因此，在实际应用中要使场强中值远大于接收机门限，才能在绝大多数时间保证通信正常进行。

（2）衰落深度。衰落深度定义为接收的电平值与场强中值电平之差，即以场强中值电平为参考电平，表明信号起伏偏离其中值电平的幅度。这是电波衰落程度的一种量度（即数字特征），用电平表示为

$$\text{衰落深度}/dB = 20\lg \frac{E_i}{E_0} \qquad (7.1.3)$$

式中：E_i 为接收电平值；E_0 为场强中值。

（3）衰落速率。衰落速率描述接收信号场强变化快慢，即衰落的频繁程度。衰落速率与工作频率、移动体行进速度及行进方向有关。工作频率越高衰落越快，行进速度越快衰落越快，其平均衰落速率表示为

$$N = \frac{v}{\lambda/2} = 1.85 \times 10^3 \cdot v \cdot f \quad (Hz) \qquad (7.1.4)$$

式中：N 为衰落速率；v 为移动体速度，单位为 km/h；λ 为波长，应与 v 同单位（km）；f 为频率，一般以 MHz 为单位。

（4）衰落持续时间。衰落持续时间是指场强低于某一给定电平值的持续时间。在移动通信中，常会出现移动台收不到电台信号或者中断了信号的情况。这种情况是由于接收到的信号电平值低于接收机门限电平所致。

2) 在强干扰条件下工作

移动通信，特别是陆地移动通信的电波在地面受到许多干扰和噪声。

噪声主要是人为噪声，如汽车点火、电火花、发动机噪声等。

主要的干扰是内部的干扰，有互调干扰、同频干扰、多路干扰、邻道干扰等。另外，还有雷达以及其他种类的移动信号干扰等。

3) 具有多普勒频移效应

当移动体运动达到一定的速度时，设备接收的载波频率将会随运动速度变化而产生频移，这种现象称为多普勒频移。用公式表示为

$$f_d = \frac{v}{\lambda} \cos\theta \qquad (7.1.5)$$

式中，v 为运动体速度；λ 为接收信号的波长；θ 为电波到达时的入射角。

4) 移动用户经常移动

由于移动体经常移动，它与固定点无固定联系，加之开、关的随意性以及电池更换等原因，带来了呼叫、接续等的复杂情况。所以在移动通信网的信号设计时要考虑的因素很多，因此技术复杂，同时也带来了设备价格昂贵影响普及程度等缺点。

7.1.2　蜂窝移动通信的概念

1. 移动通信系统组成

这里主要谈陆地移动通信，以 GSM 系统为例，它一般由移动台(MS)、基站(BS)及移动交换中心(MSC)组成为移动通信网(PLMN)，移动通信网又通过中继线与市话通信网(PSTN)连接，如图 7.5 所示。

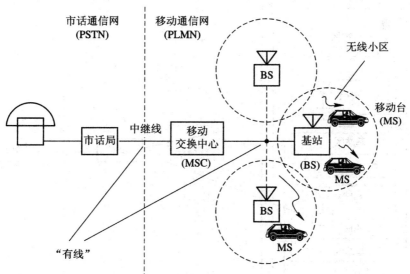

图 7.5　GSM 移动通信系统的组成

在此移动通信系统中，移动部分体现在基站与移动台之间，这是移动通信的主体部分。每个基站都有一个可靠的通信服务范围，称之为无线小区。无线小区有大、小覆盖区

之分。覆盖区的大小主要由基站天线的发射功率和天线高度决定。移动交换中心主要用来处理信息交换和信息处理以及系统的集中控制管理。大容量移动通信系统由若干个基站构成移动网,交换中心也不止一个。这样,由移动交换中心、基区、小区组成一个移动通信的业务区(服务区),如图 7.6 所示。

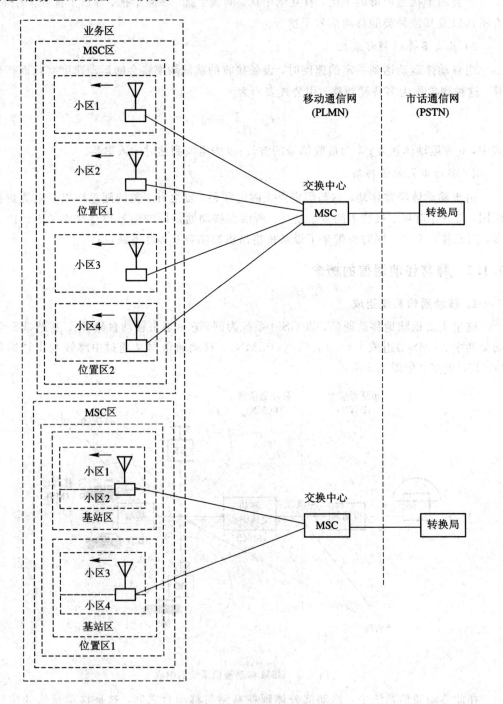

图 7.6 移动通信网的结构

2. 蜂窝移动通信无线覆盖区结构

1）大区制

大区制就是在一个基站天线覆盖区内的移动用户，只能在此区域完成联络与控制。它的特点是：基站只有一个天线，架设高、功率大，覆盖半径也大，一般用于集群通信中。此种方式的设备较简单，投资少，见效快，但频率利用率低，扩容困难，不能漫游。

2）小区制

小区制就是将整个业务区（服务区）划分为若干小区，在小区中分别设置基站，负责本小区移动通信的联络控制，如图 7.7 所示。从图中可看出：小区制通信中各基站的频率组配备，一定要使相邻基站天线覆盖区不相同，否则会引起干扰。图中每个基站使用了 3 对频率，可见小区越多覆盖面就越大，用户就越多，从而也可提高频率的复用度。如 f_1，f_2 这对频率不是相邻基区也可配备，这是公用陆地移动通信采用的天线覆盖方式。

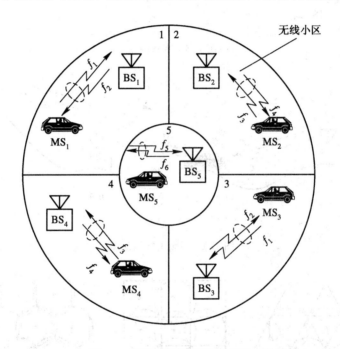

图 7.7 小区制移动通信示意图

3）小区制的划分方法

考虑服务对象及频率组不相互干扰等因素，小区制一般分为带状服务区和面状服务区。图 7.8 所示为带状服务区的情况。

为避免邻接小区使用相同频率，造成干扰（同频干扰），因而采用不同频率组，在带状情况下可配备双组（群）频率。但是也可能发生干扰，如图 7.9 所示，因此也可配备三组或四组等。

面状服务区是陆地移动通信的主要方式，对它的分析比对带状的分析要复杂得多。要组成一个面状服务区，各小区可用三角形、圆形、矩形（正方形）、正多边形等形状，如图 7.10 所示。

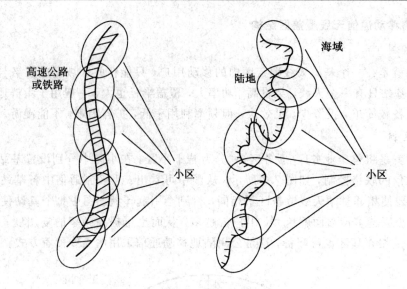

图 7.8　带状网络

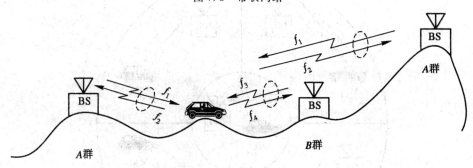

图 7.9　同频干扰示意图

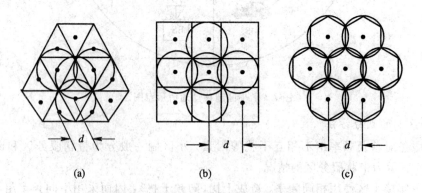

图 7.10　组成面状服务区各种小区的形状

（a）正三角形；（b）正方形；（c）正六边形

　　以上组成面状服务区的各小区形状，究竟取什么样的小区好呢？一般从以下几方面考虑：

　　（1）邻接小区中心间距 d 越大越好，间隔大则干扰就会小，从这个角度看，以正六边形小区为优。

（2）单位小区的有效面积越大越好，面积大则使一个区域小区个数少，使用频率数少。从图中可看出，正六边形面积大，以此小区彼此邻接构成面状服务区最经济。

（3）交叠区域面积小为好，这可使同频干扰最小，从图中看出，以正六边形为好。

（4）交叠距离要小，使移动通信便于跟踪交接，从图中看出，以正六边形为好。

（5）所需无线电频率个数越少越好。图 7.10 中各小区形状对应的最少无线频率个数如图 7.11 所示。从图中看出，以正六边形为最好，只使用 3 组频率。

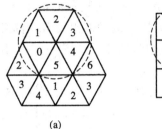 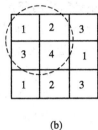 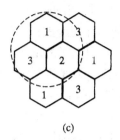

(a)　　　　　　　　　　(b)　　　　　　　　　　(c)

图 7.11　所需最少无线频率个数

（a）正三角形；（b）正方形；（c）正六边形

通过上面的分析可知，用正六边形无线小区邻接，构成整个面状服务区是最好的。在现代的移动通信中，一般都采用这种电波覆盖区域。由正六边形构成的面状服务区的形状很像蜂窝，所以称为蜂窝式移动网。

4）蜂窝无线区移动通信网

通常在陆地公用移动通信网，都是由上面分析所得出的结论：由若干正六边邻接小区组成一个无线覆盖区群，再由若干无线区群构成整个服务区。单位无线区群构成应有两个基本条件：

（1）若干个单位无线区群正六边形彼此邻接组成蜂窝式服务区。

（2）邻接单位无线区群中的同频无线小区的中心间距相等。

在满足上述条件情况下，构成单位无线区群的小区个数 N 为

$$N = a^2 + ab + b^2 \qquad (7.1.6)$$

式中，a、b 均为正整数，其中一个可以为零，根据关系式可求出 N 为 3，4，7，9，…。

根据以上构成条件可知，N 个单位无线区群构成的服务区域如图 7.12 所示。

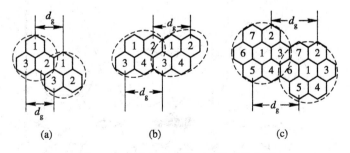

(a)　　　　　　　　　　(b)　　　　　　　　　　(c)

图 7.12　各种单位无线区群的结构图形

（a）$N=3$；（b）$N=4$；（c）$N=7$

从图中可看出，单位邻接无线区群中，同频无线小区的中心间距 d_g 与小区个数 N、小区半径 r 之间的关系为

$$\frac{d_g}{r} = \sqrt{3N} \tag{7.1.7}$$

有 3 个、4 个、7 个无线小区构成的单位无线区群,其基站可设置在各自无线小区顶点,也可设置在小区中心。然后可配置 7 个或多个无线覆盖区,如通常使用的 7×3(21)个信道组。

3. 移动通信中的切换、交接与漫游

在图 7.12 中,有由三个单元无线小区组成的邻接无线区群构成的覆盖区。图 7.13 所示为三叶草形结构,基站在三个小区顶点,向三个方向以不同频率组覆盖,有时又称之为顶点激励方式,采用 120°的定向天线辐射电波进行无线信号覆盖。从图 7.13 中看出,如果配置三组频率,由于天线的方向性提供了一定的隔离度,因而在小区中信号不会产生干扰。

当移动体在运动中,从一个小区向另一个小区运动时,信道要发生转换,这就是移动通信中的切换,或称交接。如图 7.14 所示,当移动体从基区 1(BS_1)向基区 2(BS_2)过渡时,这时信道要进行转换,这种转换叫做切换(交接)。切换可发生在同一基区的不同小区,也可发生在不同基区的不同频率组,也可发生在不同的移动交换区,如图 7.15 所示。只要是陆地公用蜂窝移动通信网,都存在这几种小区的信号切换。其交接过程中,首先是基站监测移动台信号强度,当信号降低到某一限值时就请求切换;比较周围邻接小区接收到移动台的信号强弱,当某一基站的小区信号较强时,就切换到此基站的小区,通过信道转换继续进行通话。

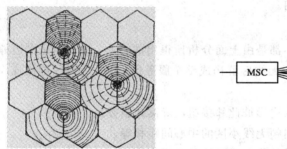

图 7.13 三叶草形(每个基站三个无线小区)

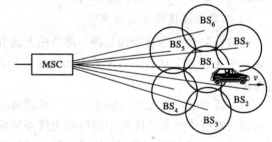

图 7.14 同一交换区的切换示意图

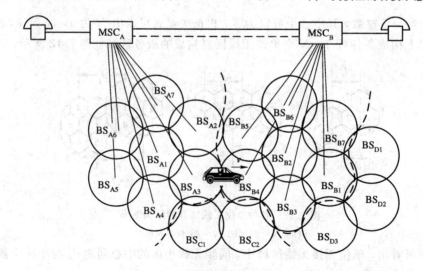

图 7.15 不同交换区的切换示意图

漫游是指移动台在某地登记进网后，可在异地同样进行呼叫处理通信。这里的异地，是指不同地区，不同省，甚至不同国家都同样能通过漫游进行通信联系。正因为移动通信能在全国、全世界漫游，因此才有现在这样的飞速发展。但是，这种漫游的无线电信号，其覆盖还是小区制的蜂窝移动通信系统，是由移动通信网来实现的，有的称之为世界陆地移动通信网，又称为全球通。

全球通的蜂窝移动通信网有一个制式的问题，如果是同一制式，则很容易实现（切换）交接与漫游。世界上有多种制式的蜂窝移动通信系统，就数字移动通信而言，就有 GSM，D‑AMPS，D‑NTT 等。如模拟系统有 AMPS 和 TACS 制等。我国模拟系统曾经采用 TACS 制，数字系统采用 GSM 制。

7.1.3　移动通信的分类

1. 寻呼系统

寻呼系统是一种较早的点对面覆盖的单向呼叫系统。它由寻呼控制中心、基站和寻呼接收器（BP 机）三部分组成，如图 7.16 所示。

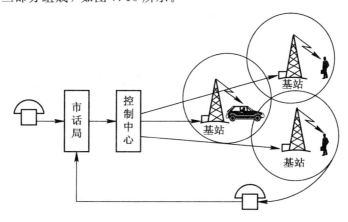

图 7.16　无线寻呼系统的组成

这种无线寻呼系统提供简单的信息，用数码管和小荧光显示屏显示数字号码或简单语言，用户一看就知道其内容。所谓单向，是指此系统只实现市话用户呼叫（BP 机）。如要回话则要利用其他电话。

由于此系统设备简单，覆盖面宽，接收机体积小、重量轻、价格便宜，在 20 世纪 80 年代末得到了广泛应用。随着手机的出现，2005 年以后已淡出中国的舞台。

2. 集群移动通信

集群移动通信系统是一种专用调度系统，它由控制中心、基站、调度台、移动台组成。这是一种在一定范围内使用的移动通信系统，通常采用大区制覆盖，如图 7.17 所示。此系统是独立的，自成系统的，如车辆调度、公安或交警等部门自己安装的系统等。

3. 无绳电话系统

无绳电话系统是一种市话网延伸的双工无线通信系统。它由基站和手机组成，如图 7.18 所示。此种系统的特点是无线覆盖范围小，发射功率低，服务范围有限，如楼内通信、家中居室的通信等。还有一种公用无绳电话系统，如英国推出的 CT‑2 系统，如图 7.19 所

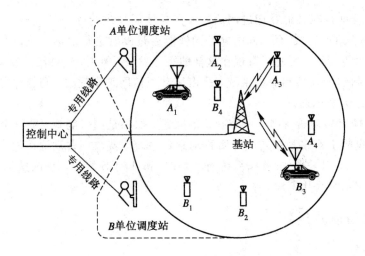

图 7.17　集群系统的组成

示。此种系统可设多个基站，容纳多个用户，但服务半径很小，一般为几百米，发射功率也很小，一般为几十毫瓦至几百微瓦，此系统也可称为移动接入系统。

图 7.18　无绳电话系统的组成

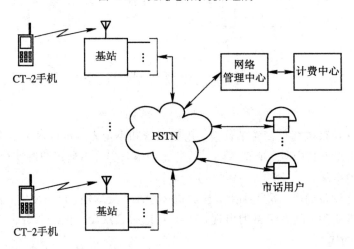

图 7.19　CT-2 系统的组成

以上三种移动通信系统都是借助于市话网来实现的。

4. 陆地蜂窝移动通信系统

这是一种公用的、广泛采用的移动通信系统，是我们专门讨论的内容。目前，我国正在使用的有 2G、3G、4G 移动通信系统。随着技术的快速发展，5G 移动通信系统也正在研发中。

5. 卫星移动通信系统

陆地移动通信中，在海洋、沙漠、森林、高山等处的蜂窝移动通信由于基站的位置不易选定，因此形成无线小区覆盖很困难，只能利用卫星的电波覆盖，特别是对人烟稀少地区的通信只能用卫星移动通信来实现。卫星移动通信有两种：一种是利用静止卫星（同步卫星）来设计的系统，如第 6 章讲到的海事卫星通信系统；另一种是低轨道的卫星移动通信系统，如美国 MOTOROLA 公司推出的铱卫星移动通信系统等。

6. 其他移动通信系统

由于无线通信迅猛发展，移动通信应用领域更广，如在工业中应用的 IEEE 802.116 和蓝牙技术的移动接入系统已经商用。

7.2 第二代移动通信系统

2G 时代从 20 世纪 80 年代中期开始，2G 是第二代移动通信技术规格的简称。第二代移动通信系统采用数字移动通信技术，解决了模拟系统中存在的技术缺陷，主要采用的是时分多址（TDMA）技术和码分多址（CDMA）技术，以 GSM 和 IS-95 为代表。欧洲首先推出了泛欧数字移动通信网（GSM）的体系，随后，美国和日本也制订了各自的数字移动通信体制。数字移动通信网相对于模拟移动通信，提高了频谱利用率，支持多种业务服务，并与 ISDN 等兼容。第二代移动通信系统以传输话音和低速数据业务为目的，因此又称为窄带数字通信系统。第二代数字蜂窝移动通信系统的典型代表是美国的 DAMPS 系统、IS-95 和欧洲的 GSM 系统。

7.2.1 GSM 系统

GSM 数字移动通信系统是由欧洲主要电信运营商和制造厂家组成的标准化委员会设计出来的，它是在蜂窝系统的基础上发展而成的。1991 年在欧洲开通了第一个系统，同时 MoU 组织为该系统设计和注册了市场商标，将 GSM 更名为"全球移动通信系统"（Global System for Mobile Communications）。从此移动通信的发展跨入了第二代数字移动通信系统的时代。

GSM 系统是基于时分多址（TDMA）技术的，已全球化，我国广泛应用的也是 GSM 系统。GSM 具有的重要特点有：频谱效率高、网络容量大、手机号码资源丰富、话音质量清晰、稳定性强不易受干扰、开放的接口、安全性强等。

1. GSM 系统组成及功能

GSM 移动通信系统主要由交换系统（移动交换中心 MSC）、基站系统（BSS）、移动终端（移动台 MS）和操作维护中心（OMC）等几大部分组成，其结构如图 7.20 所示。图中各部分功能如下：

（1）MS：为移动台，指个人手机、车载站或船载站等。

（2）BSS：基站系统，它由基站控制器 BSC 和基站收/发信台 BTS 两部构成。BSS 由移动交换中心 MSC 控制，而 BTS 受 BSC 控制。

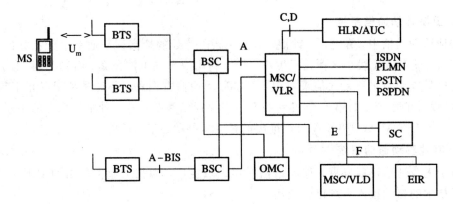

ISDN：综合业务数字网　　　　　PLMN：公共陆地移动网

PSTN：公共交换电话网　　　　　PSPDN：分组交换公用数据网

OMC：操作维护中心　　　　　　SC：短消息业务中心

EIR：设备识别寄存器　　　　　　BSC：基站控制器

BTS：基站收/发信台

图 7.20　GSM 系统组成

（3）MSC：移动交换中心，这是该系统对移动用户进行控制、管理的中心，它要完成移动通信系统的用户信号交换、号码转换、漫游、信号强度检测、切换（交接）、鉴权、加密等多项功能。

（4）HLR：本地用户位置寄存器，每个移动用户都首先要在原址进行位置注册登记。在此寄存器中主要存储两类信息：一是有关用户的参数；二是有关用户的当前位置信息。

（5）VLR：外来用户位置寄存器，是漫游移动用户进网必须存储的有关数据的储存器，它是 MSC 区域的 MS 来去话需检索信息的数据库。用以存储呼叫处理存放数据、识别号码、用户号码等。

（6）EIR：设备识别寄存器，是存储移动台设备参数的数据库，主要完成对移动台的识别、监视、闭锁等功能。

（7）AUC：鉴权中心，它是认证移动用户身份和产生相应鉴权参数的功能实体。

（8）OMC：操作维护中心，它是操作维护 GSM 蜂窝移动通信网的功能实体。

2. GSM 系统的接口

移动通信系统各部分组成要互通。各种功能的完成不是独立的动作，而是相互紧密地联系的，因此需要一定的规范，也就是要规定统一的接口标准。CCITT 建议公共陆地移动网（PLMN）应具有国际漫游功能和越局、越区切换功能。GSM 系统的 PLMN 接口如图 7.21 所示。

（1）A 接口：MSC 与 BSS 之间的接口。A 接口主要用于传递呼叫处理、移动性管理、基站管理和移动台管理。此接口一般为 2 Mb/s 数字接口。（BTS 与 BSC 之间为 A-BIS 接口。）

（2）B 接口：MSC 与 VLR 之间的接口。当一个移动台从一个服务区漫游到另一个服务区时，移动台与 MSC 通过 B 接口，使 MSC 与 VLR 建立移动台的漫游参数，使 MS 与 MSC 建立起新的位置更新关系。

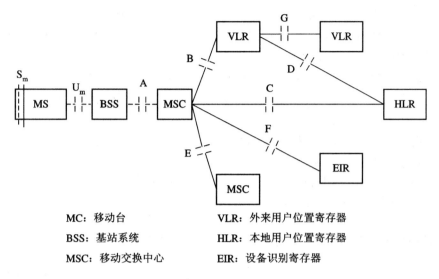

MC：移动台　　　　　　　　VLR：外来用户位置寄存器
BSS：基站系统　　　　　　　HLR：本地用户位置寄存器
MSC：移动交换中心　　　　　EIR：设备识别寄存器

图 7.21　PLMN 接口

（3）C 接口：MSC 与 HRC、HLR 之间的接口，主要用于管理和路由选择的信令交换。当建立呼叫时，MSC 通过此接口从 HLR 取得选择路由的信息，呼叫结束后通过 C 接口向 HLR 传送收费信息。

（4）D 接口：HLR 与 VLR 之间的接口。这个接口主要用于传递有关移动用户的位置数据和管理用户数据。通过这个接口，一方面 VLR 向 HLR 索取有关信息，另一方面 VLR 还要向 HLR 提供有关用户漫游号码等移动用户位置信息。

（5）E 接口：MSC 之间的接口，主要是为了移动用户在 MSC 之内进行越局切换交接时传送相关信息。

（6）F 接口：MSC 与 EIR 之间的接口，通过此接口可查询和校对 EIR 中移动台的识别号码。

（7）G 接口：VLR 之间的接口，当移动用户使用临时识别码（TMSI）在新的 VLR 中登记时，用此接口在 VLR 之间传送有关信息。通过此接口可检索（TMST）VLR 中的国际移动用户识别码 IMSI。

（8）U 接口：为无线接口，它是基站收/发信台 BTS 与移动台 MS 之间的接口。此接口由无线信道组成，是移动通信中最重要和最复杂的接口，将在 GSM 信道结构中讲述。

（9）MS 接口：移动用户与移动网络接口，此接口主要是用户识别卡（SIM）与移动终端 ME 之间的接口。

7.2.2　GSM 制式特点

GSM 是欧洲邮电主管部门会议（CEPT）建立和开发的泛欧蜂窝全数字化的移动通信系统，它的主要特点表现在以下几方面：

（1）使用频段为 900 MHz 和 1.8 GHz 频段。我国为 935～960 MHz（基站发），890～915 MHz（移动台发）。

（2）频带宽度为 25 MHz（对 900 MHz 频段）。

(3) 通信方式为全双工，双工通信时收、发频率间隔 45 MHz。

(4) 信道数字结构为 TDMA 时分多址帧结构。每帧即为一个载波，分为 8 个时隙，全速率信道为 8 个，半速率信道为 16 个。

(5) 调制方式为高斯低通最小移频键控 GMSK，调制指数为 0.3。

(6) 话音采用数字话音，其编码规律为规则脉冲激励长线性预测编码（RPE－LTP），其速率为 13 kb/s。

(7) 每时隙信道比特率为 22.8 kb/s，信道总速率为 270.83 kb/s。

(8) 数据速率为 9.6 kb/s。

(9) 信令系统采用公共控制信令，无线 7 号信令（NO.7）。

(10) 分集接收，慢跳 217 跳/秒。

7.2.3　GSM 陆地蜂窝移动通信网

GSM 网络化是蜂窝移动通信迅速发展的基本保证，这里 GSM 网主要指公共陆地移动网 PLMN，但它又与公共交换电话网 PSTN 是相互联的。这里我们主要讨论 PLMN，其分为业务网与信令网。

1. 全国 GSM 的 PLMN 业务网络结构

全国数字公共陆地蜂窝移动通信网络结构，在大区设立一级移动业务汇接中心，通常为单独设置的移动业务汇接中心。省内二级汇接中心应与相应的汇接中心相连。一级汇接中心之间为网状网，每省设 2～4 个省汇接。

各省的 MSC 约为几个至几十个用户端局网，它们组成移动业务网：一级汇接局→二级汇接局→端局。移动本地网一般为省内网。在移动本地业务网中，每个 MSC 与局所在本地的长途局相连，并与局所在地的市话汇接局相连。在长途局多局制地区，MSC 应与高一级长途局相连，如没有市话汇接局的地方与市话端局相连。我国的 GSM 网在 1999 年元月份完成了对原移动网的扩容改造工程。

我国的移动话路网（业务网）在 20 世纪末仍维持三级结构，其网路除在原八大汇接局设立 TMSC1 外，在全国又增加 7 个省会城市设置 TMSC1。把原来一个局配置 1 个汇接局，做到了成对配置，把原来 8 个汇接局扩大到 30 个汇接局。即每个独立局都配置了两对 TMSC1，有 15 对独立的 TMSC1，其中有的兼二级汇接中心 TMSC2。我国 GSM 公共陆地移动通信业务网如图 7.22 所示。

图 7.22 中，TMSC1 为 15 个成对配置（共配置 30 个汇接局）。北京、天津、广东、江苏、辽宁、上海、黑龙江、山东、浙江、福建、四川、湖南、湖北、河南、陕西等 15 个省的省会城市为独立的一级汇接中心，每个汇接中心为成对配置。其中，湖北、湖南、河南、陕西四省兼有二级汇接中心 TMSC2。

15 对 TMSC1 之间组成网状网。二级汇接中心 TMSC2 与相应的 TMSC1 相连。对未建设独立 TMSC1 的省区，其 TMSC2 与归属的原大区中心的 TMSC1 相连。如西南的重庆、贵州、云南、西藏分别与四川成都的 TMSC1 相连；青海、甘肃、新疆、宁夏分别与陕西西安相连；海南、广西与广东广州相连；内蒙古、河北、山西与北京相连；安徽与江苏相连；吉林与辽宁相连；江西与上海相连等。

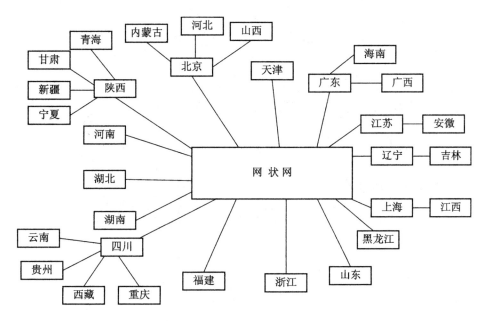

图 7.22　我国 GSM 业务网

各个 TMSC2 与所属区的 TMSC1 之间设置基干路由。为提高网络的安全性和可靠性，解决 TMSC2 与 TMSC1 单属型连接带来的安全隐患问题，网路又设置了每个 TMSC2 至无汇接关系的另一个 TMSC1 之间的直达路由。该路由平时用于输送本省与此大区内的话务，当二级中心所属大区一级汇接中心 TMSC1 发生故障或其路由全阻塞时，则该路由作为安全备用路由，负责输送至其他的所有大区的业务，如重庆设置到湖北武汉的直达路由等。

2. GSM 系统的信令网结构

GSM 的信令采用 NO.7 信令网，我国的 GSM 移动网采用三级结构。在大区一般设置一级信号转接点，称高级信令点 HSTP；在各省内设二级信号转接点，称低级信令点 LSTP；最后在各移动交换中心即移动端局，设信令点 SP。

信令网结构中每个省内设 2～4 个低级信令转接点 LSTP，一般设在省内的移动汇接中心，TMSC、MSC、HLR、AUC、EIR 信令点至少要接到两个 LSTP 点上。每个移动业务本地网中 HLR 至 MSC 间要有信令专线。各省的 LSTP 要连接到大区中心的 HSTP 上，并建立 A、B 两个平面，各大区各建立一对 HSTP 点。

20 世纪末期，我国 GSM 信令网在原八大区基础上又增加了五个省，为一级信令转接点，即在北京、上海、西安、沈阳、成都、广州、武汉、南京基础上，再加上哈尔滨、天津、济南、杭州、福州为 HSTP，并设置 13 对独立的 HSTP。在 13 对的 HSTP 中，除广州、南京外其余均兼有 LSTP，其他省设置综合的低级信令转接点 LSTP。13 对 HSTP 分别设置两个平面，其中 A 平面为贝尔平面(使用上海贝尔 S12STP 设备)，B 平面为华为平面(使用深圳华为的 C&C·8STP 设备)。同一平面内各 STP 间呈网状连接，平面是成对的 STP，以 C 链路相连。其他 LSTP 以负荷分担的方式固定连接到一对 LSTP/HSTP 上，如图 7.23 所示。

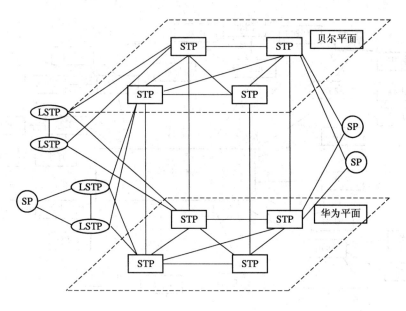

图 7.23 我国的 HSTP 双平面示意图

3. GSM 信号帧结构

GSM 系统的数字传输结构为时分多址(TDMA)结构。其帧结构组成为：一帧为 8 个时隙，每时隙为一个载波，每时隙为 577 μs，每帧为 4.62 ms。26 个 TDMA 帧组成的复帧，用于传送业务信道的用户信息、线路控制信道的控制信息。51 个帧组成的复帧，用于控制信道。1326 个帧组成一个超帧(26×51)，2048 个超帧组成一个超高帧。每超帧时间为 6.12 s，则超高帧时间为 3 小时 28 分 53 秒 760 毫秒。对每一帧进行循环编号，循环长度为 2 715 648 帧。如图 7.24 所示。

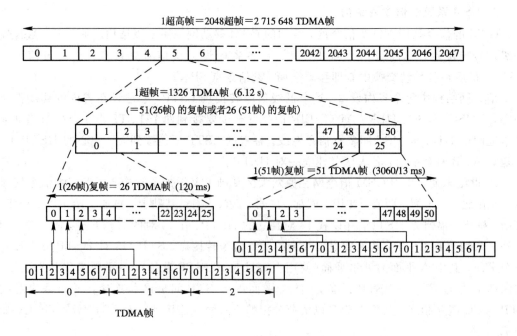

图 7.24 分级的帧结构

4. GSM 系统的信道结构

GSM 系统的信道结构分为有线信道和无线信道。

GSM 系统的有线信道是指移动交换中心与基站系统之间的接口，称为 A 接口；无线信道是指 BSS 与 MS 之间的空中接口，称为 U_m 接口。我们这里主要讲述 U_m 接口。有线接口一般为 2 Mb/s 接口。在基站系统 BTS 与 BSC 之间接口为 A - BIS 接口，称为基站系统内部接口。

GSM 系统的无线接口为数字无线接口，这是数字移动通信的关键接口，接口中的信息是以信道来传送的。此信道结构是移动通信中最复杂的结构。它是以时分多址 TDMA 帧为数字传输结构。每一个帧为一载波，每一载频帧间隔为 200 kHz。每帧包括了 8 个时隙，称为 TS 时隙。从 BTS 到 MS 方向称为下行信道，从 MS 到 BTS 方向称为上行信道。下面就无线信道的内容进行简单讲述。

1）信道定义

GSM 系统的无线信道分为物理信道和逻辑信道。

（1）物理信道：一个载频上的 TDMA 帧中的一个时隙称为一个物理信道（相当于 FDMA 系统中的一个频道）。每个用户通过一系列频率（跳频）的一个信道接入系统，因此 GSM 中每个载频有 8 个物理信道，即信道 0～7 或称时隙 0～7。在一个 TS 中携带的信息称为一个突发脉冲序列。

（2）逻辑信道：在一个 TDMA 帧中的每个时隙中安排的信息，即物理信道中携带的信息的种类，我们定义为逻辑信道。逻辑信道可传递移动通信过程中的各种信息。逻辑信道在传输过程中要被放到对应的某个物理信道中。逻辑信道又分为业务信道和控制信道两类。

① 业务信道：业务信道（TCH）用于传送编码后的话音或用户数据。

② 控制信道：控制信道（CCH）用于传送信令或同步数据，控制信道分为三种，广播信道、公共控制信道及专用控制信道。

·广播信道：分为 FCCH、SCH 和 BCCH。

FCCH——频率校正信道，此信道给用户传送校正 MS 的频率信息。

SCH——同步信道，此信道传送 MS 的帧同步（TDMA 帧号）和 BTS 的识别码（Base Station Identity Code，BSIC）。

BCCH——广播控制信道，此信道广播每个小区 BTS 的通用信息（基站发射小区特定信息）。

·公共控制信道：分为 PCH、RACH 和 AGCH。

PCH——寻呼信道，此信道用于寻呼（搜索）MS，是下行信道。

RACH——随机接入信道，MS 通过此信道申请分配一个 SDCCH，它可作为对寻呼的响应或 MS 主叫登记时的接入，是上行信道。

AGCH——允许接入信道，此信道用于为 MS 分配一个 SDCCH，是下行信道。

·专用控制信道：分为 SDCCH、SACCH 和 FACCH。

SDCCH——独立专用控制信道，主要用于在分配业务信道（TCH）之前，呼叫建立过程中传送系统信息，如 MS 的登记、鉴权等在此信道上进行。

SACCH——慢速随路控制信道，它是传送连接信息的连续数据信道，它与一个 TCH

或一个 SDCCH 相关。例如，传送移动台以及邻近小区的信号强度的测试报告，以实现移动台参与切换功能。它还用于功率管理帧时间调整，它也是上、下行点对点（移动对移动）的信道。

FACCH——快速随路控制信道，它与一个 TCH 相关，用在通话期内，当进行切换交接时，利用话音 20 ms 中断时间来传送数据（高速数据）信令信号（此信令信号速率比 SACCH 高得多，在 20 ms 话音中断，用户不能察觉）。

2) 突发脉冲序列

TDMA 帧中每一个时隙里安排的数字信息格式称为突发脉冲序列，即以固定的时间间隔放到不同 TDMA 帧中的某个时隙载频信道上，每 8 个时隙中的一个发送的某种信息。共有 5 类突发脉冲序列。

(1) 普通突发脉冲序列：用于携带业务信道及除 RACH、FCCH、SCH 信道以外的控制信道上的信息，如图 7.25 所示。

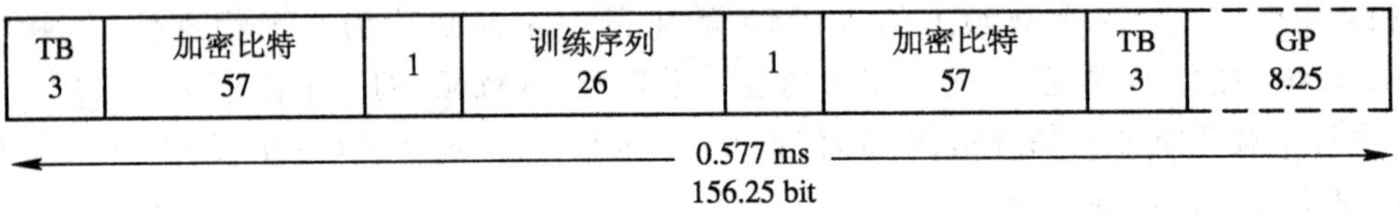

TB 3	加密比特 57	1	训练序列 26	1	加密比特 57	TB 3	GP 8.25

0.577 ms
156.25 bit

图 7.25 普通突发脉冲序列

如图 7.25 所示，普通突发脉冲为 0.577 ms，共有数据比特 156.25 bit。还有信息比特是加密的数据式话音，共 114 bit，分两组，各 57 bit。1 比特为借用标志，表示这个突发脉冲序列是否被 FACCH 借用。两组信息比特中间为训练序列比特，供均衡器产生（再生）信道模型。比特 TB(000) 用于帮助均衡器知道起始位和停止位。GP 为保护时间间隔。由于每个信道最多有 8 个用户，因此必须保证他们使用各自时隙发射时不互相重叠，相当于留出 8.25 bit，大约为 30 μs 时间作为保护时间。可使各用户信息在 GSM 建议的技术条件要求的范围内上、下波动。

(2) 频率校正突发脉冲序列（FCCH）：此突发脉冲序列的信息主要用于传送校正用户 MS 频率。其中，TB 为原比特（000），与上相同，固定比特全为 0，使调制器发送一个未调载波。GP 为保护时间间隔，与普通突发脉冲相同。

(3) 同步突发脉冲序列（SCH）：用于移动台的时间同步，它包括了易被检测的长同步序列，并携带有 TDMA 帧号和基站识别码 BSIC 信息。这种突发脉冲序列的重复也称为 SCH 同步信道。

在这一突发脉冲序列中的帧号用于传送信息加密算法，为一个输入参数，因此每一帧都必须有一帧号。帧号是以 3.5 小时左右（超高帧 2 715 648 个 TDMA 帧）为周期循环的。只要有了 TDMA 帧号，移动台就可以判断控制信道 TS_0 上传送的是哪一类逻辑信道。基站识别码是通过对移动台的信号强度测量来实现对基站的识别的。

(4) 接入突发脉冲序列：接入突发脉冲序列是移动台用于随机接入信息的上行信号，它有一个较长的保护时间间隔，这是为了移动台的首次接入或切换到一个新的基站后，确定时间提前量而设置的。其突发脉冲序列如图 7.26 所示。

TB 8	同步序列 (41)	加密比特 36	TB 3	GP 8.25

图 7.26　接入突发脉冲序列

由于移动台可远离基站，意味着开始突发脉冲序列会迟到一些。由于第一个突发脉冲序列没有时间提前，为了不与下一个时隙中的突发脉冲序列重叠，此突发脉冲序列必须要短一些。

（5）空闲突发脉冲序列：由基站发出的不带任何信息的突发脉冲为空闲突发脉冲。它的格式与普通突发脉冲相同，其中的加密数据是不带信息并具有一定比特模型的混合比特。

3）逻辑信道与物理信道之间的对应关系

载有各种信息的信道（逻辑信道），在传输过程中，必须放到不同载频 TDMA 帧中的某个时隙上。

在一个基站（BTS）上有 N 个载频，每个载频有 8 个时隙，载频信道，即 TDMA 帧用 C_0，C_1，C_2，…，C_N 表示。对于下行信道，一个系统的不同小区使用的 C_0 不一定是同一载波。C_0 称为广播控制信道 BCCH。BCCH 和 CCCH 都在一个 TS_0 上复用，这种信道按 51 帧的复帧重复，它们只占 TDMA 帧的 TS_0 时隙，其复用情况如图 7.27 所示。图中，F（FCCH）传送校正移动台频率，S（SCH）用来给 MS 传送帧同步（帧号）和基站识别码（BSIC），B（BCCH）广播每个 BTS 的通用信息及有关小区特定信息，I（IDEL）是空闲帧，不包括任何信息。在平时，没有呼叫、呼入时，基站 C_0 的 TS_0 总在发射，主要使移动台 MS 能够测试基站的信号强度，以决定使用哪个小区更合适。同样，对 $TS_1 \sim TS_7$ 也是这样，当移动台开机和切换交接时，控制信道总在发射。如果不用，则用空闲突发脉冲序列代替。

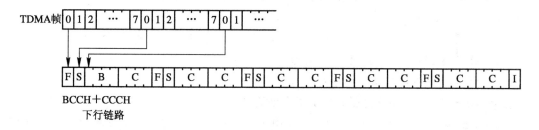

图 7.27　BCCH 与 CCCH 在 TS_0 上的复用

上行移动台发出的帧信号 C_0 上的 TS_0 不包括上述信号，只用于移动台的接入，如图 7.28 所示。这时每个帧的 TS_0 都发 RACH 上行接入信号。

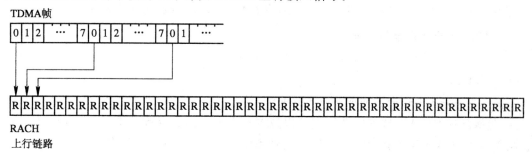

图 7.28　TS_0 上的 RACH 的复用

对于专用控制信道 SDCCH 及 SACH，在 C_0 载频的 TS_1 时隙映射。由于呼叫建立和登记时的比特率相当低，可在一个 $TS(TS_1)$ 上放 8 个专用控制信道，以提高时隙的利用率。

专用控制信道（SDCCH）和慢速随路控制信道（SACCH）共有 102 个时隙，即 102 个时分复用。

在 C_0 上的 TS_1 时隙的上行和下行链路的结构相同，只是时间上有一个偏移。

C_0 载频上的上行 TS_0，TS_1 以外的 $TS_2 \sim TS_7$ 为业务信道。业务信道 TCH 的映射如图 7.29 所示。

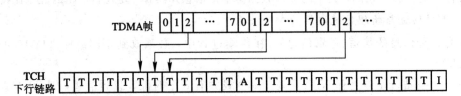

共26个TS，空闲时隙之后序列从头开始
T(TCH)：包括编码话音或数据，用于通话

图 7.29　TCH 的复用

图 7.29 中，在 TS_2 上的信息构成了一个业务信道。业务信道下行链路 TCH 共 26 个 TS。TCH 中的 T 用于分配到 TS_2 的移动台，每个 TDMA 帧的每个 TS_2 包含了此移动台信息。TCH 中的 A 用于控制信号，例如改变输出功率等。TCH 中的 I 为空闲帧，不含任何信息。

移动台发的 TCH 结构称为上行链路，与下行链路类似，时间偏移 3 个 TS，使之上、下行的 TS_2 不同时出现。

综合以上所述，在一个移动小区，即 BTS 发出的载波 C_0 上的全部 TS 为：

(1) TS_0：逻辑控制信道，重复周期为 51 个 TS。

(2) TS_1：逻辑控制信道，重复周期为 102 个 TS。

(3) $TS_2 \sim TS_7$：逻辑业务信道，重复周期为 26 个 TS。

其中，载频 $C_1 \cdots C_N$ 的 $TS_0 \sim TS_7$ 全部用于业务信道。每增加一个载频就增加 8 个时隙，也就增加了 8 个业务信道。

4）半速率信道

前面介绍的是全速率业务信道，当话音编码器改进，将比特率从 13 kb/s 压缩到 6.5 kb/s 时，两个移动台将可使用一个物理信道进行呼叫，使系统容量增加一倍。

5. GSM 网提供的业务功能

GSM 的 PLMN 可提供的业务分为基本业务和补充业务。

1）基本业务

基本业务分为电信业务和承载业务。电信业务包括一般电话业务、紧急呼叫和短消息业务（包括点对点的 MS 终端短消息业务以及点对点 MS 起始短消息业务、小区广播短消息业务等）。其他业务还有接入先进信息处理系统（MHS），传输可视图文以及图文电视，多媒体业务，以及智能用户电报、话音/三类传真等。

承载业务主要包括受限话音及数据业务。数据业务主要包括所有的异步或同步数据，同步双工、异步双工，分组装/拆（PAD）以及分组同步双工等业务。

2）补充业务

补充业务又称为附加业务，它可向用户提供许多高级报务服务，从而给用户带来极大方便，如主叫号码显示识别、免费电话、移动接入跟踪、呼叫转换、闭锁等功能业务。

6. GSM 网的编号计划

移动通信系统的编号一般分专用局号和专用网号两种。我国 GSM 使用的是专用网号（130～139）。

我国公共陆地数字蜂窝移动通信主要有两大公司，一个是中国移动，一个是中国联通。其编号号码有以下一些内容。

1）移动用户的 ISDN 号码（MSISDN）

此号码为主叫用户呼叫 PLMN 用户所要拨的号码。其组成如下：

$$CC + NDC(N_1 N_2 N_3, 0, H_1 H_2 H_3) + SN(ABCD)$$

CC：国家码，我国国家码为 86。

NDC：包括 GSM 接入网号码，N_1，N_2，N_3 以及 HLR 识别号码 H_1，H_2，H_3。

PLMN 公共陆地数字移动（GSM）接入网号中，N_1 为 1，N_2 为 3，N_3 为 0～9。中国移动 N_3 为 5～9，中国联通 N_3 为 0～4。在 1999 年 7 月 22 日后，在 N_3 后增加一个"0"，变为 11 位。

H_1，H_2，H_3 为 HLR 识别码，H_1，H_2 用来区别移动业务本地网，如表 7.1 所示。H_3 由各省自行分配。

表 7.1　H_1，H_2 的分配

H_2 ＼ H_1	0	1	2	3	4	5	6	7	8	9
0										
1	北京	北京	北京				上海	上海	上海	
2	天津	天津	广东	广东	广东	广东	广东	广东	广东	广东
3		河北	河北			山西		河南	河南	
4	辽宁	辽宁	辽宁	吉林	黑龙江	内蒙古				
5	福建	江苏	江苏	山东	山东	安徽	安徽	浙江	浙江	福建
6	福建	江苏	江苏	山东	山东			浙江	浙江	福建
7	江西	湖北	湖北	湖南	湖南	海南	海南	广西	广西	广西
8	四川	四川	四川	重庆		贵州		云南		西藏
9		陕西	陕西	甘肃		宁夏		青海		新疆

注：① H_3 由各省自行分配，一个 HLR 可包含一个或若干个 H_1，H_2 数值。

② 表中空格处的 H_1，H_2 为备用。

SN 为 4 位（ABCD）。

2）国际移动用户识别码（IMSI）

IMSI 为 MSC 识别移动用户登记以后的入网号码。

3）*移动用户漫游号码*（MSRN）

MSRN 是在网络中呼叫移动用户，使网络进行路由再选择时，VLR 分配给移动用户的一个号码。此号码结构由三部分组成：被访问的长途区号，为"0"XYZ；PQR 被访地（VLR）没有被使用的一个端局号；ABCD，分配给移动用户的漫游号码。

4）*临时移动用户识别码*（TMSI）

为了对移动用户保密（对 IMSI），VLR 给来访的移动用户分配一个唯一的 TMSI 号码，它只能在 VLR 所在的本地使用，由各 MSC 自己分配。

5）*位置区识别码*（LAI）、*全球小区识别码*（CGI）

CGI 及基站识别码（BSIC）是网络控制呼叫接续、切换等设备内部的编号，在软件处理时应用。

6）*国际移动台识别码*（IMEI）

IMEI 存储在 EIR 设备寄存器中，用于唯一地识别移动台设备，为一个 15 位的十进制数字。其构成为

$$TAL（6 个数字）+FAC（2 个数字）+SNR（6 个数字）+SPCC（1 个数字）$$

其中，TAL 为泛欧体制型号批准码，由欧洲型号中心分配；工厂分配码 FAC 及装配地码 SNR 由生产厂家进行分配和编制。

7. GSM 系统移动终端呼叫建立及位置更新举例

在移动通信中，呼叫建立及位置更新非常复杂，它包括了接口信道的信号编码，基站信号强度检测，移动交换中心的处理及信息交换等过程。我们这里只能举两个很简单的例子来说明其基本过程。

例 1　某一固定用户呼叫在另一地的漫游移动用户过程。其呼叫过程的建立如图 7.30 所示。从图中看出，市内固定电话网 PSTN（或 ISDN）中的某一用户拨号以后，经由 PSTN/ISDN 网转送到 PLMN（移动通信网）。其过程为

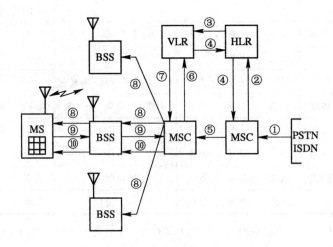

图 7.30　对移动终端呼叫的建立过程

• 信号通过①进入 PLMN 网的入口局移动交换中心 MSC（GMSC），入口 GMSC 接收

用户呼叫。

　　·通过②经 C 接口在 HLR 中询问用户所在区域；通过③经 D 接口在 VLR 中寻找到移动用户所在区域。

　　·移动台漫游号码由用户所在区域的 VLR 经 D 接口、HLR 通过④送回入口局 GMSC。

　　·入口局将呼叫通过⑤经 E 接口送到目前移动用户所在的 MSC 区域。

　　·MSC 通过⑥经 B 接口询问 VLR 有关建立呼叫的数据，并通过⑦经 B 接口把信息返回 MSC。

　　·MSC 通过⑧经 A 接口，向本区所有基站系统(BSS)以广播呼叫方式通过 U_m 接口中的寻呼信道 PCH，呼叫移动用户。

　　·MS 移动用户收到呼叫，通过 U_m 接口应答，确定基区 BTS 的位置，并通过寻呼接入信道⑨，RACH 与 MSC 建立关系，并在分配的 SDCCH 控制信道通过 A、U_m 接口完成鉴权、加密、设备识别等信息处理。

　　·通过10经 A 接口和 U_m 接口，把呼叫接至移动用户，完成接续过程，当终端用户振铃成功后送出回铃声，进行通话。

　　例 2　一个位置更新的简单过程。当一个移动用户在通话过程中从一个小区向一个 MSC 中小区行进时，其位置更新的简单过程如图 7.31 所示。

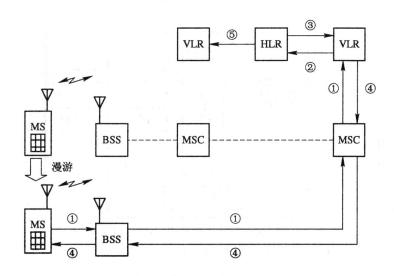

图 7.31　位置更新序列

　　·移动用户不断地监视着传送质量和基站的标志，并发出请求位置更新，经过 BSS 及 MSCA 接口①及 B 接口在 VLR 中进行。

　　·该 VLR 发出的位置更新信息通过③经 D 接口的 HLR，HLR 给出本身标志和移动用户标志。

　　·HLR 通过另一 MSC 的 VLR 作出反应。由 MSC 的 BSS 系统通过空中接口 U_m 与 MS 联系。

　　·移动台从 U_m 接口中收到信息并作应答。

　　·当与另一区联系上后，从原来移动中心 MSC 中的 BSS 转移到另一 MSC 中的 BTS。

并要求原先的 VLR 取消原来的消息。

到此，移动用户位置更新完成。

7.3　GSM 系统的主要技术与设备

7.3.1　GSM 网的主要设备

GSM 系统主要由移动交换中心 MSC、基站系统 BSS 以及移动终端设备 MS 三大部分组成。

1. 移动交换中心 MSC

数字移动通信交换设备比一般市话交换要复杂得多，它的用户有固定有移动，有车载有手持终端设备，还要完成位置更新和切换、鉴权、加密、设备识别等功能。移动系统组成中的 VLR、HLR、EIR 等寄存器，一般都设在一个物理体中。再加之有移动终端的多种号码，所以移动交换系统的容量只能达到市话的 50% 左右。

GSM 系统的 MSC 与 GMSC(用户入口 MSC)的硬件结构基本相同，有的本身就合在一起(一个物理体中)，其基本组成方框图如图 7.32 所示。

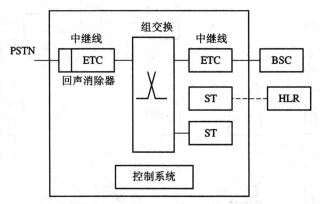

BSC：基站控制器　　　　　　ETC：交换终端电路
HLR：本地用户位置寄存器　　ST：CCITT No.7的信令终端

图 7.32　GSM 系统的 MSC 和 GMSC 的硬件结构

由图 7.32 可见，此设备主体结构有进行呼叫和业务交换的组交换(群交换)，No.7 公共控制信道的信令终端 ST。此外，还有两种交换终端电路 ETC：一种是移动交换与市内电话网 PSTN 的 PCM 中继线接口的交换终端电路 ETC(信令终端使用 PCM 数字信号的 64 kb/s 接口)；另一种是移动交换与无线基站系统 BSC 的 PCM 2 Mb/s 的接口交换终端电路 ETC。除此而外，还有由各种单元电路组成的 MSC 控制系统。

2. 基站系统 BSS

在移动通信系统中，基站是无线覆盖的关键设备，它是移动用户与移动信息交换的桥梁与纽带。GSM 系统的基站 BSS 由基站控制器 BSC 和基站收/发信台 BTS 两大部分组成，如图 7.33 所示。

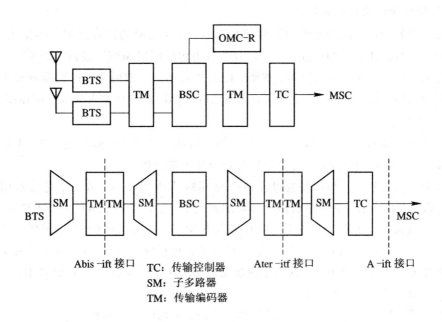

图 7.33　BSS 方框图

由图中看出，BTS 为基站收/发信台部分，BSC 为基站控制器部分，OMC‑R 为操作维护中心的射频部分，TM 为传输单元。其中，TM 包含了接口单元、子多路器、传输控制器、传输编码器等。BTS 与 BSC 为 PCM 2 Mb/s 或 64 kb/s 接口的链路。

3. 移动终端设备 MS

移动终端设备主要包括三大部分：无线部分、基带信号处理和控制部分、接口部分。图 7.34 为移动终端设备原理方框图。

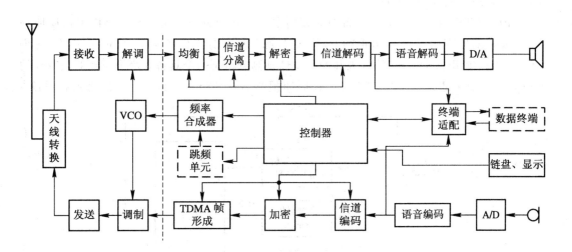

图 7.34　移动终端设备（移动台）原理框图

1）无线部分

无线部分主要为高频系统，包括天线、发送、接收、调制与解调和振荡源等。

2) 基带信号处理和控制部分

基带信号处理部分涉及发送通道和接收通道。发送通道的信号处理包括了语音编码、信道编码、加密、TDMA 帧形成。其中，信道编码包括纠错编码、差积编码交织。接收通道的信号处理包括均衡、信道分离、解密、信道解码和语音解码等。控制部分实现对移动台进行控制管理，包括定时、数字系统、无线系统控制以及跳频和人机接口的控制等。

3) 接口部分

接口部分主要包括语音接口、数字接口和人机接口。用以分别实现 A/D、D/A 变换，语音传输，数字终端的适配，以及显示器和键盘接入等功能。

移动台的信息管理与控制是通过设备中的 SIM 卡来实现的。SIM 卡是移动用户的识别卡，是移动台的心脏，它是带有微处理器的智能卡片。它存储了该用户个人信息与 GSM 网有关的管理数据。在移动设备中，只有插入 SIM 卡后才能进网使用。SIM 卡由 CPU、RAM(工作存储器)、ROM(程序存储器)、可擦洗数据存储器(EPROM 或 EEPROM)以及串行通道单元等五个部分组成。这五个模块集成在一个电路中就构成了 SIM 卡。

SIM 卡有以下几种功能：

(1) 存储用户有关的安全信息(如 IMSI 号码)，实现监督与加密。

(2) 实现用户个人身份码 PIN 操作管理。

(3) 实现与移动用户有关的信息管理。

7.3.2　GSM 的语音编码技术

数字移动通信中的数字化，首先表现在它的信源的数字化，即终端业务数字化。其中，主要是语音的数字化。泛欧 GSM 系统选用了规则脉冲激励长线性预测编码方式，称之为 RPE - LPT 的 LPC 编码方案，其净比特率为 13 kb/s。编码器处理话音字组为 20 ms 一段，每个段组编码为 260 bit。

RPE - LTP 编码器共分三个部分，分别进行信号源分析、线性预测分析和长周期预测。其编码器原理如图 7.35 方框图所示。信号源分析部分工作在 4 个 5 ms 子字组，每个字组 47 bit，输出共 188 bit 的常规脉冲。线性预测分析是一个具备 8 个声域比对数特性的声域分析 8 抽头滤波器，产生 36 bit。长周期预测器在 20 ms 字组内，评估间距和增益 4

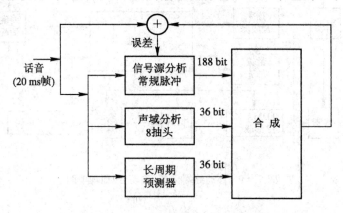

图 7.35　RPE - LTP 规则脉冲激励语音编码器

次，以 5 ms 为间隔，每次用它产生 7 bit 滞后系数和 2 bit 增益系数，所以在 20 ms 时间内，周期预测器产生 36 bit。以上三部分最后合成为 260 bit，完成语音编码器的 13 kb/s 的速率送给信道编码。

7.3.3　GSM 系统的信道编码技术

在数字通信系统中已讲述了信道编码的概念，它是在数字信号进行调制之前的数字信号的处理。在数字移动通信 GSM 系统中，信道编码得到了具体应用，其目的是为了在接收端能够检出或纠正信道中各种干扰引起的差错，信道编码主要由纠错编码、交织编码及加密等部分组成。

GSM 系统的纠错编码分为外编码和内编码。外编码采用分组循环码，建立信息比特加奇偶校验比特构成的码字，进行重排，以生成多项式为 $g(x) = x^3 + x + 1$ 的循环编码。内编码采用生成多项式为 $g(x) = x^4 + x^3 + 1$ 的卷积编码，使输出为 20 ms、456 bit 的数字码流，进行交织编码处理。

交织编码如图 7.36 所示。GSM 交织编码将两帧 40 ms、912 b/s 按每 8 位码写入，而按列读出，分成 8 列，即 8 帧，每帧为 114 bit。这一交织帧与无线信道的业务帧中的每一时隙的突发脉冲相对应，即为两个 57 bit 的加密信息比特。在收端进行反交织还原为纠错编码信号，经信道解码和信源解码还原为话音。GSM 系统针对时变、衰落、多径信道的特点，采用了信道编码与交织技术的有机结合，达到了有效地降低信道误码率和提高移动通信可靠性的目的。

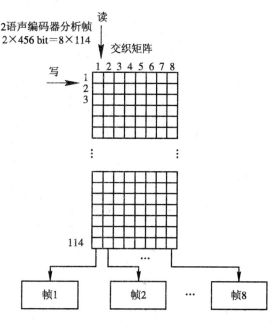

图 7.36　GSM 交织编码器

7.3.4　GSM 系统的数字调制技术（GSMK）

GSMK 为高斯低通滤波最小移频键控调制。MSK 为最小移频键控。根据调制信号功率来分析，MSK 信号功率谱占频带宽度比 2PSK 窄，比 4PSK 宽。MSK 抗干扰性能与 4PSK 相当，但它有以下特点：

（1）调制载波在码元转换时刻相位是连续的。

（2）调制指数为 0.5。调制指数 m 定义为频率偏移与比特率之比，即 $m = (\omega_n - \omega_c)/\omega_b$。这里 ω_n 为调制载波的高频，ω_c 为调制载波的低频，$\omega_b = 2\pi/T_b$，T_b 为码元周期。

MSK 调制信号有恒定的通路，带宽相对窄，也可以相干检测。但其功率谱旁瓣滚降特性不快，使其调制带外辐射还相对较大，为解决这一问题，采用了 MSK 的改进型——GMSK 调制技术。GMSK 技术是将数字基带信号先经过一个高斯低通滤波器整形后再进行调频,这样可使调频信号功率谱滚降加快。通过调整高斯滤波器 3 dB 带宽 BT＝0.3,有效地控制了 MSK 的带外辐射(BT＝∞时即为 MSK)。GMSK 的调制、解调设备较复杂,其基本组成的一种方案如图 7.37 所示,为一种锁相环 PLL 型调制器。图 7.38 所示为一种 GSMK 的差分解调器方案,其中,图 7.38(a)为 1 比特差分解调器原理方框图,图 7.38(b)为 2 比特差分解调器原理方框图。比较两种方案可知,(b)图的方案能改善比特波形的眼图张开度。

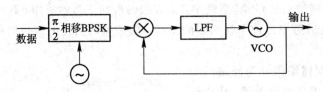

图 7.37　PLL 型 GMSK 调制器

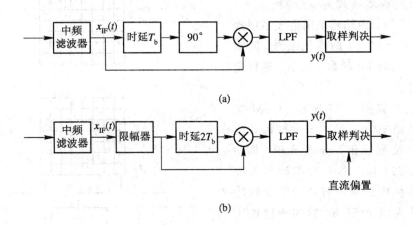

(a)

(b)

图 7.38　GMSK 信号的差分解调器方案

(a) 1 比特差分解调器；(b) 2 比特差分解调器

7.3.5　鉴权、加密与设备识别

1. 鉴权

所谓鉴权,就是确认移动用户是否有权入网,即鉴别移动台传送的 IMSI(国际移动用户识别码)是否是在入网时登记或签约的 IMSI。它是在网络(MSC)与用户 SIM 卡之间进行的。

鉴权过程如图 7.39 所示。鉴权是在设备识别以后进行的。鉴权开始时,移动交换中心(MSC/AUC)产生一组 128 bit 的随机数,作为鉴权参数(随机数),通过基站发向移动台 MS;移动台收到 RAND 后与本身用户 SIM 卡的密钥(K_i)按规定算法计算,得到一个符号响应 SRES′;MS 将其 SRES′通过基站送入网络。另外,在 MSC 中,根据移动台识别码 IMSI(TMSI)从鉴权中心 AUC 查出该移动台使用的密钥 K_i,同时类似于移动台,也将 K_i 与随机参数 RAND 按算法 A_3 算出响应 SRES。若在如图 7.39 所示的网络侧 MSC 与 VLR 的两组参数比较一致,即 SRES′＝SRES,则鉴权成功。

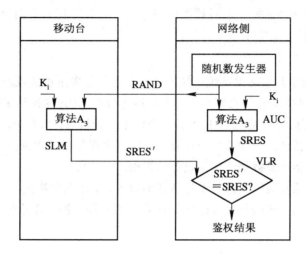

图 7.39　鉴权过程

在移动台主呼、被呼，位置更新，补充业务的激活、去话、登记或删除前均需要鉴权。

2. 加密

加密是为了防止移动用户信息被人窃听，而采取的对传输数字信号的系统保护措施。

GSM 系统传输数字信号加密过程是受鉴权过程中的密钥 K_i 及加密键 K_c 控制的，其加密过程如图 7.40 所示。当完成上述鉴权后，移动台和网络端各自根据规定算法 A_8，分别从 K_i 和 RAND 算出加密键 K_c(64 bit)。当网络端向移动台发出加密指令后，网络端立即开始在接收信道中插入解密。移动台收到加密指令后，同时插入加密和解密。当网络端正确解出移动台的加密信息后，才开始对发出的信息加密。加密过程插在信道编码和数字调制之间，与之对应，解码过程插在数字解调和信道译码之间。将 K_c(64 bit)和 TDMA 帧号(22 bit)根据规定算法 A_5 算出 114 bit 的加密码字，由信道编码输出来的未加密码字

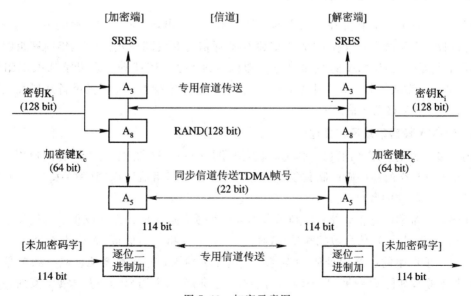

图 7.40　加密示意图

(114 bit)，这两组码字经过模 2 加得到加密码字信号，并将其送入调制器。以上 A_3、A_5、A_8 算法必须协调一致才能实现上述过程。

3．设备识别

设备识别的作用主要是确保系统使用的移动设备不是盗用设备或非法设备(假货)。它是通过 MSC/VLR 把移动用户请求 IMEI(国际移动台识别码)发送给 EIR(MSC 中的设备识别寄存器)，当收到 IMEI 后与 EIR 中的三个清单进行核对。这三个清单分别是：

(1) 白名单：包括已经分配给参加运营者的所有序列号码的识别。

(2) 黑名单：包括所有被禁止使用设备的识别。

(3) 灰名单：包括有故障及未经型号认证的设备，由运营者决定。

最后将其鉴定结果送给 MSC/VLR，以决定是否允许入网，若是白名单则允许入网。

7.3.6　跳频技术

在 GSM 系统中还引用了跳频技术，其主要目的是为了减小由多径效应引起的瑞利衰落。采用跳频技术可以改善由衰落造成的误码特性。

跳频是指在通话期间载波频率在 n 个频点上变化。跳频分为快跳和慢跳两种。快跳是指跳频速率高于或等于信息比特率，即每个信息比特跳一次以上；慢跳是指跳频速率低于信息比特率，即连续 n 个比特跳频一次。GSM 系统采用的是慢跳，跳频的速率大约为 217 次/秒。

跳频只在业务信道 TCH 上进行，广播控制信道 BCCH 不进行跳频。

7.4　CDMA 移动通信系统

7.4.1　CDMA 移动通信系统的概念

码分多址(CDMA)作为在通信中的多址技术，已经出现多年，在前面的卫星码分多址通信中已提到，我国十分重视 CDMA 蜂窝移动通信的开发与应用。1993 年国家组织一批大学开始重点研究 CDMA 的关键技术，即国家通信"863"计划。原国家邮电部组织了 CDMA 蜂窝移动通信研究开发中心，开发 CDMA 的关键技术，并积极准备在研究成果基础上组建 CDMA 移动通信产业。

1．CDMA 蜂窝移动通信概念

码分多址就是利用不同的地址码型来区分用户的一种移动通信系统。各用户用不相同的、相互正(准)交的地址码调制其发送信号，在接收端利用地址识别(相关检测)，从传输的信号中选出相应的各自信号。

在码分多址移动通信系统中，利用自相关性很强，而互相关为 0 或很小的周期性序列码作为地址码，与用户信息数据相乘(或模 2 加)，经过相应的信道(无线信道)传输后，在接收端以本地产生的已知地址码为参考，经过相关检测，将与本地地址码一致的信号选出。其基本原理如图 7.41 所示。图中，$d_1 \sim d_N$ 分别是 N 个用户的信息数据，其对应用户的地址码分别为 $w_1 \sim w_N$，用户信息数据与对应地址码相乘后的波形用 $S_1 \sim S_N$ 表示。

$S_1 \sim S_N$ 信号混合传输，如果该系统处于同步状态（或不考虑噪声影响情况下），在接收端接收到的是 $S_1 \sim S_N$ 的信号叠加波形。如果要接收某一用户信息数据，则本地产生的地址码应与该用户的地址码相同，并且与解调出的叠加信号模 2 加，再送入积分电路，经过采样判决形成原有的用户信息。

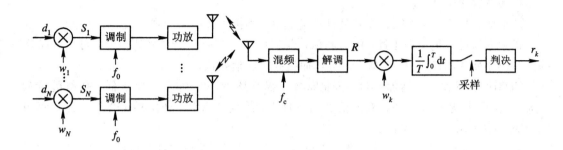

图 7.41　码分多址收发系统示意图

2. CDMA 蜂窝移动通信特点

CDMA 蜂窝移动通信有如下特点：

（1）码分多址（CDMA）是利用码型区别用户，要达到多路多用户，必须有足够多的地址码，这些地址码要有良好的自相关和互相关特性，这是码分的基础。

（2）在 CDMA 系统中，接收端必须有本地地址码，且结构与发端一样，并与发端同步才能在收端对全部信号进行相关检测并取出所需信号。

（3）在一个小区内可使用同一频率，各用户可同时发送和接收信号，这是其他移动系统无法做到的。各用户在频率上复用，可克服同频干扰。

（4）码分多址（CDMA）各个用户在同一频带内各自占用相同带宽，要使各用户之间的干扰降低到最低限度，码分系统必须与扩频技术相结合，才能发挥其优势，才能有广阔的前途和实用价值。

7.4.2　码分多址扩频通信（DS）系统

1. 扩频通信的基本概念

所谓扩频通信，是指系统占用的频带宽度远大于要传输的原始信号的带宽（或信息比特率），且与原始信号带宽（信息比特率）无关。

在通信系统中采用的调制技术的传输带宽，都是大于信息本身的最小带宽的，但这不属于扩频通信概念的范畴。我们把扩频 100 倍以上的调制信号称为扩频调制，即 $G_p = W/B > 100$。这里，G_p 称为扩频增益，W 为扩频信号带宽，B 为信息带宽。

扩频通信理论基础来源于信息论中的仙农公式。在信息论中：

$$C = W \, \text{lb} \left(1 + \frac{S}{N} \right) \qquad (7.4.1)$$

式中，C 为信道容量；W 为信道带宽；S/N 为信噪比。

由式（7.4.1）可得出一个重要结论：如果 C 一定，可用不同带宽 W 和信噪比 S/N 组合来传输；如果传输带宽 W 较大，可用较小的信号功率（S/N 较小）来传送。这表明宽带系统有较好的抗干扰性能。因此，当信噪比太小，不能保证通信质量时，常采用宽带系统，也就是增加带宽来提高信道容量，以改善通信质量。这也就是通常所说的以宽频带换功率的措施。根据这一原理，扩频通信就是将信息信号频谱扩展 100 倍以上再传输，从而提高了抗干扰能力，使之在强干扰情况下（甚至信号被噪声淹没情况下）仍然可以维持正常通信。

2. 扩频通信的特点

从前面分析可见，扩频越宽其处理增益越高，则抗干扰能力越强。

扩频通信可以抗多径干扰，因为利用扩频码序列从接收信号中检测信号，可把各路径的同一码序列的波形合成，变害为利，进而提高接收信噪比。

CDMA 扩频通信可增加容量，降低成本，提高质量。由于 C/T 要求低，基站覆盖范围大，可以少设基站。例如，美国洛杉矶 TDMA 系统的 MPS 制式要 450 个基站，而用 CDMA 系统只要 180 个基站。

在扩频的 CDMA 系统中，语音采用可变速率的编码，功率控制及信噪比要求低，移动手机功率可做得很小，如小到几到几十毫瓦。

此外，扩频通信还有一个特点，就是由于是频率的复用，因而频率规划简单。

3. 扩频通信系统分类

扩频通信系统可以分为以下几类：

(1) 直接序列（DS）扩频系统：用一高速伪随机序列与信息数据相乘（模 2 加）。由于伪随机序列的带宽远远大于信息数据带宽，从而扩展了传输信号频带。这是本节讲述的重点。

(2) 跳频（FH）扩频系统：在伪随机序列控制下，发射频率在一组预先设计的频率上，按照一定规律离散跳变，从而扩展了信号频带。跳频的概念在 GSM 中已提及过，其概念基本上一样。图 7.42 所示为跳频信号的时频矩阵图。从时域上看，跳频信号是一个多频率的移频键控信号；从频域上看，跳频信号的频谱是在一个很宽频带上随机跳变的不等间隔的频率信道。

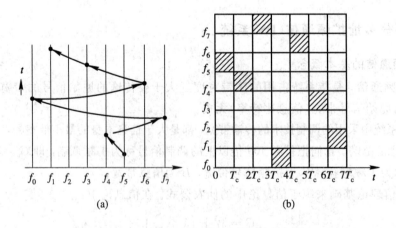

图 7.42 跳频信号的时频矩阵图

(3) 跳时（TH）扩频系统：此系统与跳频类似，区别在于前者控制频率，后者控制时间。

（4）脉冲线性调频系统：此系统的载频在一给定的脉冲间隔内，线性地扫过一个宽的频带，扩展发射信号的频谱。

此外，还有以上四种系统的组合系统等。用于商用的一般为前两种。

4. 码分多址直接序列扩频通信系统

码分多址（CDMA）与直接序列扩频技术相结合，构成了码分多址直接序列扩频通信系统（DS）。该系统主要有两种方式：

第一种：发端用户数据信息首先与对应的用户地址码调制（模 2 加），然后再与高速伪随机码（PN 码）进行扩频调制（模 2 加）。在收端，进行和发端对应的反变换（进行相关检测），即可得到所需的用户信息，如图 7.43 所示。

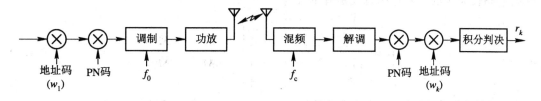

图 7.43　码分直扩系统（一）

第二种：发端的用户数据直接与与之对应的高速伪随机码（PN 码）调制（模 2 加），如图 7.44 所示（此地址码可以是伪随机码）。图中的地址码调制与扩频调制在一起进行。在收端，只需要与发端完全相同的伪随机码进行解扩，相关检测就能得到所需的用户信息。

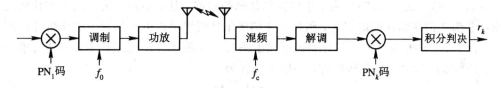

图 7.44　码分直扩系统（二）

1）地址码和扩频码的要求与特性

在 CDMA 移动通信系统中，地址码和扩频码设计是关键技术，它要求地址码和扩频码具有良好的相关特性（包括互相关、自相关特性），而且这些码须是正（准）交码序列。这些码序列直接关系到系统多址能力、抗干扰、抗噪声和抗截获、抗衰落及多径保护的能力，还关系到信息的隐蔽与保密，收端捕获和同步实现的难易等。

理想的地址码和扩频码应具有下列特性：

（1）生成的地址码要足够多；

（2）有尖锐的自相关特性；

（3）有处处为零的互相关特性；

（4）不同码元素平衡相等；

（5）有尽可能大的复杂度。

要同时满足以上条件是困难的，有些码只能作地址码，不能作扩频码，有的既可作地址码，又可作为扩频码。

2) 沃尔什码(地址码)的生成特点

沃尔什码是一组正交码,它具有良好的自相关特性和处处为零的互相关特性,但由于该码组所占频谱不宽等原因,不能作为扩频码,只能作为地址码使用。我们举例来说明此码序列的生成特点。

如有 4 个地址码组成的一组序列:

$$
\begin{aligned}
w_1 &= \{1, 1, 1, 1\} \\
w_2 &= \{1, -1, 1, -1\} \\
w_3 &= \{1, 1, -1, -1\} \\
w_4 &= \{1, -1, -1, 1\}
\end{aligned}
\tag{7.4.2}
$$

把以上码长为 4 的沃尔什码写成矩阵形式为

$$
\boldsymbol{M}_4 =
\begin{bmatrix}
1 & 1 & 1 & 1 \\
1 & -1 & 1 & -1 \\
1 & 1 & -1 & -1 \\
1 & -1 & -1 & 1
\end{bmatrix}
=
\begin{bmatrix}
\boldsymbol{M}_2 & \boldsymbol{M}_2 \\
\boldsymbol{M}_2 & \overline{\boldsymbol{M}}_2
\end{bmatrix}
\tag{7.4.3}
$$

式中,矩阵 $\overline{\boldsymbol{M}}_2$ 是 $\boldsymbol{M}_2$ 取反(元素 1 变为 -1,-1 变为 1)。矩阵 $\boldsymbol{M}_2$ 是

$$
\boldsymbol{M}_2 =
\begin{bmatrix}
1 & 1 \\
1 & -1
\end{bmatrix}
=
\begin{bmatrix}
\boldsymbol{M}_1 & \boldsymbol{M}_1 \\
\boldsymbol{M}_1 & \overline{\boldsymbol{M}}_1
\end{bmatrix}
\tag{7.4.4}
$$

式中,矩阵 $\overline{\boldsymbol{M}}_1$ 是 $\boldsymbol{M}_1$ 取反。矩阵 $\boldsymbol{M}_1$ 是

$$
\boldsymbol{M}_1 = [1]
\tag{7.4.5}
$$

式(7.4.3)~式(7.4.5)说明了生成沃尔什码的递推方法,即码长为 4 的沃尔什码组可以由码长为 2 的沃尔什码组产生,码长为 2 的沃尔什码组可以由码长为 1 的沃尔什码组产生。由此类推,码长为 8 的沃尔什码组可以由码长为 4 的沃尔什码组产生,依此可推至无穷。上面的矩阵称之为哈德玛矩阵,一般表达式为

$$
\boldsymbol{M}_{2n} =
\begin{bmatrix}
\boldsymbol{M}_n & \boldsymbol{M}_n \\
\boldsymbol{M}_n & \overline{\boldsymbol{M}}_n
\end{bmatrix}
\tag{7.4.6}
$$

其中,$\overline{\boldsymbol{M}}_n$ 是 $\boldsymbol{M}_n$ 的取反,这是一个 $2n \times 2n$ 的方阵。矩阵共有 $2n$ 行和 $2n$ 列,每一行对应一个沃尔什码,对应一个地址码,共有 $2n$ 行,$2n$ 个码。当所需地址数少于 $2n$ 时,可从中去掉一些行。通过以上哈德玛矩阵的递推关系,可以获得任意数量的地址码。可以证明哈德玛矩阵生成任意数量的地址码是完全正交的(本身相乘叠加为 1,任意两不同码相乘叠加的互相关值都为零)。

3) m 序列伪随机码的生成特点

前面讲到沃尔什码只能作为地址码而不能作为扩频码。什么样的码序列才能作为扩频码呢?我们这里介绍一种可以作为扩频码的 m 序列的伪随机码(PN 码)。

作为扩频码的伪随机码(也可作为地址码)具有类似白噪声的特性(真正的随机信号和噪声是不能重复和再现的)。在这里我们用一种与随机噪声性能近似的初期性脉冲序列,称为伪随机码(PN 码)来代替。

我们经常用得比较多的 m 序列就属于这种码序列。此类码具有尖锐的自相关特性和比较好的互相关特性(其互相关值不是处处为零),同一码组内的各码占据的频带可以做到

很宽并且相等。此码序列用作扩频码，同时作为地址码，但也受一些条件的制约。m 序列伪随机码的特点如下：

（1）m 序列为最长线性序列（其周期为 $p=2^n-1$）。

（2）m 序列一个周期内"1"或"0"的码元数大致相等（"1"比"0"多一个）。

（3）m 序列一个周期 $p=2^n-1$ 内共有 2^n-1 个游程（连续"1"或"0"称为游程）。

（4）m 序列和其移位后的序列逐位模 2 加，所得的序列还是 m 序列。

（5）m 序列的互相关性较好，但不是处处为零。序列相关性差别很大，因此必须选择运用。

7.4.3 N-CDMA(IS-95)系统

美国电信工业协会（TIA）于 1993 年公布了代号为 IS-95 的窄带（N-CDMA）码分多址蜂窝移动通信标准，又称为"双模式宽带扩频蜂窝移动台——兼容标准"，世界上许多国家都纷纷采用此系统。

我国对 CDMA 公用系统也很重视，已在全国许多城市，如北京、上海、西安、广州及福建莆田等地进行了试验。我国联通公司已组建 CDMA 网。以下就 N-CDMA 的 IS-95 制式的一般概念和基本系统及技术进行简要讲述。

1. 双模式 N-CDMA 系统概念及特点

所谓双模式，是指这种系统可在模拟和码分两种蜂窝移动通信系统工作。也就是说，它能以现行的频分多址（FDMA）方式工作，也可以码分扩频方式工作，所以称为双模式。

采用双模式工作，其优越性表现在：

（1）两种制式可以在频率上兼容，一个频段上共存。

（2）在建立码分多址系统过程中，已有模拟蜂窝系统可以照常工作，这对模拟的 FDMA 向数字 CDMA 系统过渡十分有利，投资少，见效快，成本也可降低。

在 N-CDMA(IS-95)网内的移动台工作方式可以有 4 种选择：

（1）首先选择 CDMA 工作方式，在这种方式下，移动台开机、登记、建立呼叫首先搜寻 CDMA 系统信道，当 CDMA 系统不可用（占满）时，再转入搜寻模拟系统信道。

（2）首先选择 FDMA 方式，其过程与（1）类似。

（3）仅工作在 CDMA 方式（一种 CDMA 模式手机）。

（4）仅工作在 FDMA 方式（利用原有模拟手机）。

2. N-CDMA(IS-95)系统结构

码分多址蜂窝移动通信系统也属于数字移动通信的范畴，其网路结构与 GSM 系统大体一致。如图 7.45 所示，它由移动交换中心（MSC）、基站（BS）、移动台（MS）、操作维护中心（OMC）以及与公共交换电话网 PSTN 和综合业务数字网 ISDN 等组成。其中，也有 HLR、VLR、EIR 等寄存器以及 AC 鉴权中心等。这些部分的功能和用途与 GSM 系统中的一样，寄存器和移动交换机 MSC 设在同一物理体内。它组成的业务网和信令网也与前面所述的 GSM 类似，业务网与信令网是分开的，信令网同样是 No.7 公共无线信令网。国内组建的 CDMA 全国网路可见有关专著，这里就不作具体分析了。

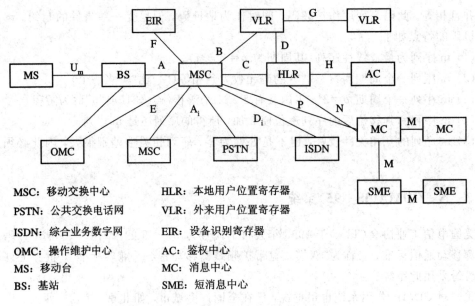

MSC：移动交换中心　　　　HLR：本地用户位置寄存器

PSTN：公共交换电话网　　　VLR：外来用户位置寄存器

ISDN：综合业务数字网　　　EIR：设备识别寄存器

OMC：操作维护中心　　　　AC：鉴权中心

MS：移动台　　　　　　　　MC：消息中心

BS：基站　　　　　　　　　SME：短消息中心

图 7.45　CDMA 数字蜂窝网路模型

3. N－CDMA(IS－95)系统的无线信道结构

1) 码分多址的逻辑信道

CDMA 系统既不分频道，又不分时隙，所有的信道都是靠不同的码型来区别的。类似这样的信道称之为逻辑信道。这些信道从时域和频域来看，都是互相重叠的，也就是说它们占用了相同的频段和时间。

CDMA 的无线信道分为正向传输信道(基站至移动台方向)和反向传输信道(移动台至基站方向)。图 7.46 所示为 CDMA 系统信道结构图。

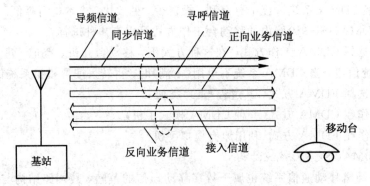

图 7.46　CDMA 系统的信道示意图

2) 码分多址正向信道构成

在窄带码分多址系统中，综合使用了频分和码分多址技术。这里的频分是把分配给 CDMA 系统的频段分成为 1.25 MHz 的频段，它是 N－CDMA 系统小区的最小带宽。当用户不多时，一个蜂窝小区只配置一个这样的 CDMA 频道，当业务量大时，可以占有多个这样的 CDMA 频道。在同一小区内，各个基站用频分复用使用频道。

正向信道一般使用正交的沃尔什码来区分不同信道。用一对伪随机码(PN 码)进行扩频调制，再进行四相 QPSK 调制，各个基站使用同一码型的一对伪随机码，但是相位各不相同，移动台以此区别不同基站信号。

图 7.47 所示为 N - CDMA 系统正向信道示意图。如图中所示，正向信道主要由**导频信道、同步信道、寻呼信道和正向业务信道**等组成。

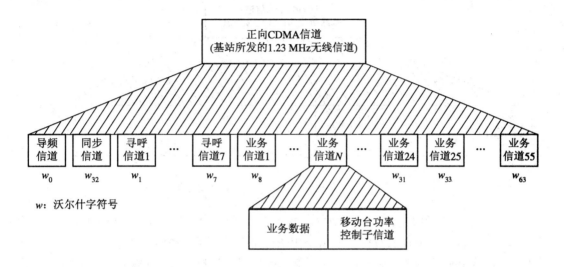

图 7.47　N - CDMA 系统正向信道示意图

（1）导频信道：它是基站始终发射的扩频信号的信道。它不包含信息数据，且功率较大，便于移动台捕获和跟踪与基站相对应的扩频的伪随机序列（PN 码），它还可作为**越区切换**的一个基准。

（2）同步信道：同步信道的信号比特率为 1.2 kb/s，其帧长为 26.666 ms。它以**超帧**（8 ms 由三个同步帧组成）为单位发送消息，同步信道发送信号前要经过卷积编码、符号重复、交织、扩频及调制后再发射。在基站覆盖区内处于开机状态的移动台，利用同步信道来获得初始时间同步，使移动台确知接入的是哪个基站。

（3）寻呼信道：每个基站有多个寻呼信道。在呼叫时，基站通过寻呼信道传送控制信息（信令）给移动台。当需要时，寻呼信道可以转为业务信道，用于传输用户业务数据。寻呼信道传输的信号是经过卷积编码、码符号重复、交织、扰码、扩频后再调制的扩频信号，其发送速率一般为 9.6 kb/s 或 4.8 kb/s。基站使用寻呼信道发送系统消息和移动台寻呼消息。

（4）正向业务信道：正向业务信道主要是通过基站，向移动用户传送用户语音编码数据或其他业务数据。语音编码采用了可变速率声码器（QCELP），其可变速率为 9.6 kb/s、4.8 kb/s、2.4 kb/s、1.2 kb/s，其帧长为 20 ms。一个频道有 55 个以上的正向业务信道。在业务信道中，包含了一个功率控制信道，以控制移动台发射功率，并传输越区切换控制信息等。

3）码分多址反向信道构成

在 N - CDMA 系统中，反向信道由接入信道和反向业务信道构成。同一个 CDMA 频道内的反向信道，使用相同的频率和一对与基站相同码型的伪随机码以及与基站相对应的一个沃尔什码。传输的信息数据经过与用户码对应的伪随机码(PN 码)的变换序列调制后再传输,以使通信保密。反向信道的构成如图 7.48 所示。在反向的 CDMA 信道中,有多个接入信道和多个业务信道。

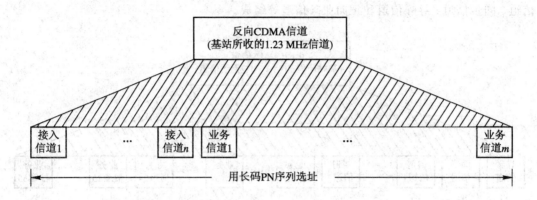

图 7.48　N-CDMA 系统反向信道示意图

(1) 接入信道:在反向信道(移动台向基站发送信号)中至少有 1 个,最多可有 32 个接入信道。每个接入信道都要对应正向信道中的一个寻呼信道。移动台通过接入信道向基站进行登记,发起呼叫以及响应基站寻呼信道的呼叫等。当呼叫时,在移动台没有转入业务信道之前,移动台通过接入信道向基站传送控制信息(信令)。当需要时,接入信道可以变为反向业务信道,用于传输用户业务数据信息。接入信道的数据速率为 4.8 kb/s。

(2) 反向业务信道:反向业务信道用于在呼叫建立期间,传输用户信息和信令信息,是移动台向基站发送的信息。其信道结构及编码、调制等与正向业务信道基本相同。

4. N-CDMA(IS-95)蜂窝移动的编号

如前面的 TACS、GSM 一样,CDMA 系统的号码比固定电话网复杂。一个用户对应多个号码,但对于各个系统,各制式又有其不同的称呼和不同的安排,不过其规律性基本上是一致的。

1) 移动用户电话号码簿号码

此号码是直接面向码分多址蜂窝移动用户的个人号码,也是主叫用户呼叫用户时拨打的号码。其号码三部分组成为

$$CC \quad X_1 X_2 (X_3) \quad SN$$

其中,CC 是指国家或地区公网号码,中国的国家码是 86;$X_1 X_2 (X_3)$ 为我国国内公网的长途区号;SN 为 CDMA 蜂窝端局号码 9QRABCD(E)(其中,9QR 中的 R 暂定为2)。

例如,固定用户呼叫长途用户时需拨移动用户电话号码为:$0X_1 X_2 (X_3) + 9Q2ABCD(E)$。

2) 移动台识别码

这是 CDMA 系统中,给每个双模式手机分配的唯一识别码,用国际移动台识别码(IMEI)表示。它由 10 位数字号码组成,分为国家移动码 MCC(用 3 个数字组成,我国暂定为 462)和国内移动用户识别码 NMSI(由 7 位数字组成,定为 $H_1 H_2 H_3$ ABCD,其中,$H_1 H_2 H_3$ 为 CDMA 移动用户 HLR 所属地址,一般与移动长途区号相对应)。

3）移动用户临时本地用户号码（TLDN）

这是移动用户漫游到其他服务区，由本地交换中心（MSC）的 VLR 为寻址临时分配的号码。

4）电子序号（ESN）

这是唯一识别移动台设备的号码，编号由各厂商自定，被存储在 EIR 设备寄存器中。

5）区域识别码 AID 和 SID

AID 是在双模式（IS-95）系统模拟（FDMA）网中，唯一识别移动业务本地网的号码。

SID 是在双模式（IS-95）系统码分多址（CDMA）中，唯一识别移动业务本地网的号码。

6）网络识别码（NID）

此号码为唯一识别 N-CDMA 蜂窝移动通信系统的一个网络号码。

另外，还有登记区域识别码（REG 20NE）以及基站识别码（ID）等。

7.5　3G 移动通信系统

3G 是英文 3rd Generation 的缩写，是指支持高速数据传输的第三代移动通信技术，由国际电信联盟（ITU）于 1985 年提出。与第一代、第二代移动通信技术相比，第三代移动通信的目标是移动宽带多媒体通信。第三代移动通信有更宽的带宽，其传输速度最低为 384 kb/s，最高为 2000 kb/s，带宽可达 5 MHz 以上。它不仅能传输话音，还能传输数据，从而提供快捷、方便的无线应用，如无线接入 Internet。同时，能够实现高速数据传输和宽带多媒体服务是第三代移动通信的另一个主要特点。

目前 3G 存在三种标准：WCDMA、TD-SCDMA、CDMA2000。第三代移动通信网络能将高速移动接入与基于互联网协议的服务结合起来，提高无线频率利用效率；能提供包括卫星在内的全球覆盖并实现有线和无线以及不同无线网络之间业务的无缝连接；能满足多媒体业务的要求，从而为用户提供更经济、内容更丰富的无线通信服务。

3G 的三大主流技术的核心网、带宽、多址方式、码片速率、双工方式、帧长等主要技术特点如表 7.2 所示。

表 7.2　3G 主流标准性能对比

性能指标/标准	WCDMA	CDMA2000	TD-SCDMA
核心网	GSM MAP	ANSI-41	GSM MAP
带宽	5 MHz	1.25 MHz	1.6 MHz
多址方式	CDMA	CDMA	CDMA/TIMA
码片速率	3.84Mchip/s	1.2288Mchip/s	1.28Mchip/s
双工方式	FDD/TDD	FDD	TDD
帧长	10 ms/15 时隙/帧	5，10，20，40，80 ms/16 时隙/帧	5×2 ms/7×2 时隙/2 千帧/帧
语音编码	自适应多速率语音编码器（AMR）	可变速率声码器 IS-773，IS-127	自适应多速率语音编码器（AMR）

续表

性能指标/标准	WCDMA	CDMA2000	TD－SCDMA
信道编码	卷积码和 Turbo 码	卷积码和 Turbo 码	卷积码和 Turbo 码
信道化码	前向 OVSF，扩频因子 512～4；反向 OVSF，扩频因子 256～4	前向：Walsh 和长码；反向：Walsh 和准正交码	OVSF，扩频因子 16～1
扰码	前向：18 位 QOLD 码；反向：24 位 QOLD 码	长码和短 PN 码	长度固定为 16 的伪随机码
功率控制	开环＋闭环	开环＋闭环	开环＋闭环
切换	软切换	软切换	接力切换
导频结构	上行专用导频；下行公共或专用导频	上行专用导频；下行公共或专用导频	下行公共导频 DwPTS；上行同步 UpPTS
基站同步	同步/异步	GPS 同步	同步

7.5.1 WCDMA

由于 WCDMA 是从 GSM 演进而来，因此 WCDMA 的许多高层协议和 GSM/GPRS 基本相同或相似，如移动性管理(MM)、GPRS 移动性管理(GMM)、连接管理(CM)、会话管理(SM)等。移动终端中，WCDMA 通用用户识别模块(USIM)的功能也是从 GSM 的用户识别模块(SIM)的功能延伸而来的。如图 7.49 所示。

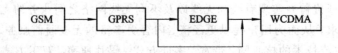

图 7.49　GSM 到 WCDMA 的演进

1. WCDMA 网络结构与接口

WCDMA 系统是 IMT－2000 家族的一员，它由核心网(CN)、无线接入网(UTRAN)和用户设备(UE)组成。UTRAN 和 UE 采用 WCDMA 无线接入技术。CN 与 UTRAN 的接口定义为 Iu 接口，UTRAN 与 UE 的接口定义为 Uu 接口。如图 7.50 所示。

核心网(CN)是由一系列完成用户位置管理、网络功能和业务控制等功能的物理实体组成，物理实体包括 MSC、HLR、SCP、SMC、GSN 等。R99 版本核心网络分为 CS 域

图 7.50　WCDMA 系统结构

和 PS 域。CS 域以原有的 GSM 网络为基础，用于向用户提供电路型业务的连接；PS 域以原有的 GPRS 网络为基础，用于向用户提供分组型业务的连接。具体来说，核心网负责系统内部所有的语音呼叫、数据连接和交换、与其他网络的连接和路由选择的实现。

无线接入网(UTRAN)位于两个开放接口 Uu 和 Iu 之间,完成所有与无线有关的功能。其主要功能有宏分集处理、移动性管理、系统的接入控制、功率控制、信道编码控制、无线信道的加密与解密、无线资源配置、无线信道的建立和释放等。

用户设备(UE)完成人与网络间的交互。通过 Uu 接口与无线接入网相连,与网络进行信令和数据交换,UE 用来识别用户身份并为用户提供各种业务功能,如话音、数据通信、移动多媒体、Internet 应用等。

WCDMA 网络系统包括的网元和接口如图 7.51 所示。

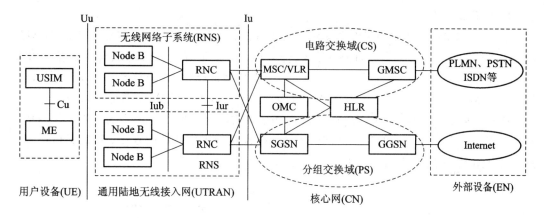

图 7.51 WCDMA 网元和接口

2. WCDMA 系统帧结构

WCDMA 系统的帧结构如图 7.52 所示,由 72 个超帧组成,每帧长 10 ms。在每帧内有 15 个时隙,代表一个功率控制周期。时隙是由包含一定比特的字段组成的一个单元,一个时隙的长度是 2560chips。

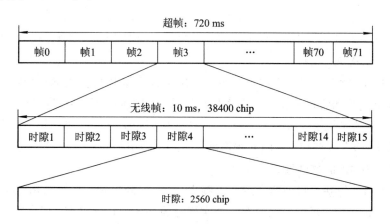

图 7.52 WCDMA 系统的帧结构

7.5.2 TD - SCDMA

TD - SCDMA 标准是中国信息产业部电信科学研究院(大唐电信)在国家主管部门的支持下,根据多年的研究而提出的具有一定特色的第三代移动通信系统标准。TD -SCDMA

于 2001 年 3 月被 3GPP 列为第三代移动通信采用的五种技术中的三大主流技术标准之一，与 UMTS 和 IMT - 2000 的建议完全融合，其标准包含在 3GPP 的 R4 版本中，成为 TD - SCDMA 可完全商用版本的标准。

TD - SCDMA 核心网与 WCDMA 核心网基本相同，所不同的地方在于无线接入网络部分。TD - SCDMA 的目标是确立一个具有高频谱效率和高经济效益的先进的移动通信系统。

与 WCDMA 和 CDMA2000 标准相比，TD - SCDMA 拥有独特的特点。

1. 混合多址方式

TD - SCDMA 系统采用了混合多址接入方式。TD - SCDMA 无线传输方案是 FDMA、TDMA 和 CDMA 三种基本多址技术的综合应用，又由于智能天线与联合检测技术相结合应用在 TD - SCDMA 系统中，相当于引入了空分多址（SCDMA）技术，所以也可以认为 TD - SCDMA 系统综合运用了 FDMA、TDMA、CDMA 和 SCDMA 多址接入技术。TD - SCDMA 多址方式与 WCDMA/CDMA2000 多址方式的比较如图 7.53 所示。TD - SCDMA 系统采用混合多址方式降低了小区间的干扰，允许更为密集的频谱复用，提高了传输容量和频谱利用率，增加了规划灵活性，支持单载波和多载波方式。

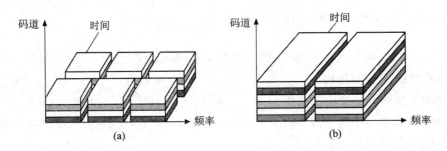

图 7.53　TD - SCDMA 与 WCDMA/CDMA2000 多址方式
(a) TD - SCDMA 多址方式；(b) WCDMA/CDMA2000 多址方式

2. TDD 双工方式

TD - SCDMA 系统采用 TDD 双工方式，用于分离接收与传送信道（或上下行链路）。在 TDD 模式下接收和传送是在同一频率信道即载波的不同时隙交替进行的。TDD 双工方式支持对称和非对称业务。TDD 双工采用非对称频谱，能够灵活地利用一些零碎的频谱，更容易获得连续的大带宽频谱，因此频谱配置灵活，利用率高。

3. TD - SCDMA 的物理信道

TD - SCDMA 的基本物理信道特性由频率、码、时隙决定。其帧结构将 10 ms 的无线帧分为两个 5 ms 子帧，每个子帧中有 7 个常规时隙和 3 个特殊时隙。信道的信息速率与符号速率有关，符号速率由 1.28 Mchip/s 的码片速率和扩频因子所决定。

4. TD - SCDMA 核心网络

TD - SCDMA 核心网络由 GSM/GPRS 网络演进而来，并保持与它们的兼容性。TD - SCDMA 支持多种通信接口，具有较好的网络兼容性和灵活的组网方式，支持 2G 向 3G 演进和平滑过渡。

5. TD‑SCDMA 网络中的关键技术

TD‑SCDMA 采用不需成对频率的 TDD 双工模式以及 FDMA/TDMA/CDMA 相结合的多址接入方式,上下行链路的特性一致,时隙按上下行链路所需数据量进行动态分配,使用 1.28 Mchip/s 的低码片速率,扩频带宽为 1.6 MHz(在 1.6 MHz 带宽上理论峰值速率可达到 2.8 Mchip/s),同时采用了智能天线、联合检测、上行同步、接力切换、动态信道分配等先进技术,从而提高了系统的性能。

6. TD‑SCDMA 物理信道帧结构

TD‑SCDMA 物理信道帧结构如图 7.54 所示,分为 4 层:超帧(系统帧)、无线帧、子帧、时隙/码道。一个超帧长 720 ms,由 72 个无线帧组成;每个无线帧长 10 ms,1.28 Mchips/s,分为 2 个 5 ms 的子帧,2 个子帧的结构完全相同。每个子帧长 5 ms,总长度为 6400 chips,包含 7 个常规时隙 $TS_0 \sim TS_6$,3 个特殊时隙 DwPTS、GP、UpPTS。

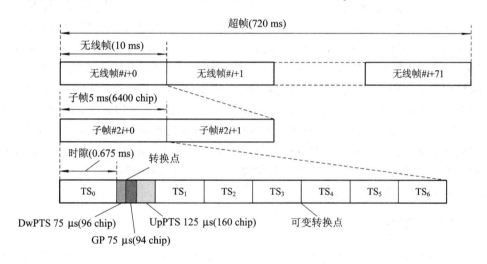

图 7.54　TD‑SCDMA 物理信道帧结构

7.5.3　CDMA2000

CDMA2000 是美国电信工业协会(TIA)提出的第三代 CDMA 移动通信系统的技术建议,是 IMT2000 系统的三大主流技术标准之一,是 IS‑95 标准向第三代移动通信系统演进的技术体制方案,并经 3GPP2 批准成为第三代移动通信系统的空中接口标准。CDMA2000 技术体制向下兼容 IS‑95 系统。CDMA2000 代表一个体系结构,表示一系列的子标准或不同版本的 CDMA2000 标准。CDMA2000 也可以代表空中接口所采用的技术。

CDMA2000 系统的一个载波带宽为 1.25 MHz。如果系统分别独立使用每个载波,则称为 CDMA2000 1x 系统;如果系统将 3 个载波捆绑使用,则称为 CDMA2000 3x 系统。CDMA2000 1x 系统的空中接口技术称为 1x 无线传输技术(RTT)。CDMA2000 3x 系统的空中接口技术称为 3x RTT,属于多载波技术。

CDMA2000 3x 是与 CDMA2000 1x 一起提出的规范,但由于各种原因,对它的研究很少,厂商和运营商都没有选用这个系统,而 CDMA2000 1x 系统已经在世界上多个国家和地区投入商用。但是 CDMA2000 的多载波传输方式与 WCDMA 的直扩模式相比，对频率资源有极大的浪费，而且它所处的频段与 IMT - 2000 规定的频段也产生了矛盾。

7.6　第四代移动通信系统

随着产业信息化、移动互联网的迅速发展，人们对宽带无线接入移动化、宽带化的业务需求越来越高，带来了无线数据流量的爆炸性增长，这对无线移动通信的发展带来了新的挑战。面对 WiMAX 的市场竞争，以及移动通信与宽带无线接入技术的融合，3GPP 启动了 LTE 长期演进项目，旨在为人们提供更好的无线宽带服务，缓解频谱资源的紧张，提高频谱资源的利用率，增强在移动通信领域的核心竞争力。从 2000 年到 2012 年 LTE 先后经历了版本 99、版本 4、版本 5、版本 6、版本 7、版本 8、版本 9 和 LTE - Advance 版，其中，从版本 5 开始为全 IP 版本。2011 年底推出了 LTE - Advance 版，即 4G 标准。目前，全球的 4G 网络正在快速的发展中。该技术包括 LTE - TDD 和 LTE - FDD 两种制式，集 3G 与 WLAN 于一体，不仅音质清晰，而且能够快速传输数据、高质量音频、视频和图像等，支持交互式多媒体业务，如视频会议、无线因特网等，提供更广泛的服务和应用。4G 系统能够以 100 Mb/s 的速度进行下载，比拨号上网快 2000 倍，上传的速度也能达到 20 Mb/s，并能够满足几乎所有用户对于无线服务的要求。在容量方面，可在 FDMA、TDMA、CDMA 的基础上引入空分多址（SDMA），容量达到 3G 的 5～10 倍。另外，可以在任何地址宽带接入互联网，包含卫星通信，能提供信息通信之外的定位定时、数据采集、远程控制等综合功能。它包括广带无线固定接入、广带无线局域网、移动广带系统和互操作的广播网络（基于地面和卫星系统）。

7.6.1　LTE - TDD

LTE - TDD 即 TD - LTE，是时分双工，即发射和接收信号是在同一频率信道的不同时隙中进行的；是以 TD - SCDMA 为发展基础，拥有我国自主知识产权的新一代无线通信技术。2008 年，工业和信息化部电信研究院和中国移动牵头的 TD - LTE 工作组成立，2009 年底，中国移动已经完成多次 LTE 实验，并于 2010 年在上海世博会建设覆盖全园的 TD - LTE 演示网络，向全球展示中国自主创新技术的最新成果，推动其国际化发展。在技术领域，TD - LTE 表现出了其独特的强力优势。

1. LTE - TDD 的优势

LTE - TDD 的优势有如下几点：

1）频谱配置

频段资源是无线通信中最宝贵的资源，随着移动通信的发展，多媒体业务对于频谱的需求日益增加。现有的通信系统 GSM900 和 GSM1800 均采用 FDD 双工方式，FDD 双工方式占用了大量的频段资源，同时，一些零散频谱资源由于 FDD 不能使用而闲置，造成了频谱浪费。由于 LTE - TDD 系统无需成对的频率，可以方便地配置在 LTE - FDD 系统所不易使用的零散频段上，具有一定的频谱灵活性，能有效地提高频谱利用率。

2）支持非对称业务

在第三代移动通信系统以及未来的移动通信系统中，除了提供语音业务之外，数据和多媒体业务将成为主要内容,且上网、文件传输和多媒体业务通常具有上下行不对称特性。LTE - TDD 系统在支持不对称业务方面具有一定的灵活性。根据 LTE - TDD 帧结构的特点,LTE - TDD 系统可以根据业务类型灵活配置 LTE - TDD 帧的上下行配比。如浏览网页、视频点播等业务,下行数据量明显大于上行数据量,系统可以根据业务量的分析,配置下行帧多于上行帧情况。而在提供传统的语音业务时,系统可以配置下行帧等于上行帧。在 LTE - FDD 系统中,非对称业务的实现对上行信道资源存在一定的浪费,必须采用高速分组接入(HSPA)、EV - DO 和广播/组播等技术。相对于 LTE - FDD 系统,LTE - TDD 系统能够更好地支持不同类型的业务,不会造成资源的浪费。

3) 智能天线的使用

智能天线技术是未来无线技术的发展方向,它能降低多址干扰,增加系统的吞吐量。在 LTE - TDD 系统中,上下行链路使用相同频率,且间隔时间较短,小于信道相干时间,链路无线传播环境差异不大,在使用赋形算法时,上下行链路可以使用相同的权值。与之不同的是,由于 FDD 系统上下行链路信号传播的无线环境受频率选择性衰落影响不同,根据上行链路计算得到的权值不能直接应用于下行链路。因而,LTE - TDD 系统能有效地降低移动终端的处理复杂性。

2. LTE - TDD 帧结构

LTE - TDD 的帧结构如图 7.55 所示。

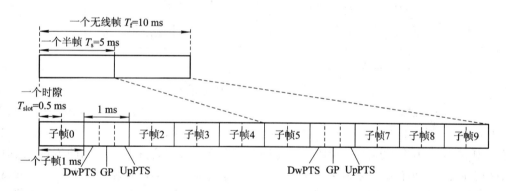

图 7.55　LTE - TDD 帧结构

对于 TDD,上下行在时间上分开,载波频率相同,即在每 10 ms 周期内,上下行总共有 10 个子帧可用,每个子帧或者上行或者下行。

TDD 帧结构中,每个无线帧定义为 10 ms,其中每个 1 ms 定义为一个子帧。每个无线帧分割为 2 个 5 ms 的半帧,这样可以分为 5 ms 周期和 10 ms 周期两类,便于灵活地支持不同配比的上下行业务。每个半帧又分为 8 个 0.5 ms 的时隙和 3 个特殊时隙:下行导频时隙(Downlink Pilot Time Slot,DwPTS),保护间隔(Guard Period,GP),上行导频时隙(Uplink Pilot Time Slot,UpPTS)。DwPTS、GP 和 UpPTS 长度可配置,且三者总长度必须等于 1 ms。

根据 TDD 帧结构的格式不同,特殊时隙的位置也不同。在 5 ms 周期中,特殊时隙位于第一子帧和第六子帧;在 10 ms 周期中,特殊时隙固定为第一子帧,除特殊子帧外,其余子帧均由相邻的两个时隙构成。

7.6.2 FDD－LTE

1. FDD－LTE 的基本原理

FDD－LTE 是一种以频分为特点的 4G 制式，即上下行通过不同的频点区分。FDD 模式的特点是在分离的两个对称频率信道上进行接收和传送，用保证频段来分离接收和传送信道，上行理论速率为 1 Gb/s，下行理论速率为 500 Mb/s。FDD－LTE 是当前世界上采用的国家及地区最广泛的、终端种类最丰富的一种 4G 标准。

2. FDD－LTE 物理层帧结构

FDD－LTE 物理层采用多址接入方案，下行方向采用基于循环前缀(CP)的正交频分复用 OFDM，上行方向采用基于循环前缀的单载波频分多址接入(SC－FDMA)。为支持成对的频谱，支持全双工和半双工操作的频分双工(FDD)。

图 7.56 所示为 FDD－LTE 无线帧结构，其无线子帧长度为 10 ms，包含 20 个时隙，每个时隙长度为 0.5 ms。两个相邻的时隙构成一个子帧，其长度为 1 ms。在每 10 ms 的间隔内，10 个子帧可用于下行链路传输也可用于上行链路传输。上下行传输按频域隔离。半双工 FDD 操作中，UE 不能同时发送和接收，而全双工 FDD 中没有这种限制。

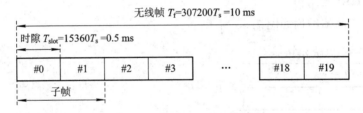

图 7.56 FDD－LTE 帧结构

为了支持多媒体广播和多播业务(MBMS)，FDD－LTE 提供了在单频网络(MBSFN)中传输多播/广播业务的可能性，即在给定的时间里，从多个小区发送时间同步的公共波形。MBSFN 提供了更高效的 MBMS，允许 UE 在空中接口合并多个小区的传输，同时使用循环前缀来处理传播时延的差别，使得 MBSFN 传输对于 UE 来说就像来自一个大覆盖小区的传输一样。对于 MBSFN，支持在指定载波上使用更长的 CP 和 7.5 kHz 的子载波带宽，并且支持在一个载波上利用时分复用的方式进行 MBMS 传输和点对点的传输。

支持多输入多输出(MIMO)传输，下行方向可配置 8 根发送天线以及 8 根接收天线，允许最大 8 个流的多层传输，下行方向可配置 4 根发送天线以及 4 根接收天线，允许最大 4 个流的多层传输。多用户 MIMO，即在上行和下行都支持分配不同的流给不同的用户。在上下行链路中都支持小区聚合的功能，最大支持 5 个服务小区，每个服务小区最大传输带宽为 110 个资源块。

习　题

1. 什么叫移动通信？移动通信的特点有哪些？
2. 移动通信系统主要由哪几部分组成？
3. 目前移动通信系统使用哪几个频段？

4. 移动通信主要分为哪几大类型？

5. 什么叫蜂窝移动通信？

6. 试计算当天线小区半径 $r=10$ km，同频复用距离 $D=35$ km，且采用蜂窝移动小区组网时，无线区群小区个数 N。

7. 在移动通信中，表征电波衰落的数字特征有哪些？

8. GSM 系统主要由哪几部分构成？

9. GSM 制式的主要特点是什么？

10. GSM 系统的帧结构如何组成？

11. 我国 GSM 移动网的业务和信令网结构如何？

12. GSM 的无线信道如何构成？

13. GSM 的语声采用什么编码技术？其话音速率为多少？

14. GSM 数字移动通信采用的是什么调制方式？有何特点？

15. 什么叫鉴权？如何鉴权？何时需鉴权？

16. 什么叫移动通信加密？何时加密？怎样加密？

17. 什么叫跳频？GSM 采用什么样的跳频技术？

18. 什么是码分多址？码分多址和码分多址扩频系统有什么区别？

19. 码分多址直接扩频(DS)移动通信系统的特点是什么？

20. 在 CDMA 中，什么叫多址干扰？为防止多址干扰应采取什么措施？

21. 第三代移动通信的发展目标是什么？

第8章　通信系统与通信网发展

8.1　通信系统与通信网

8.1.1　通信网的概念

物理结构上的网即为线的集合，在自然界经常见到的蜘蛛网、渔网、网兜都是用线编织而成的。在日常生活中，亲身经历过的运输网、交通网，如铁路网、航空网、公路网，以及邮政运输网等。

通信网的定义，可描述为它由各种通信节点（端节点、交换设备、转接点）及连接各节点的传输链路互相依存的有机结合体，以实现两点及多个规定点间的通信体系。

由通信网的定义可看出，从物理结构或从硬件设施方面去看，它由终端设备、交换设备及传输链路三大要素组成。这里的终端设备主要包括电话机、PC机、移动终端、手机和各种数字传输终端设备，如PDH端机、SDH光端机等。交换设备包括程控交换机、分组交换机、ATM交换机、移动交换机、路由器、集线器、网关、交叉连接设备等。传输链路即为各种传输信道，如电缆信道、光缆信道、微波、卫星信道及其他无线传输信道等。

8.1.2　通信网的物理拓扑结构

从点线组成网的物理结构，即从硬件设施去分析当前组成通信网的基本结构，主要有五种基本网结构，由它可复合组成若干种网。

1. 星型网

星型网如同星状，以一中心点向四周辐射，也可称为辐射网。它是以中心节点分别与周围各辐射点用线相连，点线之间的关系为：有 N 个点即有 $N-1$ 条线，其结构如图8.1所示。

现在的程控交换局或数据集点机与其所在的各电话用户及数据用户间的连接（一般双绞线、同轴线或光纤）就属于这种结构。

2. 网型网

任意节点间都有线相连接，其 N 个节点与线的关系为 $1/2\,N(N-1)$，如图8.2所示。

以上连接属于全连通方式，在实际的组网中根据实际情况从经济效益考虑，可组成不全连通方式而形成网孔型网，如图8.3所示。这种网在实际通信组网中的大区一级干线网以及市话网中大量采用。

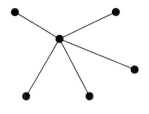

图 8.1　星型网

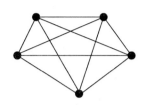

图 8.2　网型网

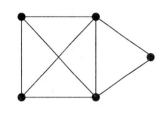

图 8.3　网孔型网

3. 环型网

这是一种首尾相接的闭合网络，其 N 个节点与线的关系为 $N : N$，有 N 个节点就有 N 条线相连，如图 8.4 所示。

这种网结构简单，而且有自愈功能，现在的 SDH 光传输系统组网中经常采用，组成自愈保护环网，其稳定性较高。在组成本地网时，经常采用此种结构。

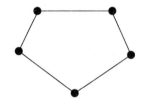

图 8.4　环型网

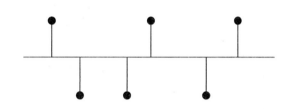

图 8.5　总线型网

4. 总线型网

总线型网是节点都连接到一条共有的传输线上，这条传输线常称为总线，因此称之为总线型网。这是一种并联的网络，如电灯网络，在信息传输中计算机网络也较常用，此种网络增减节点很方便，设置的传输链路少，其结构如图 8.5 所示。

5. 复合型网

现在的实际组网，是由以上网组合而成，称为复合型网，如网型网与星型网的组合构成当前的市话网，如图 8.6 所示。又如星型网扩展组成树型网，如图 8.7 所示。目前，在我国的 SDH 系统组网中的同步时钟系统采用的主从同步结构，就是这种树型网。

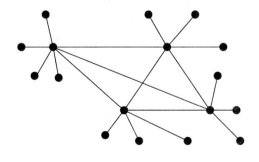

图 8.6　复合型网

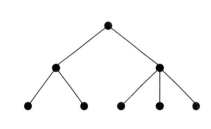

图 8.7　树型网

8.1.3 通信系统与通信网

1. 通信系统

对于通信系统的定义，在第 2 章就提出来了，第 3 章较全面地进行了解释，在后几章专门讲述了几种常用的通信系统。通信系统可解释为从信息源节点（信源）到信息终节点（信宿）之间完成信息传送的全过程的机、线设备的总体，包括通信终端设备及连接设备之间的传输线所构成的有机体系。

综合前几章讲述的光纤通信系统、微波通信系统、卫星通信系统及移动通信系统可清楚地对以上概念进行解释。光纤通信系统，属于有线通信系统，它的端机均由 SDH 体系或 PDH 的数字设备，加上光调制设备（光端机）及连接光端机的传输线（光缆）所构成。

微波通信系统属于无线通信系统，由收、发两端的微波设备，用微波线路进行连接，以组成微波通信系统。这里的微波线路是无线信道，这种信道是用微波频率的电磁波来携带数字信息的。

卫星通信系统是由收、发两端地球站及通信卫星和连接卫星的上行线、下行线所组成。这里的上行线、下行线是基于微波传输线路的扩展而已。

移动通信系统是综合有线、无线两类系统为基础而发展起来的。基站与移动终端通过电磁波来传送信号，而基站与移动交换机之间和移动交换机与移动交换机之间一般是通过有线信道（光纤或同轴电缆）来传送数字信息的。

综上所述，通信系统是利用信道连接收、发两端设备而完成信息传递和交流的全过程，是由两端节点与信道构成的通信系统。具有共同的规律性，这种规律从逻辑上讲即为普通的点、线连接，两点间连接即为线，点、线的这种连接是构成各种网的基础。没有线构不成网，点、线是构成网的必要条件。也可以说，通信系统是构成各种通信网的基础。通信网构成示意图如图 8.8 所示。

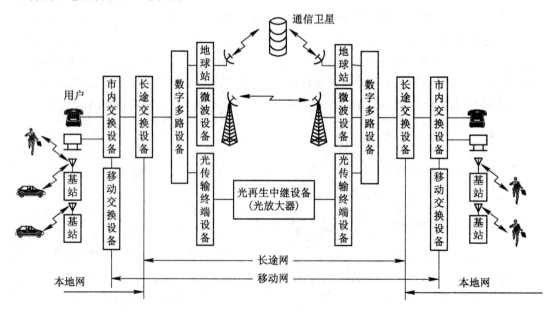

图 8.8 通信网构成示意图

2. 通信系统与通信网

　　从以上通信系统和通信网的描述中，已经明显地突出了两种概念及它们之间的密切关系。用通信系统来构架，通信网即为通信系统的集，或者说是各种通信系统的综合，通信网是各种通信系统综合应用的产物。通信网源于通信系统，又高于通信系统。但是不论网的种类、功能、技术如何复杂，从物理上的硬件设施分析，通信系统是各种网不可缺少的物质基础，这是一种自然发展规律，没有线即不能成网。因此，通信网是通信系统发展的必然结果。

　　通信系统可以独立地存在，然而一个通信网是通信系统的扩充，是多节点各通信系统的综合，通信网不能离开系统而单独存在。前面已经讲述的几大经常用的通信系统就可构成各种各样的通信网。

3. 现代通信系统与现代通信网

　　以上我们讲到的通信系统与通信网的基本概念是从物理结构及硬件设施方面去理解和定义的，然而现在的通信网、通信系统已经融入了计算机技术。前面讲现代通信时已讲述，现代通信就是数字通信与计算机技术的结合。在这里，同样对现代通信系统与现代通信网作如下定义：在数字通信系统中融合了计算机硬、软件技术，这样的系统即为现代通信系统，如 SDH 光同步传输系统出现后，在光纤传输设备中由 CPU 进行数据运算处理，并引进了管理比特用计算机进行监控与管理，就构成了所谓的现代通信系统。现在的通信网已实现了数字化，并引入了大量的计算机硬、软件技术，使通信网越来越综合化、智能化，把通信网推向一个新时代，即现代通信网。它产生了更多、更广的功能，适用范围更广，为不断满足人们日益增长的物质文化生活的需要提供了服务平台。我们现在经常谈到的通信网、电话网、数据网、计算机网、移动通信网等都属于现代通信网，也可简称通信网。

8.2　现代通信网的分类

8.2.1　概述

　　现代通信网的分类很多，按其功能、作用、性质及服务范围等，可分为各种不同的网络。

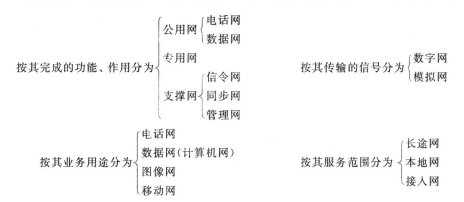

　　现在的长途网、市话网、数据网都是数字网，广播电视网中 CATV 与用户终端接入仍是属于模拟通信的范畴。

专用网的分类就更多了，如各个部门行业，按其自身信息技术的需求而建设的网，如气象网、邮政综合计算机网，各银行组建的金融网，大型工矿企业控制网、监控网等。不管各网络如何组成，都是基于以上几种通信系统的实际应用。如气象网主要由卫星通信系统、光纤通信系统等组成。如金融网虽然终端为计算机，实质为计算机网络，其组成还是以上的通信系统。在交通方面，正在发展智能交通，其实质就是组成交通信息管理网，信息传输也是以上几大系统组合而成的，如图 8.9 所示。

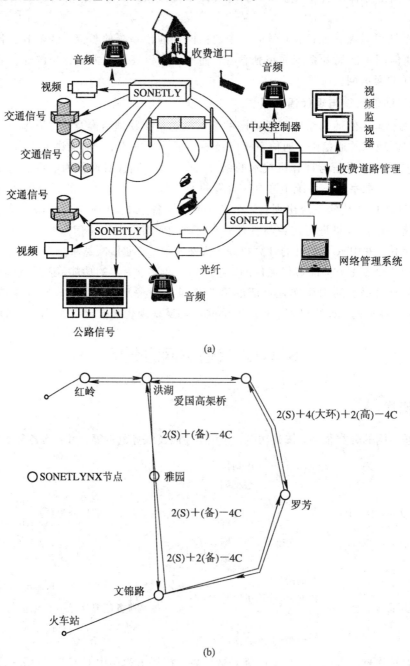

图 8.9　两种智能交通网

（a）通信系统与交通信息网；（b）深圳高速公路东环信息网

8.2.2　电话网

电话网是传统的网,是人们都比较熟悉的网络,其主要是为话音业务的传送、转接而设置的网络。

在世界上电话网一般主要采用 SDH 系统干线传输和中继传输为主,以数字程控交换机(交换局)为话音信号的转接点而设置等级结构。等级结构的设置与很多因素有关,如数字传输技术、服务质量、经济性与可行性等方面的考虑。我国的电话网可分为长途网、本地网、市话网和接入网。

1. 长途网

长途网为复合型结构,它以长途交换中心划分为一级交换中心、二级交换中心和三级交换中心组成的三级网络结构。

一级交换中心为国家的大型交换中心,又称为省间交换中心,现主要设置在我国的八大城市(北京,沈阳,西安,成都,武汉,南京,上海,广州),二级交换中心是以省、市为交换中心,一般设在省会城市,三级交换中心设在地区交换中心。各交换中心之间都设置有传输链路,这些传输链路直接与长途汇接局相连,由传输链路组成为国家的一级干线、二级干线及长市中继线。三级长途网络如图 8.10 所示。

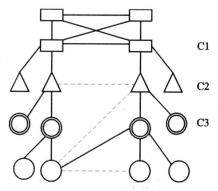

图 8.10　长途电话三级网结构

长途链路组织主要以 SDH 光传输来组建一级、二级干线,并辅助以卫星通信系统、微波通信系统构成信号传输不中断、服务质量有保证的多重传输保护网络。

目前,我国长途网正向二级过渡,C1、C2 级长途交换中心合并为 DC1,构成长途两级网的高平面网(省际平面),C3 称为 DC2,构成长途两级网的低平面网(省内平面),如图 8.11 所示。

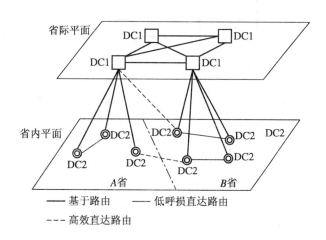

图 8.11　两级长途网的网路结构

长途网经二级网并逐步过渡到全国无级网和动态无级网。

2. 本地网

本地网指在同一编号区内由若干端局、汇接局及局间中继、用户线和话机终端组成的电话网。本地网又分为分区单汇接结构、分区双汇接结构（来话汇接）以及全覆盖网络结构。本地网的全覆盖网络结构是在本地网内设置若干汇接局，这些汇接局均处于平等地位，均匀分担负荷，汇接局间以网状网相连，各端局与汇接局相连，如图 8.12 所示。

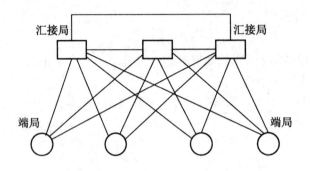

图 8.12　本地网的全覆盖网路结构

一般说来，在特大或大城市的本地网，其中心城市采用全覆盖结构或分区双汇接结构。

8.2.3　接入网

综合我们已经讲过的传输系统，可以将接入网描述为：用户与交换节点之间的传输系统（包括终端设备、传输设备及传输线）就构成其接入网。接入网在整个通信网中的位置如图 8.13 所示。

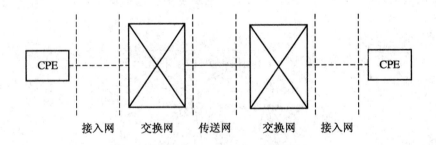

图 8.13　接入网在整个通信网中的位置

接入网可采用多种多样的信号传输方式、传输技术，前面我们已经讲述过的光纤、微波、卫星、移动等通信系统等都是接入网的主要方式。这些通信系统以及用以架设的用户金属电缆等就组成了庞大的、结构复杂的接入网，如图 8.14 所示。

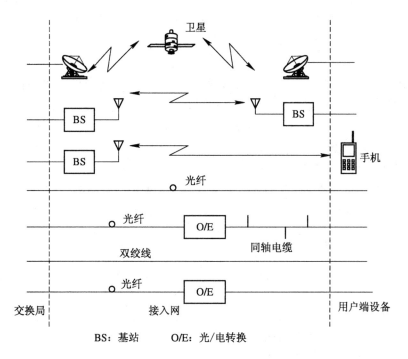

BS: 基站   O/E: 光/电转换

图 8.14 多种传输技术构成接入网示意图

接入网按其传输技术分类如下：

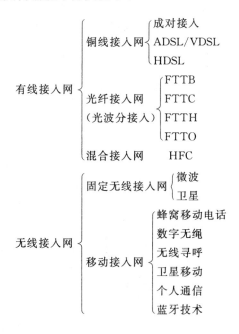

8.2.4 智能网

在当今电信业日益激烈的竞争环境下，满足用户灵活而多变的业务需求，已经成为电信网络运营者所面临的挑战。为此，人们提出了一个集中控制和管理的方法：业务的控制由一个集中的节点——业务控制点来完成，业务生成和业务管理也由集中的节点来完成，并在业务控制点的指挥下最终完成各种复杂的业务，这就是智能网。

1. 智能网的概念

智能网是在原有通信网络的基础上，为快速、方便、经济、灵活地提供各种新业务而设置的附加网络结构。其核心是运用新的技术和软件，高效地向用户提供各种新业务，为现在、未来的所有通信网络服务，包括电话网(PSTN)、综合业务数字网(ISDN)、因特网(Internet)等。智能网是当今通信网络发展的主要潮流之一，在国内、外都引起了广泛的重视，被称为 21 世纪的通信网。

2. 智能网的结构

智能网一般由业务交换点(SSP)、业务控制点(SCP)、智能外设(IP)、业务管理系统(SMS)、业务生成环境(SCE)等五个功能部件构成，如图 8.15 所示。这些功能部件独立于现有的网络，是一个附加的网络结构。SSP 与端局或汇接局相连，负责呼叫的处理和业务的交换。其一般以原有的程控交换机为基础，再配以必要的软硬件和 No.7 信令网的接口。SCP 是智能网的核心功能部件，用于储存用户数据和业务逻辑，主要功能是接收 SSP 送来的查询信息，并查询数据库和进行各种译码。一般地，SCP 由大、中型计算机和大型实时高速数据库构成。IP 负责管理语音资源，这些部件在一起完成智能业务的处理。SMS 是一种计算机系统，具备业务逻辑管理、业务数据管理、用户数据管理的功能。SCE 是根据客户的需要生成新的业务逻辑的部件。

3. 智能网与现有通信网的关系

智能网是建立在所有通信网之上的一种体系结构化的概念，它可以为各种通信网提供增值业务，是叠加在各种通信网基础上的一种网络。智能网与现有通信网的关系如图 8.16所示。通常将叠加在 PSTN/ISDN 网上的智能网系统称为固定智能网，叠加在移动通信网基础上的智能网系统称为移动智能网，叠加在 B-ISDN 宽带网上的智能网系统称为宽带智能网。IN-CS1 和 IN-CS2 标准主要研究智能网如何叠加在 PSTN/ISDN 网上，为PSTN/ISDN 网的用户提供增值业务；IN-CS3 和 IN-CS4 标准主要研究移动智能网和宽带智能网。

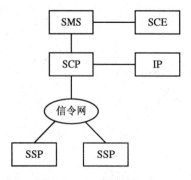

图 8.15 智能网的构成

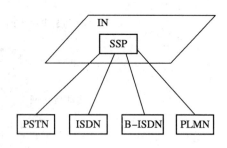

图 8.16 智能网与现有通信网的关系

当前在国际上使用比较普遍的智能业务主要有：电话卡业务(300 业务)、被叫付费业务(800 业务)、虚拟专用网业务(600 业务)、个人通信号码业务(700 业务)、电话投票业务(400 业务)、优惠费率业务和大众呼叫业务、预付费业务(PPS)。我国的智能网目前可以提供的业务主要有：300 业务、800 业务、600 业务和预付费业务。当然，智能网业务还有许多，今后还会更多，智能网的结构形式为进一步引入新业务提供了良好的基础。

8.2.5　通信网的支撑系统

前面讲了多种类型的通信网，这些网络要正常工作和运行，使其通信不中断和互通，必须要协调工作，有保障、支持的系统，这一系统称之为通信网的支撑系统，有的又称为支撑网。

1. 通信网的信令系统

要完成一次通信，必须首先与对方取得联系，如在电话网中，摘机信号表示要求通信，拨号信号说明要求通信的对方是谁，挂机信号表示通信结束等。要完成一次通信接续所需要的各种信号（如上面所述）就构成了通信网的信令系统，又称为信令网。

在一般的信令系统中，信令分为用户线信令和局间信令。用户线信令主要是指交换机与用户之间在用户线上传送的信令；局间信令主要指交换机与交换机之间在中继线上传送的信令。在电话网中的信令系统如图 8.17 所示。

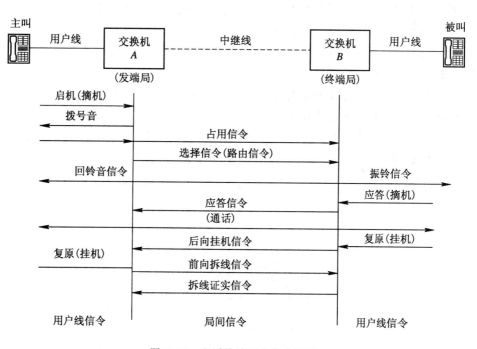

图 8.17　电话接续基本信令流程

2. No.7 信令系统

上面讲到的局间信令系统按原 CCITT 建议分为两种：一种是随路信令方式，如 PCM30/32 路基群帧结构中的 TS_{16} 时隙为固定的随路信令通道；另外一种是公共信令系统，又称为 No.7 信令系统，它是一种国际性的、标准化的公共信道信令系统，它是 1988 年 ITU - T 正式提出的 No.7 信令系统，它最佳地适用于数字通信网络。

公共信令系统的主要特点是两交换局间的信令通路与话音通路分开，将若干条电路的信令集中起来，用一条专用的信令通道（数据链路）传送，这条信令通道叫做公共信令数据链路，其结构如图 8.18 所示。

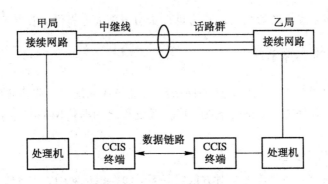

图 8.18 公共信道信令方式功能示意框图

在信令数据链路中传输的基本消息格式是以信令单元方式，即组成信令帧格式传送的。在各种不同方式的通信中，虽然都称为 No.7 信令，但是信令帧格式的编码方式是有区别的，在固定电话网中是电话的 No.7 信令，在移动通信中是无线 No.7 信令等等。

3. 通信网的同步系统

在通信网中传送的都是数字信号，而且都是按一定的数字帧结构进行传输的。为了使整个数字系统协调工作，通信网络各设备间必须按严格的时间关系协调配合工作，即所谓"同频同相动作"，这就需在这一通信网中设立一个统一的指挥系统，这个系统就是通信网的同步定时系统，又称为同步网。

同步系统主要提供标准时钟信号方式来支持各业务网和数字通信网，使它两端时钟同步，从而使收、发两端用户信号对准。

在 SDH 光同步传输网中已提到过同步结构问题。我们国家的数字网同步系统为主从同步方式，其结构分为三级，如图 8.19 所示。

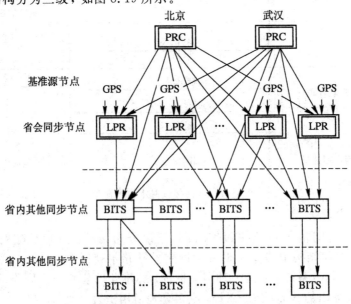

注：正常情况下，所有LPR均以本身的GPS为主用参考，把从
北京和武汉来的PRC信号仅作为紧急情况下的备用参考

图 8.19 我国的同步网结构简图

4. 通信网的管理系统

为使通信网正常工作，并发挥最好的效能，在通信网中设置了对通信网和网络设备进行监控、保护和进行网络管理的系统，通常称为网管系统，又称电信管理网(TMN)。

国际电联 ITU - T 在 3010 建设中指出：电信管理网的基本概念是提供一个有组织的网络结构，以取得各种类型的操作系统(033)之间、操作系统与电信设备之间的互连。

设立 TMN 系统的目标是支撑通信网的正常工作和运转，并最大限度地利用通信网络资源，提高网络的运行质量或效率，向用户提供良好的、全面的电信服务。它是实现各种电信网络与业务管理功能的载体。

建设 TMN 网管就是要加强对电信及电信业务的管理，实现运行、维护、经营、管理的科学化和自动化。

TMN 与电信网的总体关系如图 8.20 所示。

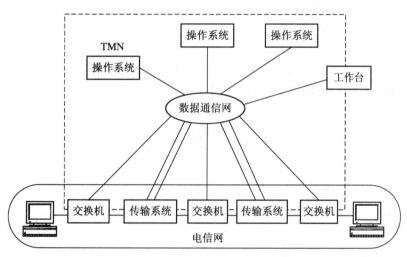

图 8.20　TMN 与电信网的总体关系

网管系统可概括为两方面含义：

其一，TMN 是一组原则和为实现原则定义目标而指定的一系列技术标准与规范；

其二，TMN 是一个完整的、独立的管理系统或管理网络，是由不同应用系统按 TMN 的标准接口互连而成的网络，并与电信网的有限管理节点有标准接口。它与通信网的关系是管理与被管理的关系。网管系统(TMN)的结构模型如图 8.21 所示。

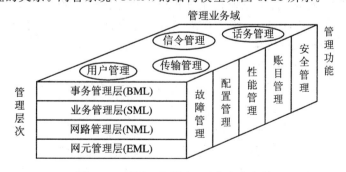

图 8.21　TMN 的层次、功能和业务域

从分层模型中可看出其结构如下：

$$
管理层次
\begin{cases}
事务管理层（BML）\\
业务管理层（SML）\\
网路管理层（NML）\\
网元管理层（EML）
\end{cases}
$$

$$
管理功能
\begin{cases}
安全管理\\
账目管理\\
性能管理\\
配置管理\\
故障管理
\end{cases}
$$

$$
管理业务
\begin{cases}
用户管理\\
传输管理\\
信令管理\\
话务管理
\end{cases}
$$

　　网管系统根据不同种类的网络有各种相对应的管理系统，如长途网网管系统、市话网网管系统、SDH 传输网网管系统、移动网网管系统、数据通信网网管系统等等。

8.3　通信网的发展

8.3.1　互联网

　　互联网通信技术是以计算机作为通信的基本载体，以网络为通道，经过互联网进行通信的一种网络技术。不论是声音、图片还是影片图形，都可以在互联网上传输，实现资源的共享。互联网通信技术打破了传统的地域和空间的限制，使得信息可以快速地传到目的地。相比于传统的通信方式，互联网通信技术主要具有多样性更强、渗透性更广、融合性更高的优势。

　　互联网技术作为改变人们日常生活最重要的科技成果，在与通信技术的结合过程中形成了具有多样化特点的通信手段，包括移动通信技术、多媒体通信技术、光纤通信技术和卫星通信技术在内的多种互联网通信技术为人们实现全天候、实时实地的通信提供了更加便捷的手段。互联网通信技术在实际应用过程中具有非常深刻的广泛性，无论是生产、生活还是工作、学习过程中的各个领域、各个环节都可以运用互联网通信技术，为我国的经济、政治、文化、社会、军事、科技、教育等各领域的现代化发展进程提供重要保障。互联网通信技术的融合性是区别于其他传统通信技术的主要特点，互联网通信技术无论与移动通信技术还是与卫星通信技术等都可以实现无缝对接从而完成不断融合，推动互联网通信技术的进一步创新发展。

　　TCP/IP（Transmission Control Protocol/Internet Protocol，传输控制协议/因特网互联协议），又名网络通信协议，是 Internet 最基本的协议，由网络层的 IP 协议和传输层的 TCP 协议组成。TCP/IP 定义了电子设备如何连入因特网，以及数据如何在它们之间传输的标准。TCP/IP 协议分为网络接口层、网络层、传输层、应用层四层的层级结构，如图

8.22 所示。

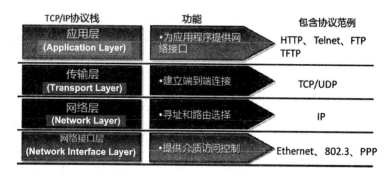

图 8.22　TCP/IP 分层结构

网络接口层提供介质访问控制功能,对实际的网络媒体进行管理,定义如何通过各种控制协议,使用实际网络(如 Ethernet、802.3、PPP 等)来传送数据,将有差错的物理信道变为无差错的、能可靠传输数据帧的数据链路。

网络层定义了分组格式和协议,以及寻址和路由选择,即 IP 协议,对分组数据包进行排序后发往目标网络或主机,并让沿不同路径传递的每一块数据包都能够到达目的主机。

传输层建立端到端的连接,实现数据的传输,包括基于连接的协议 TCP 和面向无连接的服务协议 UDP,控制着那些将要进入网络层的数据。TCP 提供的是一种可靠的数据流服务,采用"带重传的肯定确认"来实现传输的可靠性。UDP 属于不可靠的传输,通信时不需要接收方确认,可能会出现丢包现象。

应用层面向不同的网络应用引入了不同的应用层协议,为用户提供一组常用的应用程序,比如电子邮件、文件传输访问、远程登录等。其中,有基于 TCP 协议的,如文件传输协议(File Transfer Protocol,FTP)、虚拟终端协议 Telnet、超文本链接协议(Hyper Text Transfer Protocol,HTTP)等,也有基于 UDP 协议的,如引导程序协议(Bootstrap Protocol,BOOTP)、动态主机配置协议(Dynamic Host Configuration Protocol,DHCP)、简单网络管理协议(Simple Network Management Protocol,SNMP)等。

8.3.2　物联网

物联网"Internet of Things(IoT)",是指通过各种信息传感设备,实时采集任何需要监控、连接、互动的物体或过程等各种需要的信息,与互联网结合形成的一个巨大网络。其目的是实现物与物、物与人,所有的物品与网络的连接,方便识别、管理和控制。

顾名思义,物联网就是物物相连的互联网,是新一代信息技术的重要组成部分,也是"信息化"时代的重要发展阶段。这有两层含义:其一,物联网的核心和基础仍然是互联网,是在互联网基础上延伸和扩展的网络;其二,其用户端延伸和扩展到了任何物品与物品之间,进行信息交换和通信,也就是物物相息。物联网通过智能感知、识别技术与普适计算等通信感知技术,广泛应用于网络的融合中,也因此被称为继计算机、互联网之后世界信息产业发展的第三次浪潮。

1. 物联网关键技术

传感器技术、RFID 标签、嵌入式技术是物联网应用中的三项关键技术。

1）传感器技术

传感器技术是计算机应用中的关键技术。大家都知道，到目前为止绝大部分计算机处理的都是数字信号。自从有计算机以来，就需要传感器把模拟信号转换成数字信号，计算机才能处理。

2）RFID 标签

RFID 标签也是一种传感器技术，RFID 技术是融合了无线射频技术和嵌入式技术为一体的综合技术，RFID 在自动识别、物品物流管理等方面有着广阔的应用前景。

3）嵌入式技术

嵌入式技术是集计算机软硬件、传感器技术、集成电路技术、电子应用技术为一体的复杂技术。经过几十年的演变，以嵌入式系统为特征的智能终端产品随处可见，小到人们身边的 MP3，大到航天航空的卫星系统。嵌入式系统正在改变着人们的生活，推动着工业生产以及国防工业的发展。

如果把物联网用人体做一个简单比喻，传感器相当于人的眼睛、鼻子、皮肤等感官；网络就是神经系统，用来传递信息；嵌入式系统则是人的大脑，在接收到信息后要进行分类处理。这个例子很形象地描述了传感器、嵌入式系统在物联网中的位置与作用。

2. 物联网架构

物联网架构可分为三层：感知层、网络层和应用层，如图 8.23 所示。

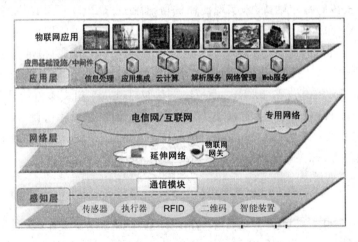

图 8.23 物联网三层架构

1）感知层

感知层作为物联网的核心，由各种传感器构成，包括温湿度传感器、二维码标签、RFID 标签和读写器、摄像头、红外线、GPS 等感知终端。感知层是物联网识别物体、采集信息的来源。承担感知信息作用的传感器，一直是工业领域和信息技术领域发展的重点，传感器不仅感知信号、标识物体，还具有处理控制功能。

目前，在发达国家，传感器的发展已芯片化、集成化和智能化。如最早提出泛在网的加州大学（伯克利分校），已将压力、磁、光等传感单元集成在一个芯片中，而且芯片具备无线接入和自组网功能。

2）网络层

网络层解决的是感知层所获得的数据在一定范围内的传输问题，主要完成接入和传输功能，是进行信息交换、传递的数据通路。网络层是整个物联网的中枢，负责传递和处理感知层获取的信息。网络层由各种网络组成，包括接入网与传输网。

传输网由公网与专网组成，典型传输网络包括电信网（固网、移动网）、广电网、互联网、电力通信网、专用网（数字集群）。接入网包括光纤接入、无线接入、以太网接入、卫星接入等各类接入方式，实现底层的传感器网络、RFID 网络的最后一公里的接入。

目前，传输信息应用的网络先进技术包括第 6 版互联网协议（IPv6）、新型无线通信网（如 3G、4G、ZigBee）、自组网技术等，正在向更快的传输速度、更宽的传输带宽、更高的频谱利用率、更智能化的接入和网络管理等方向发展。

3）应用层

应用层解决的是信息处理和人机界面的问题。网络层传输而来的数据在这一层里进入各类信息系统进行处理，并通过各种设备与人进行交互。处理层由业务支撑平台（中间件平台）、网络管理平台（例如 M2M 管理平台）、信息处理平台、信息安全平台、服务支撑平台等组成，完成协同、管理、计算、存储、分析、挖掘以及提供面向行业和大众用户的服务等功能，典型技术包括中间件技术、虚拟技术、高可信技术等，典型模式包括云计算服务模式、SOA 系统架构方法等，这些先进技术和服务模式可被广泛采用。

习　题

1. 通信网的三要素是什么？有几种拓扑结构？
2. 通信系统与通信网的关系是什么？
3. 长途传输网主要采用哪些通信系统？
4. 什么叫本地网？市话中继网、接入网是否属于本地网？
5. 计算机互联网是不是属于长途传输网？
6. N-ISDN 网的标准接口主要有哪几种？
7. 什么叫智能网？现在智能网开办的业务主要有哪些？
8. 支撑网分为哪几种？其功能分别是什么？
9. 通信网发展方向是什么？
10. 试叙述重庆与西安打电话的信号传输过程。
11. 计算机网与通信系统有无关系？为什么？
12. 举例说明卫星通信系统可组成哪些通信网？
13. 移动通信系统是否属于长途通信网？它与电话长途网的区别是什么？
14. 什么是互联网？其采用的协议有哪些？
15. 什么是物联网？其采用的关键技术有哪些？

参 考 文 献

[1] 鲜继清，等. 通信技术基础. 北京：机械工业出版社，2015.

[2] 黄玉兰，等. 电信传输理论. 北京：北京邮电大学出版社，2004.

[3] 孙学康，张金菊. 光纤通信. 北京：人民邮电出版社，2012.

[4] 吴群. 微波技术. 哈尔滨：哈尔滨工业大学出版社，2004.

[5] 常君明. 数字通信原理. 北京：清华大学出版社，2010.

[6] 易克初，孙永军. 数字通信理论与系统. 北京：电子工业出版社，2013.

[7] 闫润卿，李英惠. 微波技术基础. 北京：北京理工大学出版社，2011.

[8] 井庆丰. 微波与卫星通信技术. 北京：国防工业出版社，2011.

[9] 胡庆，等. 电信传输原理. 2 版. 北京：电子工业出版社，2012.

[10] 胡健栋，等. 现代无线通信技术. 北京：机械工业出版社，2003.

[11] 李建东，等. 移动通信. 4 版. 西安：西安电子科技大学出版社，2006.

[12] 傅文斌，等. 微波技术与天线. 2 版. 北京：机械工业出版社，2013.

[13] 沈建华. 光纤通信系统. 3 版. 北京：机械工业出版社，2014.

[14] 吴彦文. 移动通信技术及应用. 2 版. 北京：清华大学出版社，2013.

[15] 包建新. 光纤通信技术基础. 哈尔滨：哈尔滨工程大学出版社，2008.

[16] 李泽民，黄卉. 微波技术基础及其应用. 北京：北京大学出版社，2013.

[17] 章坚武. 移动通信. 4 版. 西安：西安电子科技大学出版社，2013.

[18] 章毓晋. 图像处理. 2 版. 北京：清华大学出版社，2013.

[19] 孙学康. 微波与卫星通信. 北京：人民邮电出版社，2013.

[20] 张玉艳. 第三代移动通信. 北京：人民邮电出版社，2011.

[21] 姚庆栋. 图像编码基础. 北京：清华大学出版社，2006.

[22] 沙学军，吴宣利. 移动通信原理、技术与系统. 北京：电子工业出版社，2013.

[23] 朱继文. 卫星应用概论. 哈尔滨：哈尔滨地图出版社，2005.

[24] 孙海山. 数字微波通信. 北京：人民邮电出版社，1992.

[25] 原萍. 卫星通信引论. 沈阳：东北大学出版社，2007.